世界の珍しい鳥

【破格の人〈ハチスカ・マサウジ〉博物随想集】

[著]蜂須賀正氏
[編]杉山淳

原書房

世界一の珍しい鳥

——破格の人〈ハチスカ・マサウジ〉博物随想集

世界一の珍しい鳥◉目次

【第三部】小品

［凡例］

1――原書、初出誌本文中の旧仮名遣いは新仮名遣いに、旧字は新字に適宜改めた。
2――本文中の編者註記は★で示した。
3――本書には、今日からみて人権上問題のある表現が含まれるが作品の歴史的意義に鑑み、ほぼ原著のままとした。
4――参考のため、図版や写真を加えた。

蜂須賀正氏とドードーの行方

【解説】——川端裕人

蜂須賀《はちすか》正氏《まさうじ》（一九〇三—五三）は、華族の一家に生まれ、波乱に富んだ半世紀の生涯を駆け抜けた。

本書は、蜂須賀が、一九五〇年に上梓した『世界の涯』に収録されたエッセイを中心に、彼が好んで投稿した『鳥』（日本鳥学会の学会誌）『野鳥』（日本野鳥の会の会誌）などから採録された記事を編んだものだ。「大名華族」、政治家、鳥類学者、旅行家、探検家、飛行機野郎、エッセイスト、ディレッタント……と様々な側面を持つ蜂須賀の活動の中で、彼が好んで旅をした辺境や、こよなく愛した鳥類（特に絶滅鳥類）を題材にしたエッセイがおさめられている。

二十一世紀の現代、蜂須賀の名を目にするのは、生物地理学上の分布境界線である蜂須賀線（沖縄諸島と八重山諸島の境界線）を地図の上に見出すときや、絶滅鳥類ドードーの話題になったときだろう。

特に、ドードーについては、現在も"Hachisuka"の名が、学術論文の中で引用されることも多い。没後に刊行された『ドードーと近縁の鳥、あるいはマスカリン諸島の絶滅鳥類』（*The dodo and kindred birds; or the extinct birds of the Mascarene Islands*, H. F. & G. Witherby, 1953）は、ドードー研究の古典となっている。

この解説では、本書に掲載されたドードー関連エッセイや、没後に出版された畢竟の大作『ドードーと近縁の鳥』を受けて、その後のドードー研究がどのように進展したか概観する。その上で、蜂須賀自身に報告する形式を取りたい。

蜂須賀にとっては、残念な知らせからまず始めよう。

彼は、マスカリン諸島のドードーと近縁種を従来の三種から、四種に細分した。

モーリシャス島のドードー

ロドリゲス島のソリテア

レユニオン島の白ドードー

レユニオン島のソリテア

ソリテアは、日本語では「ドードー」と呼ばれた時期もあり（例えば、ロドリゲスのソリテアをロドリゲスドードーと呼ぶ図鑑が二〇世紀にはあった）、ここではドードーの近縁と理解しておいてもらえばよい。

このうち、生体由来の遺物があるのは、モーリシャス島のドードーとロドリゲス島のソリテアだけだ。前者は、十七世紀にヨーロッパに持ち込まれた標本が少なくとも三点残っており（オックスフォードの頭部と脚、コペンハーゲンの頭骨、プラハのクチバシ。オックスフォード標本のみ、軟組織〈皮膚〉も残されている）、十九世紀以降、モーリシャス島の沼地で亜化石が見つかるようになった。後者は、十七世紀の標本はないものの、やはり十九世紀以降、島内から亜化石が発見されるようになった。これらの二種は、確固として存在したとしてよい。

一方で、「レユニオン島のドードー」には問題が多かった。多くの研究者が、レユニオンの白ドードーなるものが存在したと信じていたが、骨などは残っておらず、証拠といえば文献や後世に描かれた絵画しかなかった。

そんな状況下で、蜂須賀は文献や絵画をさらに精査して、レユニオン島には、従来の「白ドードー」だけではなく、知られざるもう一種類の別のドードーの仲間がいたと「発見」したのである。

これだけでもややこしい話ではあるが、蜂須賀は事態をもっと複雑にした。これまで言及されてきたモーリシャスの白ドードーとは実はソリテアであり、蜂須賀は新たな別の白ドードーを見つけたと主張したのである。

彼は、新たな学名まで提唱している。

Victoriornis imperialis「皇帝の勝利鳥」「帝国の勝利鳥」といった意味だが、発見のきっかけになった絵画がミラノにあったことから、イタリア王ヴィットーリオ・エマヌエーレ三世にちなんでいる。

しかし残念ながら、現在、蜂須賀が見出した「レユニオン島の白ドードー」*Victoriornis imperialis*は、認められていない。それどころか、レユニオン島には、ドードーもソリテアも、とにかくドードーの近縁の飛べないハト科の鳥はいなかった、ということになっている。

大きな理由としては、やはり骨が一切見つかっていないことだ。それに加えて、モデルとなったと思われる別の鳥の遺物が発見されたことが決定的だった。

一九八七年に島内の洞窟から初期の入植者が食べたと思われる大きな鳥の骨が見つかり、それが後に飛翔力の弱いトキだとわかった。一九九五年には新種のトキとして記載され、これまで「レユニオン島のドードー」のものとされていた文献の記録や絵画も再検討された結果、「ドードーはおらず、トキがいた」ということに落ち着いた。

アフリカクロトキやマダガスカルクロトキに近く、飛翔力が弱い種、*Threskiornis solitarius* いわばレユニオンクロトキ。クロトキというと、体が黒いのかと思ってしまうが、その実、アフリカ大陸やマダガスカルのものは体は白く、黒いのは顔のみだ。レユニオンのものも白い鳥だっただろうと想定されている。

二〇〇四年に、英国自然史博物館のジュリアン・ヒュームらが「レユニオン島の白ドードー、科学と歴史上の神話を解く」“*The white dodo of Réunion Island: Unravelling a scientific and historical myth*”（Archives of Natural History. 31(1): 57-799）において、「ドードーはおらず、トキがいた」説が確立し、以降、表立った反論はないようだ。

というわけで、二〇一七年の時点で、蜂須賀が主張したようなレユニオンに「二種のドードーがいた」という説は完全に払拭されている。インターネットに出回るような俗説でも、ほとんど見ることはない。しかし、二種ではなく、一種のみいたという説なら、俗説の中に生き残っている場合がある。それらは、単に古い情報が更新されていない例であって、トキ説に対する反論ではない。例えば、本稿執筆時点において、日本語版のウィキペディアには、「レユニオンドードー」の項目が残っている。しかし、英語版では自動的に“Réunion ibis”の項目に転送される。

この件については、やはり、蜂須賀に、あなたの業績は完膚無きまでに否定されてしまいましたと報告せざるをえない。残念。


一方で、「良いこと」もある。それも一つならず、二つ挙げることができる。

蜂須賀は、ドードーの研究について、「将来研究を続けていくには、どうしてもリスボンあたりで古い文献を漁るとか、レユニオンの発掘をするとかという新しい方向に向かうべき」と述べた（「ドドを追って」）。

実際に、研究者たちはレユニオン島での発掘の結果、白ドードーのモデルとなった飛翔力の弱いトキの亜化石を見出した。そして、ドードーとしては「本家」であるモーリシャス島にて、十九世紀以来となる新たな亜化石も見つかるようになったのである。

モーリシャスでの「再発見」については、日本人研究者がきっかけを作ったそうで、蜂須賀はこの件を聞けば大いに喜ぶのではないだろうか。

その日本人研究者とは、東京農業大学名誉教授で、進化生物学研究所を創設した、ナチュラリスト系研究者の巨人、近藤典生(一九一五―一九九七)だ。

近藤は、一九九三年、モーリシャス島のMare aux Songesとよばれる沼地で、ドードーなどモーリシャス島の過去の生き物の骨を得るための試掘をした。六メートルから九メートルの深さから五つのコアを採取し、その中のひとつから、ドードーの骨の破片が複数見つかった。近藤はさらに発掘を続けることを推奨したが、九七年に亡くなってしまった。モーリシャス島のポートルイスの博物館には、まだ調べられていないコアが残されているという。

ここで注釈しておかなければならない。

ドードーは十七世紀に絶滅した鳥であり、十七世紀に欧州に来た個体に由来する三つの標本(オックスフォード、コペンハーゲン、プラハ)が代表的なものだと考えがちだ。

それは間違いではないのだが、こと全身骨格については違う。

十九世紀になってドードーの研究が画期的に進んだのは、モーリシャス島の沼地からドードーの骨が大量に見つかったからなのである。ドードーを科学的に記載した英国自然史博物館の初代館長リチャード・オーウェンは、十七世紀由来の標本ではなく、十九世紀に見つかった沼地からの亜化石をもとに全身骨格を組み立てた。

またこのドードー亜化石の大量発見があったがゆえに、オークションで数々の標本が売られるようになり、まわりまわってそのうちのひとつを蜂須賀が入手、のちに山階鳥類研究所に寄贈したことも分かっている。

そして、それらの十九世紀の亜化石の産地が、Mare aux Songesだ。

十九世紀の発見ラッシュの時期に、だいたい取り尽くされ、以降、もう化石は出ないとされていたのだが、近藤が九〇年代に試掘したところ、見込みがあると分かり、近藤の死後、実際に本格的な発掘に取り組むチームが現れた。英国自然史博物館のジュリアン・ヒューム（レユニオンの白ドードーが、実はトキであったという論文を書いた人物）は、初期から発掘にかかわり多くの新標本を手にしている。近藤の関与については、二〇一四年に、ぼくが英国自然史博物館を訪ねた際、ヒュームから注意喚起された。「蜂須賀の後にも、日本人のドードー関係者がいて……」といったニュアンスで、「コンドーを知っているか」と聞かれたのだった。

近藤典生は、アフリカ縦断調査をはじめ、マダガスカル、メキシコ、ボリビアなどでフィールド調査を繰り返し、動植物、化石などの収集を行ったことで知られている。近藤が興した進化生物学研究所は、現在は一般財団法人となっており、「資源動物研究室」「魚類研究室」「多肉植物研究室」「資源植物研究室」「古生物研究室」といった多方面の研究室を持っている。さらに、近藤は、動物園のランドスケープデザインの分野でも先駆者だ。現在も残る伊豆シャボテン公園や鹿児島の平川動物園の基本計画を策定した。

蜂須賀より一回りと少し若い近藤が、ナチュラリストとしての蜂須賀にどれだけ注目していたかは分からない。しかし、アフリカでの大規模な調査旅行を複数回行う中で、先駆者としての蜂須賀を意識せざるをえなかったことは間違いないだろう。

そんな近藤の晩年のテーマの一つに、モーリシャス島での化石探しがあった。

ただし、近藤はモーリシャス調査について、自らの筆で書き残していない。それどころか、今のところ日本語の文献で、近藤のモーリシャス調査に言及したものを見つけられずにいる。ヒュームによる証言と、ドードー研究者の一人、Jolyon C. Parishによる"*The Dodo and the Solitaire: A Natural History* (*Life of the Past*)"の中で語られているエピソードがあるのみだ。

それでも、二十世紀日本のナチュラリストの系譜に名を連ねる近藤が、ドードーの化石の発掘地での化石の再発見に関わっていたこと自体は事実のようであり、実に興味深い。

蜂須賀が一番望んだのは、レユニオン島で白ドードーや白ソリテアが見つかることだろうが、「ドドの石」について思いを馳せていた晩年の蜂須賀にすれば、新たな標本が増えていく現況を大歓迎してくれるだろう。

そして、最後にして最大の話題を。

蜂須賀は、日本にもドードーが来ていた可能性を認識していた。

一六四七年、オランダ領インドネシアのバタヴィアにあった東インド会社の総督が、日本のオランダ商館に対して、「ドードーを送る」という内容の書簡を送っている。東インド会社の公式の書簡は、出したものの控えもきちんと残される仕組みだったそうで、その「控え」のほうが、オランダ・デンハーグにある国立古文書館に現存しているのである。この件は、一八六八年、英国鳥類学会誌"*Ibis*"で報告されており、以降、ドードー研究者の間では常識になっていた。

蜂須賀は、『ドードーと近縁の鳥』の中で、この書簡に言及した上で、「当時の日本において、ヨーロッパの船が来たのは長崎がもっとも確からしい。そこで、長崎図書館のMr. R Masudaに問い合わせたところ、ドードーについてのいかなる情報も追跡不可能と回答があった」としている。

蜂須賀は問い合わせる場所を間違えた。今となってはそれが分かる。

二〇一四年になって、オランダの自然画家で、アムステルダム大学の図書館員でもあるリア・ウィンターズが、デンハーグの国立古文書館にて出島のオランダ商館長日記を閲覧していたところ、まさに一六四七年、ドードーを受け取ったとの記述を発見したのである。それも商館長日記のみならず、積荷の目録、帳簿に相当する文書にまでしっかり記入されていた。商館長日記の当該部分は戦前(一九三九年)にすでに『出島蘭館日誌 下巻』(村上直次郎訳・文明協会)として邦訳されており、蜂須賀が『ドードーと近縁の鳥』を書いた時にはもう日本語になっていた。訳語としては「ドードー」ではなく、オランダ語の読みに忠実に「ドデール」だったが、蜂須賀が目にしていれば気づいたに違いない。

また、彼の没後、一九五八年に復刻された版が『長崎オランダ商館の日記』(岩波書店)として出版され、さらに二十一世紀になってからは、東京大学史料編纂所による『日本関係海外史料 オランダ商館長日記 訳文編之十』にもやはり収録されている。東京大学史料編纂所版にいたっては、しっかり「ドードー」として記述されており、これは見る人が見れば大発見だと分かったはずである。日本のドードー愛好家はこの方面に疎かったと認めざるをえない。

とにかく、ウィンターズは、一八六八年に指摘されてからほぼ百五十年近く放置されていた史実に気づき、英国自然史博物館のヒュームに連絡を取った。そして、わずか数ヶ月後には「ドードーと鹿、一六四七年の日本への旅」(*"The dodo, the deer and a 1647 voyage to Japan"* Ria Winters & Julian P. Hume 2014, Historical Biology)という論文を発表した。発見の事実そのものにインパクトがあり、きわめて早い掲載になったのだという。

商館長日記の中で問題の部分を提示する(訳は、『日本関係海外史料 オランダ商館長日記 訳文編之十』〈東京大学史料編纂所による〉)。

九月一日

コイエット閣下の所持品の箱と生きた動物たちを陸に上げてよい、という許可を得て、それに喜んで従った。

九月二日

知事の求めにより、鹿とドードー鳥は、見物のため、役所へ［連れて行かれ］、それから再び戻された。その後、夕刻近く、博多の領主が両知事と大人数の配下の一団とともに、ただ前述のものをさらに詳しく見るために、島に現れた。彼らは相当満足して、その鹿はもし博多の領主が求めれば［それに応じて］遣わすように、等々と命じた。

コイエットは、ドードーと一緒にやってきた新任の商館長で、日記は前任者（というか引き継ぎ前の現職者）のフルステーヘンが書いたもの。フルステーヘンは、この時に来た船でバタヴィアに戻り、以降はコイエットが日記を引き継ぐ。

その後の成り行きはどうだろう。

前年であれば、商館長（フルステーヘン）が、ラクダやヒクイドリやオウムなどを引き連れて江戸に赴き、将軍徳川家光に献上した記録があるのだが、実はこの年は「有事」であった。オランダ船に先立ってポルトガル船が来航したため、協力の疑いをかけられたオランダ側は、江戸まで行ったものの、将軍の拝謁を拒否されている。新商館長のコイエットの筆になる「商館長日誌」には、一切動物が登場しない。結局、ドードーは出島から出た記録もないまま（出なかった証拠にはならないが）、三百七十年にわたって行方不明というのが現状だ。

一六四七年という年代は、ドードーが確実に生き残っていたとされる中ではかなり後期だし、島外に持ち出されて飼育下のまま（生きたまま）、他の土地にたどり着いた最後のドードーだったかもしれない。

これだけでも、蜂須賀は大いに悔しがり（なにしろ「証拠」は、目の前にあったのである）、また、喜びもしただろう（彼の関心を引き継ぐ者が、インターネットの時代とはいえ、世界中に広がり、ドードーと自国との「絆」を発見してくれたのだから）。そして、当然のごとく、ドードーの行方を大いに気にしただろう。

江戸に行ったのでなければ、別の有力者の手に渡ったのかもしれない。ひとつの有力な説だとは思うが、これも考え始めると錯綜する。件のポルトガル船の来航は、鎖国体制を確立しつつあった江戸幕府にとって一大事であって、長崎を警護する立場にあった三人の有力大名が、ドードーがいた長崎に勢揃いしていた。長崎奉行の黒田忠之（福岡）、鍋島勝茂（佐賀）、そして彼らを監督する立場だった長崎本奉行の松平定行（松山）。

黒田官兵衛の孫にあたる忠之は、「商館長日記」のドードーのくだりに登場する唯一の大名（「博多の領主」）で、白い鹿に興味を示している。

この件も、大いに蜂須賀の関心を引いたに違いない部分だ。

蜂須賀の盟友ともいえる黒田家十四代当主・黒田長禮（一八八九—一九七八）は、「日本鳥類学の父」とも称せられる存在で、蜂須賀を鳥の研究に向かわせたことで知られている。

また、長禮の息子、長久（一九一六—二〇〇九）は山階鳥類研究所の二代目所長をつとめ、蜂須賀は自ら最後まで手元においていた標本（蜂須賀の標本の大部分はアメリカのピーボディ博物館に生前に売却された）を寄贈した。蜂須賀のドードー標本は、今も山階鳥類研究所に保管されている。これは十九世紀にモーリシャス島の沼地Mare aux Songesで発見されたものの一つだということも申し添えておく。

長崎奉行だった黒田家と出島のゆかりは深く、また、博物学と黒田家のゆかりも深い。蜂須賀は本書の中にも収録された「シーボルドから黒田まで」で、博物学と黒田の関係を指摘している。蜂須賀がもし一六四七年のエピソードを知っていれば、このエッセイを倍の長さにして、黒田、ドードー、シーボルドといったあたりで三題噺を構築したかもしれない。なお、十七世紀の黒田家の歴史(『黒田家譜』)を編纂したのは、著名な本草学者で家臣だった貝原益軒。博物学的な記述については得難い「人選」だった。ドードーについても、白い鹿についても言及がないのは、かえすがえす残念だ。

以上、ひとことでは述べられないけれど、「蜂須賀とドードー」だけで話はこれだけ広がってしまう。こんがらがった網目の中に蜂須賀はいて、それでも、今から見ると、ある種の結節点になっていたこともよく分かる。

これは、日本人であればなおのことなのだが、世界のドードー研究コミュニティにとっても独特の存在感を放っている。「マサウジ・ハチスカとはいったい何者なのか」「なぜこの時代にこれほどの活動をしていたのか」と、海外で聞かれたことは一度や二度ではない。

晩年、研究の孤独を嘆いていた蜂須賀に伝えたい。

あなたが、衝動に突き動かされるように進んだ道には、たしかにはっきりとした後継者がいないかもしれないけれど、蜂須賀正氏という比類ない存在の残響は今も世界に満ちていて、世界中に散らばった同好の士を、時に勇気づけたり、時に不思議がらせたりしていると。

【第一部】

世界の涯

——幻の鳥たちを求めて

ドド

浦島太郎が竜宮でもてなされた話や、ガリバーが小人の国を探険した話などは、洋の東西を問わず最も親しまれている物語である。

さて、ここでわれわれは、竜宮城や小人の国のような夢物語が、おとぎ話でなしに、この世界に実在した国々であると仮定してみよう。するとこの国には一体どんなものが棲まうということになるのだろうか――。勿論われわれ人間は棲んでいないし、普通の鳥や獣も見当らないであろう。その代りに、もっともっと不思議な形をした生物が、この国では平和に幸福に暮しているのである。そしてもしも浦島太郎やガリバーなどが偶然に訪れようものなら、彼らは珍客到来とばかりに歓迎し、あらゆる好意好感をしめすであろうと想像される。一般常識眼でいえば、以上のような仮説は無論物語だ。だが動物学者の眼から見ると、これは単なる空想であるとばかり否定できないものがある。

眼を静かにこの不思議な国に向けてみよう。ある数人の水夫が浦島を乗せた亀の代りに小舟に乗って出航した。彼らはロビンソンクルーソーの冒険そのままに、九死一生の難航の末にやっとある海岸にうち上げられると、この国に住んでいる不可思議な生物たちが、遠来の珍客を歓迎しもてなした。だが、この水夫たちを皮切りに、この国へはどしどし人間どもが移住してきた。やがて鹿も、馬も、犬も、豚も上陸した。そし

てついに人間と人間世界の獣たちは、いつしかこの夢の世界の秩序を破壊し、平和と幸福を踏みにじり、しまいには乙姫様の一家眷族は姿を消してしまうことになる。

——かくして、幼年時代の夢物語は、年の経つに従ってその神秘な美しさを失い、ただ文明とはどれほど自然を破壊する力が強力であり、且つ迅速であるかを意識するばかりである。美しい昔の思い出は再びもどってこないのである。

これから書き記すドド（愚鳩）[★〇一]の国こそ夢のような楽園であった。ドド一族の話を聞くたびに、私は浦島やガリバーの美しい物語を連想させられるのである。

夢は短くて失われ易いものである。

それで私は、タイプライターに向い、美しい夢の世界に起った悲劇の数々を記録することにしよう。

一　平和と幸福の島——マスカリン群島

マダガスカルを東へ五六百浬《かいり》[★〇二]の海上に三つの島々がある。この三つの中では西よりの島が一番大きくて、七百九十平方哩《マイル》あるから、ほぼ伊豆半島ほどの面積であろう。

この島々の海岸は美しい珊瑚礁にとり囲まれ、いつも印度洋の暖い潮に洗われている。島の中央は小さいながらも峨々とした山相を備え、二千呎《フイート》足らずの山頂からは幾条にも川が流れ、深い谷間のあちらこちらに絵のような細い白瀧が輝いている。谷間には木性歯朶類が繁茂し、緑したたる大きな葉は風にゆらいで、人懐しく手招いているかのようである。そしてまた高い樹々の枝には眼も覚めるばかりの蘭の花が馥郁と微笑み、瑞々しい緑色の森は紺碧の空に連って見える。この楽園の世界に踏みこんだ者は誰しも、ふくよかなレモンやオレンジの何ともいわれない香りに包まれ、どこからともなく舞い来る大きな蝶々の羽搏《はばた》きは天女をしのばせ、忙しく蜜を集めている蜂や虻などは決して人間に危害を加えようともしない。

これら三つの島々はマスカリン(Mascarene)群島[★〇三]と呼ばれ、西よりの最も大きな島がレユニオン(Reunion)、東方の小型のものがロドリゲス(Rodoriguez)で、中央が有名なモーリシャス(Mauritius)である。フランスの小説家サンピエール(Saint-Pierre)の著名な作品「ポールとヴィルジニー」(Paul et Virginie)はこのモーリシャス島に於いて執筆されたものであった。またアメリカのマーク・トウェイン(Mark Twain)はこの島を「ほしいままに繁茂した熱帯植物、澄み切った小川に深い森、小さな山の頂上は不可思議な形をなしているが、それはあたかも絵のごとく一連の可愛らしい山嶽となって横たわっている」と描写しており、一般の人はこの島々のことを「太平洋の宝石」または「エデン」(Eden)ともいっている。

フランソワ・ルガによるロドリゲスのソリテアー(1708年)

南太平洋には珊瑚礁の島嶼が沢山散在し、海抜わずか数尺しかない島々にすらも、いつの頃からかポリネシア人が渡り棲んでいた。だが美しい自然風景に飾られ、季候と産物に恵まれたマスカリン群島には、どうしたものか、もともと人間は棲んでいなかった。哺乳動物としては、ただ蝙蝠★〇四だけが辛うじてその種を保っていたのみで、鼠でさえも初めは棲息を許されてはいなかった。だが、蜥蜴はいた。この蜥蜴は長さ一尺くらいで、水色、黒、青、赤、灰色等をとりまぜた何ともいえぬ美しさである。木登りが上手で、椰子の木の幹などに美しい肌色をみせながらうずくまっている。房々と稔り下った棗を食べに登ってくるのだ。海岸にはオットセイ(膃肭臍)の何倍もある人魚即ちジュゴン(儒艮)が棲んでいた。この動物はひどくおとなしい性質で、まるで牧場の羊のように岸の浅瀬に繁茂している海草のなかに何百頭となく群がっていた。

島に上陸して先に眼を瞠るのは、幾抱えもあるような大きな甲羅をもった陸亀である。この陸亀も集団生活が好きと見えて、ひとところに幾千となく地面も見えないくらいに群がっているのである。島の動物はジュゴンでも亀でもみなまるまると肥っているが、そればかりでなく植物の中にすらも奇妙に太っているもののあるのに気がつく。徳利椰子★〇五といわれる如く、幹のところがまるでお銚子のようにふくれ上った椰子の木も、やはりモーリシャスの特産である。またいろいろの鳥も沢山棲んでいたが、これらもジュゴンや陸亀のように平和な生活を営み、天

ルーラント・サーフェリーによる白ドードー(1611年)

然の食物に恵まれていた。鳥たちも椰子の木のようにまるまる肥り、飛べないどころか降雨期のむし暑い季節には、よたよた歩くことさえも大儀そうであった。鳩の眷族ではあるが、体は七面鳥よりも大きいドドは、まるで毬のようにまるまる肥り、不釣合なほどに大きな頭には、これまた不似合なほどに頑強で彎曲した嘴がついている。だがこれと反対に脚はきわめて短く、翼はほとんどつけたしのような小さいものである。飛翔することができないから、無論尾羽もつけたたに過ぎず、まるまった羽が数枚背中の中頃にあってただ体裁を作っているばかりである。

ドドには二種類あって、灰色のものはモーリシャスに特産し、白色の美しいものはレユニオンでなければ目撃することができなかった。またドドに近い種類の鳥で、やはり翼が短くて飛翔することができず、脚と頭が目立って長いから背丈も高く見えるソリテアー[★〇六]という鳥もいた。雌の色彩は格別に美しくて金髪色に輝き、嘴の基部の羽毛は黒くて、ちょうど鉢巻をしめているような感じがあり、胸毛はふっくりとふくれ上っているのが特徴である。また尾羽がほとんどないから、体の後方はくるりとまるくなっているのである。

ソリテアーはロドリゲスの特産鳥であって、もう一種の白色ソリテアー[★〇七]は白ドドと同じレユニオンの特産であった。この白色ソリテアーには房々した尾羽があった。また秧鶏《クイナ》[★〇八]という鳥は体の軽い痩せた小型の鳥で、水辺の葭や葦の間などに棲んでおり、日本などに産するものは大概脚の指が非常に長い。これはやわらかな沼地の中でも沈まないために役立つのである。そして春秋の渡り鳥であるから翼も強力である。マスカリン群島にも四五種類の秧鶏が棲んでいたが、みな雉ほど大きく、やはりドドのように肥え太り、嘴が長くて多少彎曲していた。褐色、小麦色、淡水色などの種類があった。この種の秧鶏は体がまるいために普通の秧鶏のするように葭の立ち混んでいる間を歩き渉ることができないから、固い平地に棲んでいた。それで脚は太いけれどもこの種類に特徴の長い脚指は短くなっていた。恵まれた生活のために季節を追って渡りあるく必要もないので、自然に翼は退化して全く飛ぶのに役立たなくなっていた。

また、青鶏《セイケイ》★〇九という鳥もいた。これも秧鶏と同じように体は重く、翼は短かった。けれども色彩だけは東洋のものと同じように水色を呈していた。サンカノゴヰ★一〇(山家五位)という鷺の一種もいるが、これも頭部が非常に大きく発達し、やはり飛翔することができなかった。

美しい小川のほとりには鴨の類が沢山すんでいて、附近には足の踏みいれ場もないくらいに卵が産みつけられている。これらの鴨の中には内地の真鴨やカルカモに近い類のものもいたが、中には瘤鴨といって嘴の上に肉塊のある熱帯性のものもいた。瘤鴨の翼は黒と白色である。浅瀬には脚と頭の長い紅鶴がたたずんでいた。またある時には驚くほど背の高い鳥★一一が現れてくることもあった。羽毛は雪

フレデリック・ウィリアム・フロホークによるロドリゲスドードー(1907年)

のように純白で、非常に長い脚と嘴の珊瑚のように赤いのが目立つ。この背丈六尺にも余る巨鳥も、やはり秧鶏の一種であって、やはりほとんど飛ぶことができない。川幅が広くて流れのゆるやかな水面や湖上には、小さなカイツブリ(鳰)や、頸の非常に長い蛇鵜と呼ばれる鳥などが泳いでいた。

ウスタッド・マンスールによるドードー図(1610年)

森の樹々の間を飛び交う鳥

の中にも珍しいものが多く、椋鳥も三種類いたが、このうち大きな方は頭頂に薄くて白い羽毛の冠を戴き、背中は褐色である。★一二 他の二つは小型で胴体は真白で、翼と尾は淡茶色で美しく色彩られている。また鳩も多かった。大型で赤、白、水色のもの★一三と、シラコバト(白小鳩)のように小型で淡桃色のものも見うけられる。

どこの熱帯地方にも普通に見られるように、マスカリン群島にもオーム(鸚鵡)が棲息している。青草色で尾の長いダルマインコの種類★一四は高い声を立てて啼きながら、枝から枝に渡りあるいていた。紺色の種類はドドや秧鶏や鷺のように頭は異常に大きいが、翼は退化して飛ぶことができなくなったものもあった。★一五 このオームの習性は、恐らく木兎《ミミズク》のように昼間は木の穴の隠家などにひそみ、黄昏頃から活動を始めるのに違いない。

平和なマスカリンの三島にも、やはり世界のどの地方にもつきものの猛禽類が棲息していた。が、それは極く小さなツミ（雀鷂）やハイタカ（灰鷹）の一種に過ぎなかった。木兎の方は五種類棲息しており、大型のものはウヲミミヅク（魚木菟）に近く、コノハヅク（木葉木菟）に似たものも棲んでいた。またメンフクロウ（仮面梟）といって、純夜行性で、昼間は全く眼が見えず、夕方から飛び出す種類もあった。小鳥の類では赤くて美しいキンパラ（金腹）や、尾の長い三光鳥、そのほか目白などがいる。

海岸地方には珊瑚礁の連っている場所があり、また砂浜の展開しているところもあるので、ある季節には色々の海鳥が訪れてくる。鰹鳥、熱帯鳥など手ごろの岩角や、岸辺の短い木の上に巣を営んで雛をかえす。海鳥の繁殖地はまるで別個の世界で、波や風の音と和して餌をあさりながら飛ぶ親鳥の啼き声、綿毛に包まれた雛鳥の親を待ちあぐむ声、これらがなんの屈託もなしに遠くまで聞えてくる。

南半球のことで、この地方の四季もまた格別なものがある。十月から二月頃までは雨季で、鳥どもはみなトヤ★二六（鳥屋）に入る。ドドやソリテアーは体の羽毛がほとんど抜けてしまって、まるで丸裸にされたチキンの感じで、皮下脂肪がすっかりなくなってしまい、大きな嘴の先端の角質物も抜け落ちてしまうのである。秧鶏の種類も痩せてくるし、頭の大きい鷺も体が細っそりと見える頃になると、マダガス

アリスと鳥獣たち。ジョン・テニエル画

カル方面から渡り鳥が沢山到着する。われわれの耳に親しいムナグロ(胸黒)、シャクシギ(芍鷸)、クサシギ(草鷸)、イソシギ(磯鷸)などの甲高い啼声も、沼や小川の畔で聴かれる季節となる。アジサシ(鯵刺)、ミズナギ(水薙)鳥、軍艦鳥なども海岸に訪れ、またマダガスカルのホトトギス(杜宇)や仏法僧も時々森の中で見受けられるのである。

このように説明してゆくと、ここはまるで鳥類のデパートの中を歩いているようであるが、それでもマスカリン群島の鳥類の数は他の地域に較べると非常に少ない。つまりマスカリンの三つの島に分布する鳥類は、定住の鳥わずかに三十四種類、渡り鳥は二十五種類を算するに過ぎないから全部を合わせても六十種類に満たないのである。熱帯地方の他の地域と比較すると、この数字は驚くほどの少ない数である。モーリシャス島とほぼ同面積と見做される伊豆半島を見ても、恐らくはマスカリン三島の二・三倍の鳥類の数を計上するのではなかろうか。この観点からしても天然の恵みゆたかな熱帯の地で、これらの鳥類が生存競争の辛苦もなしにいかに平和な生活を営んだかが窺い知れるのである。このような風物を持つマスカリン群島も、ひとたび人類に発見されると、忽ち文明の餌食となり、この「地上の極楽」は見る見るうちにミルトンの失楽園と化し去ったのである。

★〇一［**ドド**］——ルイス・キャロルの『不思議の国のアリス』にも登場するドードーは、マスカリン諸島特産の飛べない鳩の近縁種である。生息地域によって、形態が大きく分かれる。

・モーリシャス島

モーリシャスドードー(学名＝*Raphus cucullatus*)

・レユニオン島

レユニオンドードー(学名＝*Raphus apterornis*)

・ロドリゲス島

ロドリゲスドードー(学名＝*Pezophaps solitaria*)

このうち、最も生態記録が少ないのは、レユニオンドードーである。フランソワ・ルガの探険記に、生態が詳細に記録されたロドリゲスドードーは別にすると、モーリシャスドードーの生態記録も少なく、本格的な学術調査がなされる前に、ドードーは絶滅してしまった。英語のことわざに「ドードーのように死に絶えて」という言い回しがあるように、ドードーは、絶滅動物の象徴である。人類未踏のマスカリン諸島は、陸亀と鳥類の楽園であった。海路の中継基地として重要な拠点となったマスカリン諸島で、乱獲の対象となったのは、ドードーではなく、巨大な陸亀たちであった。肉もおいしく、長期の絶食にも耐えた亀たちは、船乗りたちからすれば、格好の保存食であった。味が悪かったという記録もあるドードーが、陸亀と同レベルで乱獲されたかはわからないが、人間とともに上陸した、ネズミや犬、豚などの外来種との競合、生息地のプランテーション化に伴う環境破壊も、ドードーを絶滅においやる主たる原因となったはずだ。頭と足の剝製の一部、あとはわずかな骨格標本と肖像画を残し、完全絶滅したドードーは、厳密な意味で、生きていた頃の姿が完全に再現することができない幻の鳥である。

当時、描かれたドードーの絵は、過剰な強調をなされている可能性が高く、受け売りは危険である。よく描かれる球のような丸っ

ドードーとアリス。ジョン・テニエル画

こい、ドードーの形状に異を唱え、ほっそりしたドードー鳥像を主張する研究者もいる。なお、蜂須賀正氏は、ドードーを四種類に分類しているが、本補註では従来の三分類を踏襲する。漢字では「愚鳩」または「渡渡鳥」。

★〇二[「浬」]——「浬」は、ノーティカルマイル(nautical mile, sea mile)、海里またはノットの意味。一海里は経度の一分の平均値で

フランソワ・ルガの航海記(The voyage of François Leguat of Bresse, to Rodriguez, Mauritius, Java, and the Cape of Good Hope)扉絵。画面中央下にソリテアーの姿。

一八五二メートル。一ノットは一時間に一海里進む速度。
★〇三「マスカリン諸島（群島）」——レユニオン島は、フランス海外領レユニオン県。モーリシャス島、ロドリゲス島は、モーリシャス共和国である。
★〇四「蝙蝠」——マスカリンオオコウモリ（馬斯克林大蝙蝠）、一八六四年絶滅。
★〇五「徳利椰子」——レユニオン島の固有種。成長は遅く、高さは三～六メートルほど。幹の基部は肥大し徳利形となり、環状紋がある。これは葉痕と呼ばれ、葉の落ちた痕である。幹の上部に肉穂花序をつけ、淡緑色の花を咲かせる。ヤシ科トックリヤシ属の常緑低木（学名＝*Hyophorbe lagenicaulis*）。（英名＝Bottle palm）。
★〇六「ソリテアー」——西インド洋マスカリン諸島ロドリゲス島に生息していた鳥（学名＝*Pezophaps solitaria*）、で、ハト目ドードー科の一種。ソリテアーまたは、ソリタリーという名前でも知られている。フランソワ・ルガの探険記に詳細な記事がある。ドドの項、「四、ルガの探険」参照のこと。
★〇七「白色ソリテアー」——ジャン・ジャック・バルボア『幻の動物たち』には、こう記載されている。
「ところでいくつかの手がかりによると、単独生活をするドードーがもう一種レユニオン島に生息していたようである。オランダのワルシェレン島のヴェーレにあるレリーフがそれを描いている。このドードーはかなり長い首をもち、ダチョウのように尾が房になって

フレデリック・ウィリアム・フロホークによるロドリゲスクイナ（1907年）

いたという。さらにドードーの第五の種が、マダガスカルの東北にあるトロメリン島に生きていたそうである。」

★〇八［秧鶏《クイナ》］――ロドリゲスクイナ（学名＝*Aphanapteryx leguati*）は、ツル目クイナ科に属する鳥類の一種。インド洋西部のロドリゲス島に生息していたが、絶滅。体色は灰色、飛べない。標本は残っていない。なお、ほかにモーリシャスクイナ（学名＝*Aphanapteryx bonasia*）も、棲息していたが、やはり絶滅した。標本は残っていない。

★〇九［青鶏《セイケイ》］――レユニオンセイケイ（團聚専青鶏）は、ツル目クイナ科に分類される鳥類。「コバネオオセイケイ」（学名＝*Cyanornis caerulescens*）と荒俣宏氏は『世界大博物図鑑　別巻1　絶滅・希少鳥類』で記載。

★一〇［サンカノゴヰ（山家五位）］――サンカノゴイとは、コウノトリ目サギ科に分類される鳥類の一種。ここで語られているのは、亜種（*Botaurus stellaris capensis*）の一種であろうと推察する。ゆえにここではロドリゲスサンカノゴイと呼ぶことにする。

★一一［驚くほど背の高い鳥］――The Giant Water-Hen（学名＝*Leguatia gigantea*）フランソワ・ルガの探険記で報告されている鳥。標本なども存在しない。ルガは「巨人」と呼んでいる。『幻の動物たち』によれば、十七世紀のオランダ陶器にこの鳥のイラストが入ったものが存在しているという。荒俣宏氏は『世界大博物図鑑　別巻1　絶滅・希少鳥類』で「モーリシャスオオクイナ」と記述している。

★一二［大きな方は頭頂に薄くて白い羽毛の冠を戴き、背中は褐色である。」］――レユニオンムクドリ（学名＝*Fregilupus varius*）レユニオ

モーリシャスインコ（1907年）

ン島で絶滅した鳥の中では最近の種類である。一八六二年に絶滅。生息地の破壊が原因か?

★一三［大型で赤、白、水色のもの］——モーリシャスルリバト(学名=*Alectroenas mitidissima*)飛行能力があったため、地上性の鳥よりは人間や捕食動物から逃れられたが絶滅した。一八三〇年絶滅。食性は果実と淡水貝であったという。

★一四［青草色で尾の長いダルマインコの種類］——マスカリンインコ(学名=*Mascarinus mascarinus*)一八三四年絶滅。ドイツの王宮の庭で飼われていたという記録もあり、観賞用として乱獲された。デュボアによるレユニオン島の旅行記から知られている。インコの種類としては、ロドリゲスダルマインコ(学名=*Necropsittacus rodericanus*)、レユニオンインコ(学名=*Necropsittacus borbonicus*)がいるが、いずれも絶滅。

★一五［紺色の種類はドドや秧鶏や鷺のように頭は異常に大きいが、翼は退化して飛ぶことができなくなったものもあった。］——モーリシャスインコ(学名=*Lophopsittacus mauritianus*)マスカリン諸島で一番早く絶滅した鳥。一六三八年絶滅。全長七十センチメートルという大きさや翼の大きさから考えて多分飛べなかったと考えられる。蜂須賀正氏はニュージーランドのカカポに似た生態と想像している。ユトレヒト大学図書館所蔵『モーリシャス旅行記』(刊行年不明)に唯一の記録がある。一八六六年に実在を裏付ける骨を、R・オーウェンが発見した。

★一六［トヤ（鳥屋）］——羽が抜け、はえかわること。また、その間、塒にこもることをさす。

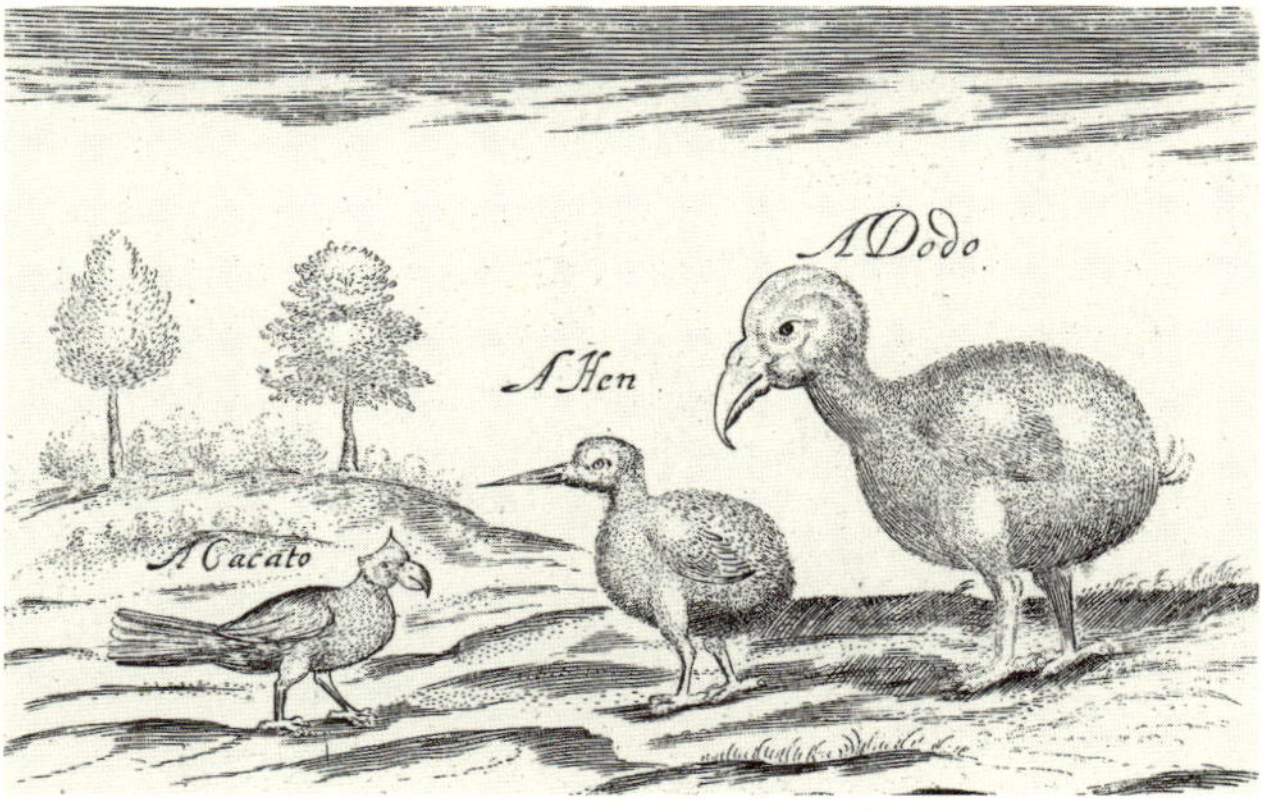

トーマス・ハーバートによるインコ、クイナ、ドードー(1907年)

【二】変貌する夢の国

アフリカの東海岸は欧州人の勢力が伸びる以前、アラビヤ人が頻繁に廻航していた。それでドドの棲む島々の最初の発見者は、恐らくはこのアラビヤ人たちであったとも考えられる。だが、残念ながら筆者はあまりアラビヤ語の文献に精通していないので、古くを語ることは許されない。

十一世紀の頃バクダッドに生れたアル・マスディーは旅行家でもあり、また地理学者でもあったので、東は支那から南はマダガスカルにまで足跡を残したのであった。そしてまたアラビヤ人が羅針盤を支那から学び航海に利用したのも随分古い時代のことであるし、こうした観点から、欧州人よりも以前にアラビヤ人がマダガスカル附近の島々を発見し、島々の内情にも相当に精通していたものと私は考察するのである。とにかく一五〇七年ローマで印刷された地図には、マスカリン群島にアラビヤ語名が付されてあった。現今われわれがマスカリン群島と呼称するのは、欧州人として第二回目の発見者であるポルトガルの航海者ペドロ・マスカレンハス★〇一(Pedro Mascarenhas)が一五一二年にこの群島を訪問して以来つけた名前である。

この時代以後、主としてオランダの船が東印度諸島に廻航の途中に暴風に遭い、その度にしばしばマスカリン群島に立寄らねばならぬことがあった。そして中央の島はオランダ王家の名に因みモーリシャスと命名されるに至った。だが長年の間オランダはモーリシャス島に格別に手を染めることもなく、始めて植民を行ったのが一六三八年であった。西方の島はルイ十三世の時フランス王家の名をとってブルボン(Bourbon)とされたが、一八四八年以来フランス名のレユニオン(Reunion)と命名されて今日に至っている。東方の小島をロドリゲス(Rodriguez)と呼ぶのは、発見者ペレイラ(Pereira)の別名である。ペレイラは一五〇七年既に三島を発見して、別々の名前を付しているのをみると、彼は欧州人として最初の群島発見者ともいえるのである。

オランダ人の船長にヴァン・ネック(Van Neck)★〇三という軍人があった。彼はモーリシャス島を訪問し、この地の文物が他の世界といかに異ったものであるかに瞠目して、次の如く語った。

彼の紀行文は一六〇一年に出版された。この紀行文によると、当時は船に肉類を冷蔵する設備がなかったので、彼らは生きた鶏や家畜の類を積載してオランダの港を出たところ、航路は考えたほど平穏なものではなかった。積みこんだ食糧を消費し尽し、最後の飲料水までがなくなってしまった時、彼らは天の救い手の如きモーリシャスを発見したので、ヴァン・ネック一行は直ちに上陸した。澄みきった小川が到るところに流れ、手の届く草むらの中には鴨の卵が一面にころがっていた。元気を恢復した彼らが、飛ぶこともできずによたよた歩き廻っている野鳥を手捕りにして食べたことは察するに難くない。彼らは海岸に小屋を建てた。そして鍛冶屋を始め、破損した船を修理した。また食糧としては陸亀やドドを捕えるほかに、網を作って魚もすくったが、魚も案外人怖じをしなかった。網にかからぬ大きなものは手製の銛で造作なく刺し止めた。ドドの大きなものになると七面鳥よりもはるかに目方があったので、一匹を手捕りにすると優に二十人前の肉を供給することができた。不思議なことには、ドドの胃の中には大きな石塊が一つずつはいっていた。石の大きさは鶏の卵くらいで、ずっしりと重たく、表面はなめらかで褐色をしており、形はまるいが、片面が平になっていた。船員たちはこの石を珍しがり、それぞれポケットに蔵《しま》いこむのであった。

さて、船員たちは島の内部へ探険にもでかけたが、そこで彼らは色々な珍しい鳥に出会うのであった。鶏くらいの大きさで、嘴は山鴫のように長く、羽の色は赤褐であるが、ドドと同じくほとんど翼をもっていない鳥がいた。この不思議な鳥をフランス人はプール・ルージュ(赤鶏)と呼んだ。だがプール・ルージュは決して秧鶏の類ではなく、非常に変った秧鶏の一族なのである。この鳥を捕えるには棍棒と赤い布があれば充分であった。赤い布を打ちふるのを見ると、この鳥はまるで引き寄せられるものの如く近づいてくるところを棍棒で殴りつけるのである。

マンジーという英人はやはり赤い布を打ちふって嘴の長い肥った鳥を捕えたが、この鳥の羽色は小麦色であって脚は長く頑強であったから、彼は(モーリシャス鶏)と名付けた。しかしわずか一羽しか捕れない珍しいものであったから死んだ鳥をスケッチし、その肉の味の大変おいしいことを手帳に書いた。この小麦色の鳥もやはり赤鶏と同じく秧鶏の類である。湖の畔には鴨の類が所狭きまでに巣を作っていたが、この間に驚くほど背の高い鳥が現れたとき、ひとびとは欧州に産するどの鳥にも喩えることができなかった。頭の高さは地上から六尺くらいもあるが体は雁くらいの大きさである。色彩は全部が白いが、翼にかくれた部分だけが赤色であった。脚の指は非常に細長くて、沼の中を馳けるのが早かった。この珍しい鳥もやはり水鶏の一種で、尾をピンと跳ねあげているところなどはこの種の特徴をよく現していた。あまり背が高いのである人は(竹馬に乗った鳥)だと感嘆詞を発しているくらいである。

ヴァン・ネックの時代から逐次紹介されたモーリシャスの文物を、欧州では異常な驚異で迎えたのであった。しかし島々に棲んでいた生物たちにとって、悲しむべき歴史の第一歩となったのである。訪れくる船の中には食用として生きた牛、羊、豚などが積載されてあったし、また航海の伴侶として猿や犬や猫なども乗船していたので、やがてこれらのものは野放しにされて、次第に繁殖していったのである。島の人口が増加するに伴い、文明は処女林に火を放ち、土地を掘り返してしまうので、ドドや秧鶏などの棲息場所は瞬く間にせばめられてゆくと同時に、人間の手によって移住された家畜や猿の類が猛烈な勢いで繁殖したのである。ドドや水鶏の如く害敵を防ぐ術を知らず、しかも繁殖率の低いこれらの鳥類が、いかに儚く姿を消し去っていったかを顧るとき、人類は地球上の一角に於て取りかえしのつかない誤ちを起してしまったことに気づくのである。悪戯な猿は、一回に一個しか産まないドドの卵や鴨の卵を盗んでしまった。貪欲な豚はドドの餌である棗を終日あさり歩いた。かくて(地上の極楽)の平和な秩序も、次第に破滅の道を辿っていったのである。

★〇一[ペドロ・マスカレンハス(Pedro Mascarenhas)]――一四七〇年生。一五五五年没。ポルトガルの探険家、最終的には印度ゴア州総督。

★〇二[ヴァン・ネック(Jacob Cornelisz. van Neck)]――一五六四年生。一六三八年没。オランダの軍人として一五九八年から九九年、香辛料を求めてインドネシアに遠征する。

【三】南国綺譚

これまで述べたことは、主として生物界に関する事項であったが、この章ではマスカリン群島における初期の人間社会と生活状態について記してみたい。

前章で述べたように、マスカリン群島の発見者であるポルトガル、オランダ、フランス、英国の人々は、それぞれの立場から貴重な文献を残し、後世諸学界のために偉大な貢献をもたらしたのであった。次に述べるジョージ・パイン★〇一(George Pine)の記録も、やはりこれら貴重な文献の中の一つであるが、彼の語る総べては余りにも現実離れのした夢の国の出来事であり、現代人には容易に信じられないような事柄も多々あるのだ。以下パイン氏の記述をだいたい原文のまま引用する。

南アフリカを迂回して東印度諸島に達する航路が、近年あるポルトガル人によって発見された。この新航路は、いままで想像されていたよりもはるかに安全で実益が伴っていた。

そこで英国の貿易商人たちは、この新航路による東洋との貿易を企図し、一五八九年には東洋に商館を設立すべくエリザベス女王の鑑札を受け、四隻の商船を建造したのであった。私の主人はこの貿易商船団の隊長であり、商談の代表者でもあった。

彼は家族全員を同乗させていた。即ち十四歳の令嬢、十二歳の令息、それに夫人であり、使用人としては二人の女中と奴隷女(黒人)に私であった。私の役目は会計係であった。私たちは世帯道具や印度で商いする約四百五十トンほどの商品を積みこみ、四月三日月曜日に出帆した。

海風に恵まれた航海で、早くも五月十四日にはカナリヤ群島が見えた。船は間もなくケイプ・ベルデ島に寄港して食料品や飲料水を積み込み、それから一路南に向けて航海を続けた。

八月五日、セントヘレナに寄港、ここで飲料水を補給した。

次は愈々喜望峰《ケープ・タウン》である。船員中には発病するものが現れ、なかには死亡する者もあった。だが神の恵みによって主人一家族は全員恙《つつが》なく、憧れの喜望峰を眺望することができた。船員の中に病人や死人が出たとはいえ、ここまでの航海は非常に穏かな海路であった。

だが、私たちの船団が、世界屈指の大きな島だというセントローレンス島(マダガスカル)近くに差しかかったとき、突然襲いかかった颱風に容赦なく見舞われた。数日間この不気味な風と波に翻弄された。私たちは今や生きることへの望みを放棄しなければならなかった。ついに船は進路を失い、怒れる波浪上にさ迷うのであった。恐怖と暗黒の夜々が続いた。私たちは一刻も早い夜明けを祈り、怒濤にもまれなが

ら、今日こそはと血まなこになって陸地を探した。

それは十月一日——であったかと記憶する（余りの恐怖に日取りもたしかに記憶し得なかった）。ほのぼのと洋上の明らむ頃、はるか水平線の彼方に黒点一つ——私達は島影らしいものを発見した。船は漸くに従い、黒点——島は漸く全貌を見せ、切り立った岸壁が浮び上って見える。船は漸くにして島に近づいて行ったが、海上はまだ颱風の余波で波高く荒れ、今にも暗礁に乗りあげて難破しそうであった。それで船長、主人、それに他の四人の者がとりあえず救助艇に乗り移ることにし、他の船員達は海中に飛びこみ、島に泳ぎ着くということにした。だが主人の令嬢と私、それに二人の女中と黒人女と泳ぎのできない五名は、救助艇の帰りを待つことにして船中に残されることになった。私たちは気も狂いそうであった。泳ぎのできないわが身を呪わずにはいられなかった。私たちは舷側にしがみつきながら、次第に傾きゆく船と生死を共にしなければならないのだ。

ああ、だが運命とは何と皮肉なものだろうか——。勇しく海に飛びこんだ船員たちは、私たちの眼の前で、つぎつぎと海中に沈み消えて行くのであった。しかも神様は奇蹟を以って私たちの生命を救って下さったのである。船は暗礁に乗りあげ、二三回大きく揺れると、やがて浪に呑まれて沈んでしまった。私たちは船板にしがみつき波浪に流されている間に、やがて小さな湾の中に流れついたのであった。

ここは岩に囲まれ、波も静かであった。私たち五名の者は生命からがら無事に上陸し、小高い丘の上に這いのぼっていった。自分のポケットを探ってみると、小さな火口《ほくち》をいれた箱と小さな鉄片、それに燧石とがあって小箱はきちっと蓋がしまっていたから、幸いにも火口は乾燥したままであった。附近から枯枝を集めて火口で焚火をし、失心状態にある四人の女たちの体を暖めてやった。

女たちが漸く生気を取り戻したので、私は一人で海の見えるところまで引き返していった。荒れ狂う海上には船影もなく、岸辺には打ちあげられた死体が悲惨にもころがっている。誰か生き残った者はないかと探し廻ったが、附近には獣の足跡すらも発見することができなかったけれども、見知らぬ奇妙な鳥の数の多いのに、私は先ずびっくりさせられたのであった。日暮れ近くまで、声を限りに生存者を探し廻ったが、すべては悲しい徒労であった。

女たちは、私の帰りが遅いので非常に心配していた。先ず最初に一同は、この島に住んでいる野蛮人から発見されぬよう、万全の注意を払って行動しなければならなかった。だが今のところ、彼らの足跡らしいものはどこにも見当らない。私たちは身をかくすべく森の中にはいっていった。もちろん野獣に対する警戒にも心を痛めたが、不思議なことにはその片影すら全くないのである。すると私たちの懸念と焦燥は、これから命をつなぐべき食糧のことに集中されるのであった。私たちはこれから迎えねばならない不安な月日に、この見知らぬ島でいかにして飢餓と闘うべきであろうか?——だが、神は私たち五名のものをあらゆる場所において救い助けて下さるのであった。

私たちは難破船の木片や帆の一部分で、先ず小屋を建てた。海岸に打ちあげられたものはいくらもなかったが、台所道具、いくつかの大工道具の入った木箱と、ビスケットの一箱を手に入れたのは天の救いであった。ビスケットの箱は軽くて、波に浮いていた。これが当分の間の私たちの食糧となった。それにこの島には一種の鳥(訳者註=ドドのことである)がいた。大きさは白鳥ぐらいもあり、大変目方もあり肥っていた。この鳥はあまりにも体が重いのであろう、飛ぶこともできない。だから手捕りにするのも容易で、私たちは毎日この鳥を食べた。それに不思議にも、船中の食糧として英国で積みこんだ鶏が、あの難破のときにどうして助かったものか、ちゃんと陸に上っていた。そしてやがて非常なスピードで繁殖し、後日私たちの食糧の一助となったのであった。

ある日私たちは、小川のほとりで、英国にいる鴨の卵に似た卵を沢山発見した。この鴨（これは現在絶滅鳥となった――訳者註）の肉はすばらしく美味しかったし、私たちは最初の心配ほどに食糧に困ることはなくなってきた。

話は前後するが、さてこの島に上陸して三日目、私たちはここに、恐るべき土人も獣も住んでいない確信を得た。そこで急場の間に合せものであった破れ帆のテント小屋では女四人に私を入れた共同生活も出来難く、ついに半永久的な住居になる小屋を建てることにした。高い丘の上に清水の湧き出るところがあって、後は森に連り、前方は海にのぞんでいた。私はこの場所を選んだ。海岸で拾った大工道具がここで役に立ったのである。この作業には女たちも手を借した。一週間後に小屋はできあがり、私たちはここに移り棲んで、来る日も来る日も洋上を見張っては、沖を通る船影を探し求めようとした。

このようにして四ケ月の月日はたっていった。蕃人の声を耳にすることもなく、洋上に浮ぶ一隻の船影すらもない。しかも私たちの棲んでいるこの島は、まったくの世界の涯に浮ぶ無人島なのであった。けれども非常に住みよい土地である。森の中には美味しい果実が稔り、色とりどりの鳥が数限りなく棲んでいた。季候は英国の九月のように暖かくて申し分ない。もしもこの島にひとつの都会を築くならば、それは定めし地上に許された唯一の極楽でもあろう。森には胡桃《クルミ》に似た木の実があって、しかも林檎のように大きい。殻を割るとなかには乾燥した味のよい心《シン》が入っている。われわれはこれをパンの代用とした。私は四人の女と楽しい生活を送っていった。私たちにはもはやその日の食糧の心配などはない。先に述べた白鳥のように大きくて飛べない鳥の肉[★〇二]、鴨に似た水鳥とその卵[★〇三]。それに山羊ほどもある動物[★〇四]がいて、一回二匹の子を年に二度も産んだ。この動物は非常におとなしく、さらに危害を加えることもない。平地にも森にも沢山棲んでいて、女たちはこの獣の肉でおいしい御馳走を作ってくれた。

魚も多い。特に珍しい貝類が非常に多かった。すべては私たちの生活を楽しませる食糧であった。

半年の月日は夢のように過ぎた。

このような無人島生活を続けてゆくうちに、彼ジョージ・パインは例の四人の婦人たちと現実離れのした親しみ深い楽しい生活を作りあげたのであった。もはや彼と彼女らの生活には、なんらの秘密も羞恥観念もなかった。ジョージ・パインは最初、二人の女中を妻とした。だがやがて主人の令嬢も、二人の女中同様に喜んで彼の妻となった。食事が充分なので婦人たちの肉付きは見違えるばかりで、まるで地上に舞い降りた天女の如く喜々とたわむれていた。ジョージ・パインの周囲に美しい眉目の花は咲き乱れ、疲れと倦怠を知らぬ婦人たちの愛情が星の如く輝くのであった。——と彼は、婦人四人にとり囲まれたこの世ならぬ無人島の生活を細やかに書き綴り、さらに次の如く述べている。

私たちは、いつしかこれ以上の食糧も欲せず、故国に帰ることにも興味を失い、なにはばかることない自然の生活にいよいよ大胆になっていった。

やがて、背が高くて一番美しい女中は子供を産んで、私を安心させてくれた。次に主人の令嬢が産み、他の女中も一年ほどの後に出産した。彼女らは妊娠の時期が異っていたので、出産のときはお互いに助けあってくれた。最初の子供は勇敢な男の児であった。主人の令嬢は一番年若であったが、女子を出産した。他の女中は肥っていてお産が重かったが、奴隷の黒人女のお産は非常に軽く、健康な色の白い女の子を産んだ。これで私は、一人の男児と三人の女児を得たのである。そして間もなく二回目の子供が生れていった。子供らには着物を着せる必要がなく、寝る時には乾した苔を積みかさねて蒲団としたが、それ以上の世話なしに健康に育って行った。妻たちは年に一度ずつお産をしたが、子供たちはどれ一人として病気をしたことがない。ただ子供たちの着物にはいろいろ頭を悩まされた。気候はよくて生活は満足だったから、私たちはほかには何物をも欲することはなかった。

家庭は次第に人数が増していった。私たちは危害を加えられる心配もなく、大木の木蔭の苔の上で昼寝した。四人の妻たちは、決して私の傍から離れようとはしなかった。もはや今となっては、故国に帰ることも考えられないので、私たちは決してこの島を去らず、お互い仲よく暮しあってゆくことを神に誓った。

私の妻たちは、全部で四十七名の子供を儲けたが、大部分は女の児であった。そして子供らは順調に発育していった。私たちも健康で、この土地の風土が身体によく合い、病気したことは一度もなかった。黒人女は十二名の子宝を得て老域に達した。主人の令嬢は年若くして最も美しく、一番沢山の子供を産んだが、彼女と私は特に深い愛情に結ばれていた。

十六年の月日が夢の如くたった。その頃長男は結婚のできる年頃となったので妻帯させた。それから成人した子供を次々に結婚させてやった。私と妻たちが老域に達した頃は、子供たちは多勢の孫を産み、一家は休むことなき繁栄を続けていった。私の第一の妻は十三名、次の妻は七名、主人の令嬢は十五名、奴隷女は十二名で、これで子供の数は四十七名である。この土地に棲んで二十二年後に奴隷女は急死したが、別に病気したのでもなく、眠るようにして死んだ。子供らが一人前になると、できるだけ早く結婚させ、河向うに土地を与えて別々の家庭を持たせることにした。これはお互いの邪魔にならないためである。今では子供たちは、一番年下の二、三名を除いたほかはすべて結婚生活に入っていた。私はもはや老域に達したので、若い者たちと一緒に繁雑な生活を営むことを好まなかった。私はついに齢六十を数えるようになっていた。この土地に到着してから四十年の歳月が流れ去ったのである。そこである日、私は一家族全員を呼び集めてみた。孫、曾孫を合せると五百六十五名になっていた。(訳者註＝この数は一見不可能のように見えるが、先述してあるように四人の妻の生んだ子供は女児の数がはるかに多く、四十七名のうち約三十名は女児であって、この出産性別比率は孫の代にもその次の代にもややこれに近い割合であったとすれば、この五百六十五名の数字は確実性を伴うものである)。

私は、初期の頃は万止むを得なかったが、後々に至っては子供の結婚にも重大な関心を払い、なるべく血族の遠い者同志を組みあわせることにした。そして賢い頭をした子供たちには、私や妻たちの手で読書を教えることにした。主人の令嬢はバイブルを持っていたので、毎月一回家族全員がより集り、これを読み聞かせる習慣をつけた。妻の一人は六十八歳を迎えて死んだので、彼女が選んでおいた墓場に埋めた。それから一年足らずして次の妻が死んだ。それで自分の傍には、もはや主人の令嬢以外には誰もいなくなった。その後私たち二人は十二年の月日をむつまじく暮したが、彼女もついに他界してしまった。私は、予てから自分の墓所として選んでおいた場所の隣りに彼女を鄭重に葬った。自分の墓場の反対側には背の高い最初の妻の墓がある。その隣りが黒人女の墓で、主人の令嬢の次がもう一人の女中の墓である。いまや私の年齢も八十に近く、この世の中には何一つ思い残すこともない。静かな死の日を待つばかりであった。私は自分の死後は、家や家具の全部を長男に譲ることにきめ、そしてこの土地の王様のような地位を相続させることにした。子供たちには欧州の習慣を教え、キリスト教を信仰させ、同じ言葉を話すことにした。そして、この土地にやってくる他の種族に対しては、断乎これを追い払うことを命じた。

自分はかれこれ八十歳になり、この島に難破してから五十九年目である。家族全員を数えてみると千七百八十九名であった。私は神に子孫の繁栄のいよいよ大からんことを祈り、皆の者に福音を与えた。今や私は非常に老衰して視力も衰え、これ以上に長く生きられるものとは思えない。そこで自分の手でこの物語を書き綴り、これを長男に渡し大切に保存するように託した。そしてもしも未知の外来者が訪ねて来て、われわれ家族のことについて訊ねる場合は、この書物を見せるなり、あるいは書き写させてもかまわないということもつけ加えておいた。これでわれわれの名前は永遠にこの地上から消え去ることはないであろう。私自身を最初の源として出発し、そしてこの土地に繁栄していった子孫に対して、イングリッシュ・パインスという姓を与えた。ジョージ・パイン(George Pine)が自分の名前で、主人の令嬢はサラー・イングリッシュ(Sarah English)という。他の二人の妻はマリー・スパークス(Mary Sparkes)と、エリザベス・トレバー(Elizabeth Trevor)である。それで子孫のものたちはイングリッシュ・スパークス・トレバーにフィルス(Phils)という苗字を持たせた。フィルスとは奴隷女の名前から取った。本名はフィリッパ(Philippa)であって、彼女には苗字がなかった。それですべてを一括してイングリッシュ・パインスという姓で呼ぶことにしたのである。神よ、この土地に幸福の霊を降し給え、アーメン。

以上ジョージ・パインの手記を読まれた読者諸君は、これは単なる作り話に違いないと一笑に付されるかもしれないが、ドドやその他の、今まで嘗てその名前すらも見聞しなかった珍しい動物や植物の記録が出てくるので肯定せざるを得なくなってくる。

さて、無人島モーリシャスに移住していった人々の生活は、必ずしもジョージ・パインのような平和と安楽に恵まれたものばかりではなかったが、気候風土と天然資源に恵まれたモーリシャスを礼讃する点では異口同音であった。史実によると、モーリシャスに最初の植民を試みたのはオランダで、一六三八年のことで

ある。この頃は、ジョージ・パインの晩年に当っており、既にモーリシャスには千数百名のイングリッシュ・パインス一家が先住していたことになるが、この両国の者は島の中で出会ってはいない。その理由としては、次のようなことが考察される。つまりオランダの移民船は、イングリッシュ・パインス一家の先住する地点とは遠く離れた海岸に到着した、と見做されるのである。なにしろ原始林によって島全部を埋めつくされているところであるし、恵まれた天然産物が多いため、彼らはお互いに定住地以外に進出する必要がなかったものであろう。現在でもモーリシャスには、英、仏、蘭語を使用する住民があちこちに点在し、孤立した社会を築きあげているのを見れば、オランダ移住民とパインス一家とが偶然とはいえめぐり合わなかったことが頷かれるのである。

ジョージ・パインは、この奇しき手記を書き終えて間もなく大往生をとげた。そして手記は、彼の長男の手によって大事に保存されていたが、この長男もやがてこの世を去った。——だが、一六六七年、颱風のために進路を失った一オランダ船が、モーリシャスに避難し、船員たちは、この未知の島に猟奇の眼を見はってそれぞれ上陸したが、彼らの予想は裏切られ、そこには人口一万二千を越える先住民が平和な楽土を築きあげていたのであった。しかも先住民たちは立派な英語を使っており、船員たちはここで始めて、ジョージ・パインの孫と名のる者から、彼の手記を見せられたのであった。

★〇一「ジョージ・パイン」——ジョージ・パイン(George Pine)の手記については、出典は、『パインスの島』(*The Isle of Pines*, 1668)という本である。ヘンリー・コーネリアス・ヴァン・スロッテン(Henry Neville)著のもので、『ロビンソン・クルーソー』に影響をあたえた作品とも言われている。(なお、ヘンリー・コーネリアス・ヴァン・スロッテンは、Henry Nevilleのフルネームである)

★〇二「白鳥のように大きくて飛べない鳥の肉」——「白鳥のように大きくて飛べない鳥の肉……」という表現により、「羽毛は白、嘴と羽先は黄色で、「飛べない」というホワイトドド（レユニオンドードー）であると思われ、蜂須賀正氏は、モーリシャス島としているが、この島はレユニオン島と推察される節がある。白鳥のようにという表現をもってすれば、白いものもいることから、ロドリゲス島のロドリゲスドードー（学名＝*Pezophaps solitaria*）つまりソリテアーとなり、すくなくとも、モーリシャスドドではないことになるのだが、明言は避けておく。

★〇三**「鴨に似た水鳥とその卵」**——絶滅種で、マガモ属の一種（二八四〇万年前〜一六九〇年代）。ここでは便宜上、レユニオンマガモとしておく。もちろん正確な表記ではない。

★〇四**「山羊ほどもある動物」**——「山羊ほどもある動物」との記述があるが、これに関しては特定が出来なかった。パインが上陸する以前、船の難破などによって流れ着いた山羊類の家畜が野生化したものともとれる。またマスカリン群島固有種で絶滅した種かとも考えたが、結論には達しなかった。

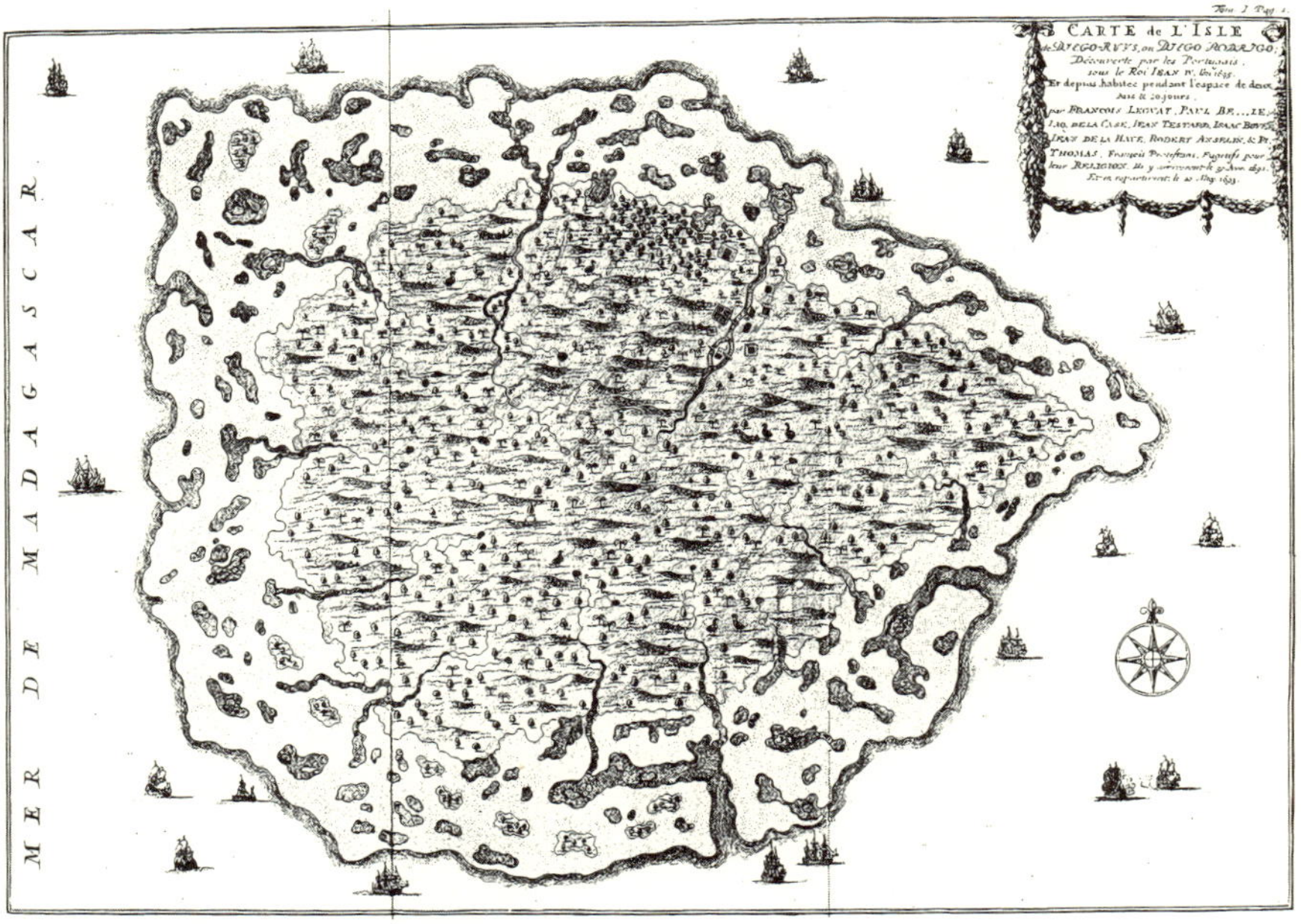

フランソワ・ルガによるロドリゲス島地図

【四】ルガの探険

ロドリゲス島は三つの島(レユニオン、モーリシャス、ロドリゲス)の中で一番小さく、最も東方に位置している。この島の文物を識るには、まずフランス人、フランソワ・ルガ[★〇一](François Leguat)のことを語らねばならない。だが、それに先立って当時のヨーロッパの状勢を一考しておく方が、より印象的であると思う。

十六世紀の下半期頃の欧州は、止まることなき宗教戦争の連続であった。旧教はさながら突風の中に燃え上った火の手のようにスペインの岸から吹き捲くられオランダの海岸に達し、やがてはドーバー海峡を越えて英国に迫ろうとした。時のスペイン王フェリペ二世はさながら旭日昇天の勢で、二つの世界の王とまで謳われ、極端なカトリックの擁護者であった。一五四一年東洋では、台湾南方の大群島が王の名に因んでフィリピンと命名された。そしてマニラ附近の大きな竹で製作されたパイプオルガンが、フィリピン住民からマドリッドのフェリペ二世に献納されている。その頃、モルッカ[★〇二]へは香料採集のためスペイン船が頻りに訪れていた。肉荳蒄《ニクズク》(ナツメグ)、丁香《チンコウ》、肉桂《ニッケイ》、荳蒄花《ズクカ》(メース)等の香料は欧州には全く見られない薬品であり調味料であったから、これらの珍品が欧州人の渇仰の的となったのは当然のことであった。

一方、英国にはプロテスタントを信仰するエリザベス女王があり、不撓の精神に富む英国艦隊は、未知の海洋探険にさまざまの冒険を企てていた。前章に述べたジョージ・パインも、エリザベス女王の許可を得てインド通商の目的で英国を船出したものであり、煙草と馬鈴薯を始めて欧州に紹介したというウォルター・ローリー[★〇三]のヴァージニヤ探険も、やはりエリザベス女王の特権を付与されたものであった。そして、漸く航海力を充実して来た英国艦隊は、大西洋上にあってイスパニヤ商船隊と覇を争い、ついにこれを迫害し始め

たのであった。そして世界覇権を夢みるフェリペ二世は、新旧宗派を異にし、しかもスペイン通商の邪魔物である英国を征服すべく、ついに「無敵艦隊」を英国に繰出したのであった。

その当時、フランスにおいても、宗教戦争は到るところに勃発し、葡萄酒で有名なブルゴーニュ地方などの豊沃な土地も、砲弾と蹄のために荒蕪の地と化し去られていた。プロテスタントの一派にユグノーと称するものがあって絶えずカトリック派から迫害されており、ある時は、一万人以上の信徒が惨殺されたこともあった。だが、ユグノー一派には貴族や有力な中流階級の者が大勢加担していたので、この一派の政治に関与する潜在力には並々ならぬものがあったがフランス王選出の時などには、両派の間に血を洗う闘争が繰り返された。ついにユグノー派から推されたのが、有名なアンリ四世[★〇四]である。

アンリ四世は一五九八年、勅令[★〇五]を発して信仰の自由、新旧両派の同権を認めたのであった。国内に新しく道路を拓き、運河を掘り、工業、商業を勃興させるなどして、四十年近く荒廃にまかせていた国家を復興させていった。「国民には日曜毎に鶏を食べさせたい」と語った慈悲深い彼の言葉はあまりにも有名である。実にアンリ四世こそはフランス歴史中の名君主であった。だがフランス国家の悲しむべき運命は、日ならずして宗教狂人の手によってこの名君をも殺害せしめたのである。アンリ四世亡き後は、再びユグノー派は迫害に曝され[★〇六]、やがて幾千と算する一派の者が、永久に祖国から追われ去った。

これらユグノー一派の亡命者の中には、遠く印度、ジャワにまで達している者があったが、多くは英国に亡命し、後年英国実業界に多大の貢献をなした者もあった。次に述べるフランソワ・ルガもこの亡命者中の代表的な一人である。

ユグノー亡命者の中には一先ずオランダに遁れた者もあったが、ルガもこのルートを辿った一人であった。彼がオランダに着いたのは一六八九年八月六日であった。噂によるとケスン侯爵がプロテスタントのために

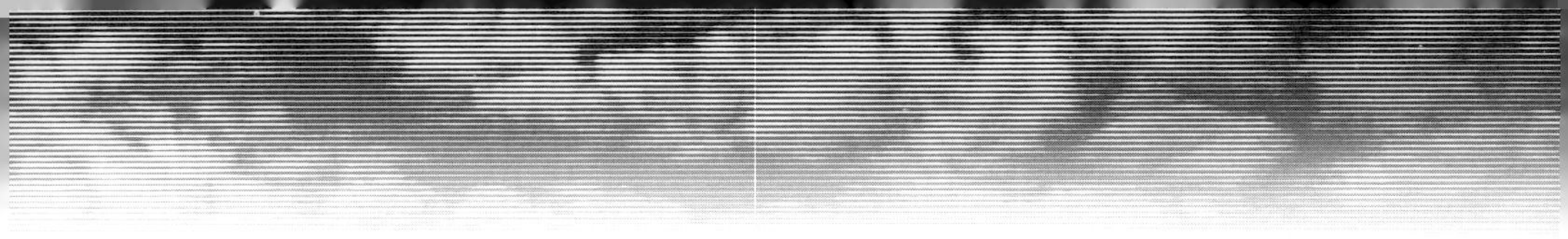

船を仕立て、フランス王家の名を取ってつけたブルボン島[★〇七](現在のレユニオン島)に移住する者を募集中であると聞き知ったので、さっそくルガ兄弟はこれに応じた。船は六門の大砲を装備し、十人の水夫に操られて翌一六九〇年九月四日オランダ海岸のテシルを出航した。これに乗込んだ移住民は十一人のフランス人であったが、このうちの二人を除いたほかはみな恵まれた家庭の人々で、いわばこの大旅行も衣食に迫まられてのものではなく、半ば趣味を兼ねたものであった。この点は最も大切な見逃すことのできないところで、マスカリン群島に着いたこの移住者たちの後世に残した文献の内容は他の航海者と較べてみても、比較にならない真実性と確実性を備えているのである。殊にフランソワ・ルガは齢既に五十を越えていたし、この移住者たちの団長格でもあった。

翌一六九一年四月、移民船は目的地のレユニオン島を発見することに成功したが、船長はコースを真直にロドリゲスに向けたのであった。この島は無人島であって、ルガ一行は上陸した。そして二年後一六九三年五月に、彼らは手製の小船でモーリシャス島に向けて出帆したが、嵐に遭って難航を続け、八日目に生命からがらモーリシャス島に漂着した[★〇八]。上陸した一行は未開の地を徨うこと一週間、ついに人間の住んでいるところを探しあてたが、それはオランダ人であったために、彼らは捕われの身となり、二哩沖の小島に流されてしまった。この小島は引潮の時には附近が浅瀬になるので、近くの他の二つの島に徒歩で渡ることができた。その一つの島は大樹が鬱蒼と茂っていた。けれども、ここにおける皆の生活は恵まれず、ついにルガは健康を害し暫時モーリシャスに渡って保養を許されたこともあった。そのうち早くも三年の歳月は流れたが、まだ捕われの身は許されず、今度はバタビヤに護送され、そこで始めて自由の身となった。そしてルガたちは一六九八年の六月に欧州の土地を踏むことができたのであった。

ここで私の話はもとへ戻る。

一六九一年四月ロドリゲス島に上陸したルガ一行は、大きな流れを挟んで六軒の家を建てたのであった。彼らは共同炊事場や野外食堂を設け、家屋の附近には欧州風の庭園を作ったりした。川岸には食用に供せられる蟹が沢山いたし、大きな陸亀もその附近に邪魔になるくらい棲んでいた。また海岸の浅瀬にはジュゴン(儒艮)が群がっており、少しも人間を恐れないところから、ルガたちは欲するままにジュゴンを捕えて食卓に供した。さらに、椰子の木の幹には一尺くらいの蜥蜴が沢山いた。色彩が美しくて数が多いから、蜥蜴の群がった木の幹は青、赤、水色、黒色などに輝くほどであった。この蜥蜴も人間を怖れず、大木の蔭で食事しているルガたちの足もとに這い寄り、やがてテーブルの上にまでのぼるので、メロンを与えると喜んで手から喰べるようになった。

蜥蜴にはなかなか敵が多かった。中でもサンカノゴキ(山家五位)に似た羽毛をもっている鷺が強敵であった。この鷺は頭が大きくて、翼が小さかったから飛翔することはできなかったが、その代りに歩くのは達者で、蜥蜴を発見するや否や立ちどころに喰い殺すのであった。ある日ルガは鷺に襲われた蜥蜴を救けてやったことがあったが、強欲なこの鳥は追っぱらってもなかなか立ち去らず、どこまでも執拗にルガにつきまとうのであった。この鷺は肥っていて、肉も鶏肉のように美味なものであった。また、アヲバズク(青葉木兎)に似た褐色の木兎もいた。これは昼間でも相当に眼が見えるらしく、やはり小さな蜥蜴や小鳥を獲りに飛び出してきた。大木の鬱蒼と茂る枝の間が彼の棲家で、静かな晩には必ず同じ声を繰返して何時までも鳴いていた。しかし天候の悪い夜には、決して彼の鳴声を耳にすることはできなかった。

附近の森の中を徨っていると、まるで誰かが口笛を吹いているような音色を耳にすることがある。やがてこの声の主もわかった。プール・ルージュ(赤鶏)である。ルガはこの鳥の卵を探そうと苦心したが、彼の巣は巧みに隠されてあり、どうしても発見することができなかった。黒と白の羽毛をしたベニバシカラス(紅嘴鳥)は卵を常食としていた。この小さなカラス(鳥)はロドリゲスの南の岩島に巣をつくり、海岸の砂の上に産み落された海鳥の卵を始終漁りにきた。また附近には時として大きな亀が死んでいることもあったが、ベニバシカラスは鋭く尖った嘴で大亀を料理して喰べることも知っていた。ルガはある時、幼鳥を捕えて肉を与えたところ喜んで喰べた、けれども穀類を与えると彼は嫌がって見向きもしなかった。

なおまた、ルガの住居の附近にはソリテアー(独鳩)が沢山住んでいた。沢山といってもこの鳥は単独の行動を好むので、たいていは一羽か一番《ひとつがい》であった。ソリテアーとは(孤独)という意味である。彼はソリテアーについて次のように述べている。

雄の羽毛は灰褐色を呈している。足と嘴は七面鳥に似ているがもう少し彎曲している。尾はほとんどないが、臀部は小羽で蔽われてまるくなっていること恰も馬の臀部のようである。背丈は七面鳥よりも高い。頸は真直で、頭をもち上げた場合には七面鳥の頸よりもまだ長い。眼は黒く輝いていて頭部には鶏冠はない。翼は体の重量を浮かせるにはあまりにも小さいから、決して飛翔しない。ただバタバタと羽搏きしてお互いに呼びあう役に立つばかりである。四、五分の間、同じ方向にグルグルと二三十回も円を描いて回転することもある。このとき翼から発する音はカタカタと鳴り、百歩離れたところでも聴くことができる。翼の骨は先端に行くに従って太くなり、翼の角でまるい玉のように膨れあがっている。これと嘴とが主な武器である。森の中で手捕りにすることは難しいが、広い場所では容易である。なぜなら駈けるのは人間の方が速いからである。三月から九月にかけて非常に肥満するので、肉は頗る美味で、殊に幼鳥の肉がそうである。雄のあるものは四・五ポンドの目方がある。

雌は眼も覚めるばかりに美しかった。褐色あるいは金髪色をしていた。嘴の基部には一種のバンドが締められてある(これをルガは当時フランスに流行した寡婦の用いる髪飾に較べている)。胴体を飾る羽毛は一枚として不揃いなものはなく、嘴でいつも綺麗になでつけている。腿の羽は、ひとつひとつが丸く先端は貝殻のようで、この部分は厚くて立派である。上胸には二つの膨みがあり、ここの羽は他よりも白味がかっているから美しい婦人の胸部そっくりである。歩き方には大層威厳があり、またこの上もなく優雅であるから、自分たちはしばしば見とれて好感を抱かずにはいられなかった。

　ルガの記すところは以上の通りであるが、観察力が細かくて少しも事実を誇大していないのはわれわれの敬服するところである。ルガは自分の眼で見たものと、他人から聞き知ったものとは必ず区別し、自然界の現象を素直に描写したのであった。このことはルガ文献に貴重な要素を裏打ちするものである。それは宗教心によって培われた信念と忍耐力、さらに当時のプロテスタント教徒に共通であった読書力による研究心と洞察力、これらのものが感情に走らぬ五十代のルガの判断力によって誤りなく観察し書綴られたものであるから、洵に得がたい貴重なものとされる所以である。彼はモーリシャス島においては、将来この島に訪れてくる人びとのために、彼の手記を瓶に詰めて岩の割目に保存したのであった。またロドリゲス島においてもやはり同じ手法で木の穴などに保存していたのである。

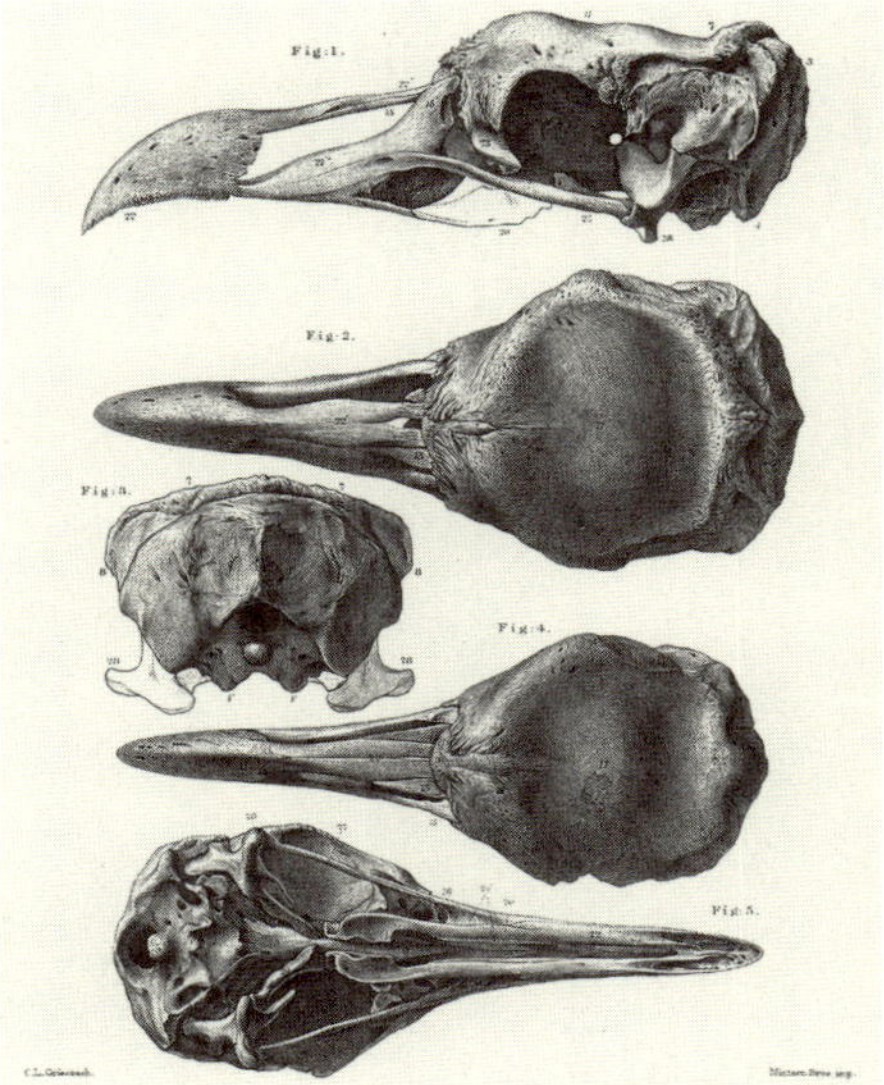

C・L・グリースバッハ、ソリテアーの雌雄の頭骨(1879年)

　さて、ソリテアーの習性に関するルガの手記をもう一つここに引用することにしよう。彼の述べるところによると、ソリテアーの巣は椰子の葉を用い、地上一尺五寸ぐらいの高さに作られる。産む卵は一箇で、大きさは雁の卵よりもっと大きい。ある日ルガは親鳥につれられた雛鳥を観察していたところ、この親子のソリテアーが歩いてゆくと、やがて他の親子づれもこれに合せて歩いていった。するとほどなく親鳥たちは、二羽の雛鳥たちを後へ残し、自分たちばかりさっさとどこかへ消え去ったという、この奇妙な現象を彼は「結婚」と呼んだ。

ルガは絵もよくしたので、幸いなことにソリテアーのスケッチが沢山残っている。その中でも雌の描写には特に注意深く、金髪のような羽色、婦人の胸部に似たふくらみを持つ部分などに筆者の苦心が窺われるのである。ソリテアーはルガの死後百年足らずで絶滅してしまった。現在われわれがロドリゲスの絶滅動物を識るには古生物学がある。しかし今日の学者が如何に躍起となっても、ルガの残していってくれた以外に、その習性や色彩に就いて学ぶことは永久に許されないのだから、彼の偉業は絶大である。

ロドリゲスの面白い話はまだまだ尽きないが、紙面の都合もあるので次はレユニオンにちょっと触れて、本章を閉じることにしよう。

レユニオン島を訪れた人びとは、鳥があまり馴れているのに驚いた。林に入ると種々の小鳥がすぐ近くの枝までやってきて、人間たちを物珍しげに眺めながらさえずっている。赤くて綺麗な文鳥の類もいる。椋鳥の一種は白くて薄い羽毛の冠を戴いている。この鳥は欧州人の眼にはヤツガシラ(戴勝)の一種に見えた。青《セイ》鶏《ケイ》という水鳥の羽色は濃い水色であって、嘴は赤色である。レユニオン産のものもこれと同色ではあるが、大きさは鶏くらいもあり飛翔することはできない。走ることは驚くほどに速いので犬も容易に追付けなかった。モーリシャスに褐色のドドが棲んでいたようにレユニオンには白ドドがいた。やはり腹が地面につきそうなくらい肥っていたが、羽色は純白で翼は美しい黄色である。またこの島にはソリテアーも棲んでいた。

ロドリゲスの近縁種と異なる点は、尾羽根がまるで駝鳥のそれのように突き出ていることである。このソリテアーは間違ってドドと呼ばれ一五六七年に始めてオランダに輸入されて以来、一六六九年を最後の記録としている。これからみるとレユニオンのソリテアーは、人間とは僅かに一世紀の間しか共同生活に耐えられなかったのである。

以上述べたマスカリン群島の歴史を通覧するに、ヴァン・ネックが一六〇一年始めてモーリシャスのドドを欧州に紹介してから二世紀ほどの間に――つまり一七九一年頃までの間に、この群島に特産したドドやソリテアーを始めとして珍しい秧鶏の類、小鳥の類では椋鳥や文鳥に到るまで少くとも三十種の特産鳥が絶滅してしまい、現在に残る特産の陸鳥はわずかに十種類前後となってしまったのである。

★〇一〔**フランソワ・ルガ(François Leguat)**〕――『世界の涯』に於て、フランソワアー・レグワットと表記されているが、岩波書店の十七・十八世紀大旅行記叢書第Ⅱ期第一巻『インド洋への航海と冒険』(*Voyage et Avantures de François Leguat, & de ses compagnons*, en deux isles désertes des Indes orientales、二〇〇二年)にそって、フランソワ・ルガとした。ルガの冒険の詳細は、『インド洋への航海と冒険』に書かれているので、気になる方はご一読のこと。

★〇二〔**モルッカ**〕――モルッカ諸島(Molucca)あるいはマルク諸島(インドネシア語=Kepulauan Maluku)と呼ばれる群島は、インドネシア共和国のセラム海とバンダ海に分布する島々のことである。歴史的に『香料諸島(Spice Islands)』として特に西洋人や中国人の間で有名であった。

★〇三〔**ウォルター・ローリー(Sir Walter Raleigh)**〕――『世界の涯』では、ウォールター・ラレーとなっている。英国廷臣、探険家で、作家で、詩人。ニッカウイスキーのブラックニッカのラベルのモデルになった人物でもある。一五四八年、ローリーは二隻の船を派遣。現米国ノースカロライナ州ロアノーク島を探険させ、処女王エリザベスに因んで「バージニア」と名付け、新世界初の英国植民地とする。一六一八年、部下が、スペインの入植地であったサン・ソーム(San Thome)で略奪を行った咎により、斬首。詳しく知りたい方は、『サー・ウォルター・ローリー——植民と黄金』櫻井正一郎　人文書院（二〇〇六年）があるので、参照されたい。

★〇四「**アンリ四世**」——『世界の涯』では、ヘンリー四世となっている。英国のヘンリー四世と混同を避ける意味で、アンリ四世と正しておいた。ブルボン朝初代のフランス国王、ならびにナバラ国王エンリケ三世(バスク語 Henrike III.a)。

★〇五「**勅令**」——勅令とは「ナントの勅令」のことで、アンリ四世による勅令によって、フランスに於ける宗教戦争、「ユグノー戦争」が終結を迎える。

★〇六「**再びユグノー派は迫害に曝され**」——一六八五年、ルイ一四世は「フォンテーヌブローの勅令」によりナントの勅令を廃止し、カトリック中心の国家へと逆戻りさせた。

★〇七「**ブルボン島**」——一六四二年、国王ルイ一三世によってブルボン島(Bourbon)と命名されたが、ブルボン王政を打倒したフランス革命によってレユニオン島(Réunion)と改名された。その後、一八〇六年に皇帝ナポレオンにへつらう提督によってボナパルト島と改められるが、ナポレオン戦争終了後の一八一四年のイギリス占領下ブルボン島に戻される。しかしまたまた一八四八年の「二月革命」で、七月王政が倒されると、レユニオン島に戻るという数奇な運命をたどって現在に至る。

★〇八「**八日目に生命からがらモーリシャス島に漂着した**」——ルガ一行が、ロドリゲス島からモーリシャス島に戻ろうとした背景には、性慾処理に困った背景がある。異性がどうの結婚がどうのと旅行記では描かれているが。

【五】ドドの研究

同じ鳥類の研究をするにしても、マスカリン群島の鳥類のように既に絶滅してしまい、標本として剝製が一箇、あるいは嘴の破片だけでもあるものなどはまだしも、全く標本のない種類の研究となると、博物館を調べるだけではどうしても手掛りがないからなんとか別の方面に研究の焦点を向けなければならない。

昔は王侯への献上物として生物を使用したことがよくあったので、ドドやソリテアー、または秧鶏に到るまで生きものがしばしば欧州まで運ばれたことがあった。幸いなことには、これらの鳥たちは人を怖れず鈍なところがあったから飼育が非常に簡単であったと見える。私の調査によると、オランダには約十羽、英国には四羽、オーストリアに二羽、プラーグに一羽、ベルリンに一羽、ジェノバに一羽、ジャワのバタビヤには一羽——それぞれ生きたドドが到着しているのであって、またバタビヤからは日本に向けてドド一羽を発送したことにもなっているが、本邦には無事に着いた記録がないようである。これらの珍鳥は、当時の人びとの関心をよほど昂めたものと見え、殊にオランダではフレミッシュ派の絵画として残されているドドの原図だけでも約三十一枚におよんでいるのでこれらの原画を詳細に調べると、雌雄の差異、季節的変化及び個体変異はもとより、その習性の一部も窺い知ることができるのである。

白ドドの場合は三羽の生鳥がオランダに届けられ、それが五枚の色彩画となって遺っているに過ぎないから、その研究はなかなか難しい。

レユニオンのソリテアーは欧州に四羽到着したが、ロンドンに着いたものは見世物となって一般大衆にも見学させている。絵画としてはあまり立派なものはないが、ただ一つオランダの田舎家の石の壁に浮彫として遺されている面白いものがある。それからロドリゲスのソリテアーは欧州に輸入されたことがないから、ルガのスケッチによる以外に他にほとんど何ものもない。

次にドドの標本について述べよう。一六五〇年に一羽のドドがロンドンにおいて剝製にされた。そして一六八三年にオックスフォードの博物館に譲渡されたのであったが、歳月を経るうちにこの剝製が汚くよごれてしまったので、一七七五年館長は命令を出して焼き捨てることにした。けれどもこの異様な形態を惜まれたのか、頭部と片脚だけは灰燼に帰することを免れたのであった。このもぎ取られた頭部と片脚は現在オックスフォード博物館の貴重品であって絵葉書にまでなっている。

ドドはまだ自然科学の発達していなかった十七世紀末頃に絶滅しているのである時代には一流の学者でさえもその存在を疑ったほどであった。ドドの鳥学的研究は、オックスフォード大学のダンカン教授[★〇一]が嚆矢といえよう。彼は一八二八年に、ドドは事実生存していた鳥であると発表した。だがフランスの学者レッソンは、ダンカンの指す鳥は火喰鳥に違いないと反駁した。今日考えると、まるで議論にならぬ議論である。一八三〇年にはロドリゲスの洞窟からソリテアーの骨が発見されてパリに送られたが、これは半ば石化したものであまり研究材料として重要視されなかった。

次第にドドの生存していたことは動かすべからざる事実となってきたが、その近縁関係は容易に分らなかった。フランスの学者は禿鷲の一族であると見做したり、雉類の一員と思ったりしていた。ペトログラードのブラントの如きは鴫の一族であると決論した。ドドの分類が決定的に断定されたのはデンマークの学者ラインハートによるものである。彼はコペンハーゲン博物館にある頭骨を研究し、ドドは鳩の一族であると発表して学会に大波紋を投げた。これは一八四二年の出来事であったが、彼の説は今日に至るも動かすべからざるものである。その頃ドドの研究は各国で盛んであって新しく発見された絵画は登録されて、嘴や頭骨、足などの標本は細目に渉ってそれぞれ研究発表されていった。これらを一纏めにしてそれに自己の説を充分に加えたのがストリックランドの記念すべき大図説"*Dodo and it's Kindred*"であって、一八四八年ロンドンで出版された。彼の著述のうち最も大切な事柄はロドリゲスのソリテアーがドドと別属の鳥であることを指摘したことである。彼の論説は不完全なわずか八個の骨に立脚したものであったが、その後の研究により彼の説の正しいことが立証された。

次に当然行わるべきことは現地の発掘である。しかしこれは考えるほど容易な仕事ではないので人と場所を得なければ思うような結果を得られるものでない。当時モーリシャスにはエドワード・ニュートンが住んでいた。彼はケンブリッジの鳥学者で"*Dictionary of Birds*"の著者として名のあるアルフレッド・ニュートン教授の兄弟である。エドワード・ニュートンはロドリゲスに渡り洞窟の中からソリテアーの骨を沢山発掘することに成功した。この快報に刺戟されたロンドンの学会はちょうど金星の観察隊をロドリゲスに送るところであったので、同行のスレーターをしてソリテアーの発掘に従事させた。その結果は好成績で大量の骨が英国に運ばれたのであったが、これを研究発表したニュートン教授は曰く「人骨以外にこれほど沢山研究された骨格はない」と。

ルガの記述によるとソリテアーは翼の角の骨が球状に丸く膨れ上っていて、この武器によって喧嘩をするのであるそうだが、人々はこの説を容易に信じなかった。また彼のソリテアーのスケッチを見て、まるでなっていない絵だと批評した人もあったのだけれども、骨格の発掘によってルガの認めたものはすべて正しかったことが証明された。

その頃モーリシャスにおいても発掘の気運が向いていた。在島三十年のジョージ・クラーク氏は自然科学に興味が深かったが、彼の長年の理想が実現されメアー・オ・ソンジと呼ばれる四十五エーカーの沼沢地に土木工事を起して排水設備を施した。そして大勢の人夫を裸足で沼の中に入れ、足の先で何か珍しいものはないものかと注意深く探させた。中央の深いところには水が三尺ぐらいあったが、この場所で太い亀の骨や鹿の角に混ってドドの骨を沢山に探り当てることができた。これらを調べて見ると骨格の大きさに二様あるので、これは雌と雄の違いであることが察せられる。ドドはこの沼の附近に沢山棲んでいたものらしくみな自然に死んで行ったことが分る。この時に他にも色々と変った骨が採集されたが、それらがドド以外の絶滅鳥の骨格であったことは特筆に値する。クラークの企てがあまりにも見事な成功であったので一八八九年にはモーリシャス政府により同一場所が再び発掘され、こんども予期以上に大量の標本が手に入った。それでマスカリン群島絶滅鳥類の研究は古生物学者の手にと移って行ったのである。

その頃の動物学はフランスを中心に発展して行った感があって、学会の大御所であるパリ博物館のミルン・エドワードと英国においては、ニュージーランドに棲んでいた駝鳥よりもまだ大きいモアの命名者として名あるオウエンによって発掘された骨の研究が進められて行った。この時代が過ぎるとドドの研究は一時打切りの形となり、これまで論文を発表していた学者たちも時を追って故人となって行った。

十九世紀の末期から交通は非常に発達し世界の僻地に棲む動物が次から次に採集されて行くようになると、動物学者は世界を挙げてある山やある島に特産する地方的な亜種の記載に没頭する傾向が盛んとなった。この中にあって唯一人英国のロスチャイルド男爵[★〇二]だけは忘れられた鳥類の研究を等閑に付さなかったので彼は一九〇五年第五回万国鳥学会議の席上において、絶滅または絶滅に瀕せる鳥類の講演を行ったが、この後に“*Extinct Birds*”の名のもとに大図説を出版した。男爵のいう絶滅とは人類の歴史が始まった以後に死に絶えた鳥類を意味するのであって、それ以前に絶滅したものは取扱っていない。この著書に出ている説明は極めて簡単であるから、少くともドドに関する限り完全の域から遥かに遠い。しかし男爵の視野は全世界に渉っ

ているからその蘊蓄には他の追従を許さぬ権威あるものがある。

ヴィアー——それはオランダの古い田舎町——の礫で鋪装した狭い往来を、ある日ウデマン博士は独りぽつねんと歩いていた。なにげなく古めかしい二階家の破風のところを眺めると、浮彫の装飾を施した石が一つ嵌め込まれている。それは不思議な鳥の形であって、足もとに一五六一と刻まれているのは建物のできた年代である。風雨に曝されたこのみすぼらしい浮彫はもともと雑なものであったが、博士の慧眼はそれがドドであることを観破した。彼は一九一七年、“*Dodo-studden*”というオランダ語の本を著し一躍一流動物学者の仲間入りをしたのであった。ドドの羽色は雌雄異なること、また季節によって体の肥満するときと痩形のときと二様あることを発見しているのはウデマン博士の明晰な頭脳の閃であって敬服の至りである。ウデマン博士の著

ヒュー・エドウィン・ストリックランド“*Dodo and it's Kindred*”の扉絵

書はオランダ語で書かれてあったため、これほど重要な発見にかかわらず一般学者の注意を惹かなかったのは残念である。

私が絶滅鳥類の研究を始めたのははや十年以上も前からであって、原稿の執筆にかかったのは、一九三七年カリフォルニアに住まっていた頃である。当時英国ではロスチャイルド男爵既に逝き、オランダのウデマン博士また、欧州大戦勃発以後消息も不明で、その後の研鑽の跡を伺い知ることのできないのは非常に残念なことである。

★〇一［**ダンカン教授（J. S. Duncan）**］——一八二八年、"A summary review of the authorities on which naturalists are justified in believing that the dodo was a bird existing in the Isle of France."(Zoological Journal 3: 554-567)を発表。

★〇二［**ロスチャイルド男爵**］——FRS（王立協会フェロー）第二代ロスチャイルド男爵、ライオネル・ウォルター・ロスチャイルド(Lionel Walter Rothschild)一八六八年生。一九三七年没。英国の動物学者、政治家、貴族。ロスチャイルド家所有地トリング・パーク(Tring Park)に動物園と動物学博物館を設立した。絶滅鳥類の研究でも知られ、蜂須賀正氏との活発な交流は、本書記載の記事からも窺える。動物学博物館については、次章［★〇一］参照のこと。

【六】ドドを追って

トリングはロンドンを去る二三十哩北方の町でロスチャイルド男爵の動物博物館★〇一がある。標本室の壁には

大きな鳥の絵が沢山掛っていた。その中の一枚はあまり丈が高いので階段の壁に掛けられている。額面いっぱいに丈六尺ぐらいの一見秧鶏に似た鳥が描かれてある。長い嘴と脚は珊瑚のように赤く生々とし、羽色は全部純白であるが、風切り羽は黒くて体側の羽は薄い赤味を帯びている。

私はある時ロスチャイルド男爵に質問した。

「この大きな秧鶏が例のマスカリン群島の『竹馬に乗った鳥』でしょう。けれども体側の桃色とあの大鶻に見るような頭頂の平な板は誰の記載からお取りになったのですか?」と。われわれはいつものように議論を戦わせた。男爵は自分の間違った説を取下げるのにちょっとも躊躇しない度量があった。

標本室には男爵の監修のもとに作られた白ドドのモデルがある。嘴や翼が普通のドドと同じに出来ている点について、男爵と私はしばしば意見を披瀝しあった。男爵はまた偶然の機会に白ドドの小さな原図を入手されていたが、貴重なものであるから雑誌「アイビス」に紹介された。この論文の中に説明されている画工の来歴その他について議論の余地があったので、小さな額を壁から外して太った男爵と小がらな私は長いこと見入りながら意見を述べあったものであった。

ロンドンの有名な競売場スティブンスはコベント・ガーデンという場末にあるが、古い歴史を誇っているここでは嘗て絶滅鳥類の大海雀《オオウミガラス》★〇二を、一標本三千五百弗近くで売買した記録などをもっているから、骨董的な価値のある動物標本は皆スティブンスを通っているといっても過言ではないくらい有名な所である。私は幸いにもある時の売り立てで、ドドや大海雀の骨といっしょにドドの絵を入手することができたが、この絵は大英博物館の鳥のギャラリーを飾っているエドワードのドドの絵の写しであった。この絵は大英博物館のものよりはずっと明るくてバックの詳細がハッキリと現れている。大英博物館のものは古いから絵が黒くなってしまい、骨董的価値はあっても学問的価値は非常に軽減している、ところが私の手に入れた絵には原画で失われた諸点がハッキリと現れている。注意深くしらべて見ると左下に画工の名までハッキリと記されているのでそれは疑いもなくオランダの有名な画工、サヴェリー(Savery)の筆になったものであることがわかる。大英博物館の絵はどうしても画工の名がわからなかったのであるが、私の入手した絵によって始めてはっきりしたようなわけである。そればかりでなく、肥ったドドを中心として周囲に配せられた鳥類のなかの鸚䳇二種と秧鶏もまた絶滅鳥の種類であることまでわかった。一枚の絵の中にこれほど沢山の絶滅鳥類を網羅したものは外にないのである。私のドドの絵は有名な鳥類の画家クールマンス氏によって写されたものであるから「クールマンス・ドド」と呼ぶこととして、大英博物館の「エドワード・ドド」と区別をつけている。

古い文献の研究のうち最も効果的であったのは「アイル・オブ・パインス」(The Isle of Pines)の発見であった。モーリシャスという名前がつけられる前、この島はある時代アイル・オブ・パイン(松島)と呼ばれていた。それでこの名のある十六世紀以前の文献を漁り始めたところ、その結果は私にとって非常に幸運で、大英博物館の埃に埋った書庫の中に「アイル・オブ・パイン」と表紙に書かれた小冊子を発見した。パインとはこの島の発見者であって、記録の中にはこの島で絶滅した生物のことが沢山に出て来たのであった。あまり貴重なものであるから私は訳して前篇「南国綺譚」に転載したわけである。

欧州を去ってアメリカに渡った私はパサデナに住まっていた。近くのハリウッドには映画会社に出入りするかつら屋があるが、主人は帝政時代のオーストリア人で古風なかつらを色々製作していた。私がこの店を訪れた時にはマダム・デ・ポンパドゥール(ポンパドゥール侯爵夫人)のかつらがショーウィンドウに飾ってあって、ルイ十五世時代の代表的頭髪の結い方であると説明された。私は「フランスの十六七世紀時代の代表的な金髪の色を研究したい」と主人に語った。これはルガがソリテアーの雌の色彩を美しい金髪の色に譬えたから

それを明かに知りたかったのである。そしてこの店の主人が切ってよこした一房の蜂蜜のように光る一束の金髪をやわらかい紙に包んで東京に送ると次には、小林重三氏がこれを手本としてソリテアーの色彩絵を描き上げたのである。小林重三とは日本一の鳥類の画工で、英・米・仏の三国でも彼の力作が出版されている。

一六一八年の昔、イタリアのミラノで製作された一見ドドのような鳥の絵がある。この時代はモーリシャスのドドがまだ欧州に達していない頃であって、この絵は鳥の羽を紙に張り付けて作った一種の押絵なのである。これは現今カナダのモントリオール大学図書館に所蔵されているが、私の希望により押絵の実物大の色彩画がパサデナに届いた。研究を重ねるに従ってこの押絵はレユニオンに棲ん

「エドワードのドードー」(1626年)、ルーラント・サーフェリー画

でいたソリテアーの一種であることが明瞭となったので、白ドドと共にレユニオンには二種のドド族が棲んでいたことが分るのである。それまでは白ドド以外のドドは棲息していないと思われていたので、白ドドに当てられていたはずの学名を調べてみると皆このソリテアーを指すことが明瞭となった。それで古くから知られている白ドドに新しく学名を付けなければならないことになった。ドド族の二種がレユニオンに棲息していた事実は極めて重大な発見であって、この難しい問題の解決の鍵はミラノで出来た押絵による所が多かったから、私はイタリア皇帝エマヌエル三世の御許しを得て陛下の御名を取って学名とした。この発表はワシントンの学会でなされたが、顧るとアメリカにおいてドドの研究が発表された最初の論文であった。私のしらべによってドド以外にもモーリシャスの小麦色の秧鶏やロドリゲスの黒と白の紅嘴鳥などが新しく発見され絶滅鳥類の群に追加されて行った。

南カリフォルニアの天候は暖い日照りがつづいてまるで布袋さまの笑顔のようである。私は朝食をスペイン風の中庭パチオで摂ってからドドの研究を始めるのが日課であった。白ペンキで塗った庭園用の椅子の背中にはベネズエラから空の旅を共にしたキボウシインコ(黄帽子鸚哥)がとまっている。私の愛物ロリタは時々椅子から芝生にとびおりる。よちよちと歩いては丸い噴水の水を呑みに行く時など、黄色い顔と翼の燃えるように赤い羽が何とも言えない美しさである。私はラジオのスイッチを入れてニュースを聞くことも朝の小さな課程であった。一九三七年八月のある朝も同じくロリタとスペイン語で挨拶を交しながらラジオをかけた。国内ニュースが済んでから欧州の放送がある。耳馴れたアナウンサーの声は少しも変らぬ口調で放送した。

「世界の博物学者は嘆き悲しむであろう。昨廿七日英国に於てロスチャイルド男爵が長逝された。年齢は六十九歳である。彼の動物学に貢献した足跡は偉大である……」
このニュースを聞いた多勢の博物学者のうちパサデナの私ほど心をうたれた者は無かったのではあるまいか。その時私のテーブルの上には偶々男爵の大著"*Extinct Birds*"の頁が繰り拡げられていた。顧れば数多い鳥類学者のうち、彼と私とは他の誰とも話の通じない話題を取上げて二十年近くも議論を戦わせて来たのであった。その時ロリタは私の様子がいつもとちがうと思ったものかアボカドの梢に飛んで行った。

私はたびたび遠くの図書館にある古い文献を調べなければならない必要に迫られたが、もし貴重な本を借り出すことが出来ない時には誰かに読んで貰ってその人の意見を参考としなければならないこともあった。しかし、この役目の出来る人はアメリカ大陸に一人しかいなかった。私の頼る人はカナダのトロントに住むフレミング氏[★〇三]である。彼は全米の学者の誰よりも鳥の種類を余計に知っているという評判をかちえている。即ちどんな珍しい鳥の標本を彼につきつけても直ちに学名と産地をいうことが出来るというのである。彼はどの種の絶滅鳥類は標本が何個あってそれらが何処に保存されているかをチャンと暗記しているのだ。その当時彼はニュージーランド(紐西蘭)の南方に点在するキャンベル島に昔棲んでいて飛ぶことの出来ないコバシチャイロガモ[★〇四](小嘴茶色鴨)の標本を手に入れ、新属新種として発表した頃であった。フレミング氏は顎鬚を生やした老人で昔気質の所があり、礼儀正しく親切で義理

キボウシインコの博物画(1751年)

堅いことは彼の友人仲間で定評があった。彼の手紙は必ず黒インクで書かれ、鵞ペンをいまだに愛好していたのも彼らしいところがある。

一九三七年の秋は日支事変が大分酣となった頃で、南京が陥落すると揚子江問題が世界凝視の的となって来た。私はパサデナを引揚げて帰朝することに定めた。九月九日フレミング氏からの手紙は用件の後次のように終っている。

「貴兄の健康がもと通りに恢復されたことを知って非常に喜ばしく思います。日本に帰朝されるのは貴兄の義務です。そして我々はいつまでも友人としてつき合って行きたいものです。貴兄の写真を一枚お送り下さいませんか。博物館に保存したいと思います。戦争はきっと長く続くでしょう。私は貴兄がこの期間を無事に過されることを固く信じています」

それから三年の月日が流れた。私はトロントのオンタリオ博物館からきた手紙によってフレミング氏が大病を患っていることを知った。それは彼が再び恢復することは極めて望み薄い、という文面である。

私の年老いた鳥の友人は大分故人となって行った。ケンブリッジのギルマード[★〇五]、トリングのロスチャイルド、ベルリンのハータート[★〇六]等はみな旧式な顎鬚が生えていた。フレミング氏もこの友人のグループに入る時が近づいたのかと考えると陰鬱にならざるを得ない。そして研究相手が減って行くことは自分の身を切られるように辛いものである。

しばらく経って見馴れた封筒がトロントから届いた。開封して見ると番地を刷ったレターペーパーはいつもと同じものであったが、サインが異なっている。この手紙はフレミング氏の令息が認めたものであった。

「甚だ残念でございますが六月廿七日父が死去致しましたことを御通知申上げます。……去る四月には大兄の海南島やドドに関するお仕事を父にお送り下さってお礼申上げます。父は気分のよい時には拝読し大変にエンジョイしておりました。五月には御親切にも見舞の電報を下さいましたが、その時父は私に申付けて貴兄の御写真を室に飾らせました。父の死は我々の家庭及び自然科学界に非常な損失であります」

こうしてフレミング氏は彼の希望通り最後まで私との友情を継続していった。そして彼は私が祖国日本のためにつくしていることを固く信じつつ眠って逝ったのであった。これはちょうど日本が米英と矛を交えるに至った十八ケ月前のことである。

ドドの原稿はパサデナ在住当時に完成していた。その頃カリフォルニア大学で鳥学大会があったので、私はマスカリン群島の絶滅鳥類に関する研究発表を行ったところ、その内容が今までのペーパーと大変に変っているので人々の注意を惹き、単行本として原稿が纏っているのなら是非大学の出版所(California University Press)から出版して貰いたいという希望が出た。しかしこの折衝はついに成立を見ず、ロンドンのウェザビー社より出版することとなった。ウェザビー氏[★〇七]は鳥学者であるからもとより私の友人でもあるのだ。

ちょうど第二次欧州大戦が始まってから間もない頃であった。大西洋にはドイツの潜航艇が群がる狼のように暴れ廻り、米国と欧州との交通は極めて不規則不確実となった。その頃私は熱海の別荘で二回目の校正を完了しロンドンに送り返さなければならなかった。それで厳重に褐色の防水紙で包装を施されたドドの原稿は、クレーギー英国大使の好意により太平洋を渡ってロサンゼルスに着いた。同市郊外の飛行場には出来立てのロッキード爆撃機が屋外の組立工場から静々と引出されていたが、この褐色の包はパイロットのコクピット座席の後に置かれ、飛行場を離れると間もなく雲の上に出た。それからロッキーを越えアメリカ大陸を横断し、残る最後の飛行はニュー・ファンドランドの海岸から大西洋を越えて英国のある飛行場までであった。

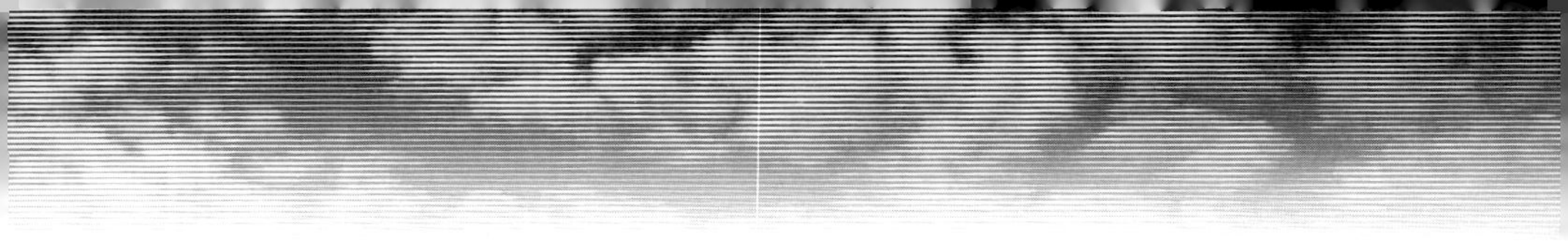

ウェザビー氏の手紙によると、

「ロンドンの外務省に出頭して無事にドドの原稿を受取りました。出来るだけ早く再校を同一方法でお送りすることにしましょう。ロンドンにはドイツの爆弾が大分彼方此方に落ちました。サウスケンジントンの博物館にも大穴が一つあきました。自分の印刷所は今のところ無事です」

などと眼に見えるように爆撃のニュースを書き送って来た。

しかしドドの再校は再び熱海に帰っては来なかった。そしてついに太平洋戦争は勃発したのであった。それで私はロンドンに送られたものの控から再び版を起したのであった。けれども戦争中に大きな英語の本を出版するのはなまやさしい努力ではない。揃っていたヘラルド社[★〇八]の職工は次から次へと戦争に送られた。そして最後の一人が最後の校正を直しているとき工場が焼けてしまった。戦は終り日本は夢遊病者のように心失した。衣食に追われている人々に学研や芸術心を養う心のゆとりなどは少しもなかった。ジープがまだもの珍しく、町の子供たちは通るたびに「グッドバイ」と呼びかけていた。

秋の雨がひやりと冷たく感じられる頃、突然熱海の家を訪ねて来た背の高いアメリカ人があった。エール大学の動物学者リップレー博士[★〇九](Sidey Dillon Ripley)で、彼は夏服を着ていた。羽田に着いたばかりで、印度のネパール探険に行く途中立ち寄ったのであった。彼は話の途切れ途切れにドドの原稿を読んでいたが大いに気に入ったと見え、もし希望するならばアメリカで立派な本にして出して上げてもよろしいと提案したのである。私は彼の厚意を断る何の理由もない。リップレー博士は二、三日して印度に飛んだ。そしてドドの原稿はニューヨークに送られたのであった。

もう一つ付け加えねばならないことがある。それから一、二年経って北海道大学名誉教授内田亨博士[★一〇]が熱海へ訪ねて下さったことがあった。桜が散ってそろそろ青葉が出揃いかけた頃であったが、北からのお客様

は毛皮の外套に包まれていた。同じ動物学者の間には専門こそ違っていても話題はなかなかつきなかった。モロッコの砂漠、コンゴの森のピグミー土人、ベネズエラの高原都市、鳥のいろいろ、犬の話、分類学の私見など語り合った末、ついにドドへと話題がうつっていった。それで原稿を見て戴いたところ、博士は私の思いもよらぬことを考えておられたのである。「私の方へこれを博士論文として提出されてはいかがですか」といわれた。リップレー博士が提案した時と同じように私は内田博士の厚意を断る何の理由もない。

博士論文の形式としては日本語の抄録が必要であるそうなので原稿用紙五、六枚にそれをつくり二部ずつ提出したところ、数ケ月すると目出度く委員会を通過したという電報を戴いた。外国のドクターとなった時もそうであるが理学博士の時は余り思いがけないのでこんな名誉に自分が相当するとはとても信じられなかった。学校時代の試験の方がもっともっと馬力をかけたもので認められない時には僻みたくなるくらい努力したと思っている。

理学博士の時には北大の牧野佐次郎博士[★二]にも色々とエンカレッジメント(励まし)をたまわったことを付け加え両先生の御厚意に厚くお礼を申上げたい。

私はドド一族の研究がこれでひとまず完成したものと思っている。将来研究を続けて行くには、どうしてもリスボンあたりで古い文献を漁るとか、レユニオンの発掘をするとかいう新しい方面に向うべきだと思う。しかし私はドドのエッセイを大学に提出するとき一つ遺憾に思ったことがある。というのは、ドドの石に就て満足な解説が得られないままになっていることである。即ちドドの胃石とは純然たる外来の品でドドの体内に出来たものではないから、昔の人がいうように薬用価値があるものかどうかは極めて疑わしい。私はドドの石に就て随分研究をした積りであるが、鳥の咽喉を通らない大きなものが子供のドドの胃の中にどうして入ったものであろうか、説明のしようがない。そしてまた、大きくなるにつれてどうして石を取換えて行ったものであろうか。ヤドカリの場合であれば抜出して他の貝殻に入ることが出来るがドドの石はそう簡単には行かない。それに一体この大きな一つの石は何の役に立つものであろうか。もし細かい石が沢山入っていたのであったら鶏のように消化を助けることが出来るけれども、一つの大きな石では食物を嚙砕く相手の固いものがないではないか。

私は長いこと瞑想に耽った。そして何度も同じことを繰返しているうちに何年かの月日が流れていった。そしてふとこんなことも考えて見た。あの黒いシルクハットの中から白兎を出す手品師があるではないか。であるから、ドドはきっと人間や他の動物の出来ないトリックを知っていたに違いない。けれども今では「死人に口なし」で、ドドはもう私に種明しをしてはくれないから、私は読者諸君に謎を一つ提供するに留めて置くことにしよう。科学は日に月に進んでゆくから蘊蓄ある読者によってこの謎が解かれることは必ず可能であろう。しかしそれまでには数年あるいは数十年が過ぎ去るかも知れない。いな数世紀も決して長すぎはしないであろう。過去をふりかえって見ると始めてクルシウス(Clusius)★〇二が友人の家でドドの石を二個見た、そしてその中の一つを著書の中にスケッチして挿入した時から、私がパチパチとタイプライターを打っている今日まで三百五十年近く経過しているではないか。

★〇一［ウォルター・ロスチャイルド動物学博物館（Walter Rothschild Zoological Museum）］——英国ハートフォードシャー・トリングにある。ロスチャイルドの遺言により博物館とその展示物は大英博物館に遺贈された。ロンドン自然史博物館の分館にあたり、同時に同博物館鳥類学部門の本拠地。

★〇二［大海雀］——オオウミガラス(英名＝Great auk、学名＝*Pinguinus impennis*)のこと。北半球に生息した、最初にペンギンと呼ばれた鳥。一八四〇年代から一八五〇年代に絶滅。飛翔能力がなく、泳ぎおよび潜水能力に優れていた。古くから狩猟の対象

とされ、年々生息地域を狭めていった。最終的には、最後の個体群が集った生息地が、火山噴火により失われ、減少の一途をたどる。オオウミガラスの個体群の減少から、各国の博物館は、オオウミガラスの剥製所蔵を急ぎ、本種の乱獲に追い打ちをかけた。学術の名目で絶滅が促進させられた稀有な例である。フランスの作家、アナトオル・フランスの長編『ペンギン島の島』は、聖者の奇跡により人間になったペンギン達の歴史をえがいた長編である。この長編にでてくるペンギンは、北半球に生息した、オオウミガラスである。

オオウミガラス、ヨン・ゲラルド・キューレマンス画

★〇三［フレミング氏］——ジェイムス・ヘンリー・フレミング（James Henry Fleming）一八七二年、カナダ、トロント生まれ。鳥類学者。一九四〇年没。父は、スコットランド生まれ。一二歳で鳥に興味を持ち、一六歳でカナダ王立協会の会員となる。一九一六年に米国鳥類学者連合（AOU）の僚友となり、二一歳で準会員。最終的に主幹となり、一九三二年から三五年まで役職をつとめる。一九一三年、カナダ国立博物館鳥類名誉館長。英国鳥類学者連合会員など。一九二七年に王立トロント博物館名誉館長となったこともあり、没後その膨大な三万二千点以上の収集品は博物館に寄贈された。

★〇四［コバシチャイロガモ（Anas〈aucklandica〉nesiotis）］——世界的に絶滅のおそれのあるガンカモ類として二〇〇四年に指定されている。因みにキャンベル島には、固有のキャンベルアホウドリ（英名＝Campbell Albatross、学名＝*Thalassarche impavida*）も生息しておりアホウドリの生息地としても知られる。

★〇五［ギルマード］――フランシス・ヘンリー・ギルマール(Francis Henry Gilmour)ケンブリッジに居を構え、旅行家・博物学者・文筆家として活躍した英国人。実際に講義をすることはなかったが、ケンブリッジ大学で最初に任命された地理学の教員(助教授)。マーケーザ号での二年三ヶ月におよぶ探険旅行中、明治十五年、十六年と二度、日本に立ち寄り、日本各地を旅行した。

＊参考図書『ケンブリッジ大学秘蔵　明治古写真――マーケーザ号の日本旅行――』小山騰(平凡社)

★〇六［ベルリンのハータート］――エルンスト・ヨハン・オットー・ハータート(Ernst Johann Otto Hartert)一八五九年生、一九三三年没。ハンブルクで生まれた。ロスチャイルドに鳥類研究者として雇われ、『英国鳥類手帳(*A Hand List of British Birds*)』(一九一二年)に、フランシス・チャールズ・ロバート・ジョルダン(Francis Charles Robert Jourdain)、ノーマン・フレデリック・タイスハースト(Norman Frederic Ticehurst)らと、著者のひとりとしてかかわる。またロスチャイルドに代わってインド、アフリカおよび南米に旅した。メジロは、ラテン語で(Zosterops japonicus)と言い、シーボルトの『日本動物誌』の編纂にかかわった、テミンク(Temmink)とシュレーゲル(Schlegel)が一八四七年に命名。一九〇五年、ハータートは、亜種硫黄島目白《イオウジマメジロ》(学名＝*Zosterops japonicus subsp. Alani*)を発見する。

★〇七［ウェザビー氏］――ハリー・フォーブス・ウェザビー(Harry Forbes Witherby)一八七三年生、一九四三年没。英国鳥類学者、作家、出版社創立者。二十世紀初頭、鳥の書籍の出版を始める。英国鳥学倶楽部、英国鳥学連合会員(ＢＯＵ)。著書に『英国の鳥類ハンドブック(*The Handbook of British Birds*)』がある。

★〇八［ヘラルド社］――日本で最初に発行された商業新聞が、一八六一年六月に長崎居留地で出た「ナガサキ・シッピング・リスト・アンド・アドヴァタイザー」で、発行人のハンサードは、数ヶ月後横浜に移り、週刊新聞「ジャパン・ヘラルド」を発刊。一八六一年十一月二十三日付の創刊号が残る。

★〇九［リップレー博士］――シドニー・ディロン・リップレー(Sidey Dillon Ripley)鳥類学者および野生生物環境保護論者。一九一三年生、二〇〇一年没。一九六四年から一九八四年にかけて、スミソニアン協会の秘書として勤務。一三歳の時に、インドを訪問。

インドの鳥類へ興味をもつきっかけとなる。一九四七年にネパールに潜入。鳥類採集に従事。一九八五年、自由勲章を受章。

★一〇［**内田亨博士**］――内田亨。一八九七年生、一九八一年没。動物学者。静岡県出身。東京帝国大学理学部卒業。一九三二年北海道帝国大学教授。動物系統分類学の確立に努め、両棲類の性転換なども研究。著書も多く、随筆著作では五六年『きつつきの路』で日本エッセイストクラブ賞受賞。六一年動物分類学会会長。

★一一［**牧野佐次郎博士**］――牧野佐次郎。一九〇六年生、一九八一年没。北海道大学理学部教授。染色体研究の権威。著書に『動物染色体数総覧』(北隆館)、『家畜の細胞遺伝学的研究』(日本学術振興会)、『人類の染色体　臨床医学への応用』(紀伊國屋書店)などがある。

★一二［**クルシウス**］――カロルス・クルシウス(Carolus Clusius)またはシャルル・ド・レクリューズ(Charles de l'Écluse, L'Escluse)一五二六年生、一六〇九年没。フランス生まれのフランドルの医師、ライデン大学の教授。植物学の先駆者である。十六世紀の園芸に対して最も影響力のあった植物学者である。彼にはドドの模写図がある。

クルシウスによるドードー図

モア（恐鳥）の話

絶滅鳥類のなかで世界的に有名なものはドドであるが、モア[★〇一]の話も興味あるものである。

モアはニュージーランドだけにいた不思議な鳥で、ドドのようには余り知られていないため、今まで研究対象としてとり上げられた機会が少ないようである。私はここで難しい鳥相の変遷などにはあまり深く触れないことにし、まずその前にニュージーランドが過去一世紀の間に、白色人種が移住したため天然の原野が開拓され、その結果、野生鳥類の棲息状態がいかに変って来たかについて説明したい。

文明は自然物に対して大きな脅威であり、それが動植物相に与える変化のどれほど大きいかは周知の事実である。生活文化の向上につれ、どんなに大きな取り返しのつかない自然の破壊があったかについては充分認識を改めなければならないことである。大自然の懐に育つ我々は、変った土地の珍しい生物が、いつともなく地上から消え去ってゆくことを悲しまずにはいられない。人間の居住によってとめどもなく荒れはててゆく世界最大の土地——それが私の述べようとするニュージーランドである。

ニュージーランドの動植物相は極めて種類が少ないと同時に、土着の種類のほとんど全部はほかの地に見られない特有なものが多いのである。この島は地質学上古い時代から近接大陸と海をもって絶縁されていたので、島に渡った生物は極めて軽微な生存競争以外、安全に種族を繁栄させることができた。そして飛翔を

ジョセフ・シュミットによるサウスアイランド・ジャイアントモア

忘れてしまったある鳥類、キーウィのように害敵を防ぐ術をまるで知らないもの、また小鳥の中では雌雄によって嘴の長さや彎曲の度が著しく違うので一番《ひとつがい》が共同で腐った幹の中に棲む甲虫などを漁る習性のフイヤ[★〇二](頬垂椋鳥、Heteralocha)のように、また千鳥の類では嘴が右側に彎曲しているため餌を漁る時に右の方へ横に歩くハシマガリチドリ[★〇三](嘴曲千鳥、新称、Anarhynchus frontalis)のような鳥が存在できたのであった。

この平和なニュージーランドに、生存競争の激しいほかの地域で優勢を誇った哺乳動物が人為的に輸入され、野生状態で繁殖したのである。鳥の平和郷の夢は次第に破られ、土着の鳥類は次々と生活の敗残者となり、あるものは瞬く間に絶滅し、またそれに近い状態に陥し入れられたのが多数の種類に上っている。

気候や風土が、日本を思わせるこのニュージーランドは、人類の生活に極めて理想的な土地で全地域の六十五パーセントまでが人の棲みうるところとなってしまっている。一世紀前一八四〇年の調査によると、全島の七十五パーセントが深い森林によって覆われていたのであるが、現在では森林は僅か十パーセント以下に減少してしまった。そしてフイヤの棲息地は次第に奥地へと追いつめられていったのである。僅かに残った貴重な森林は、鹿のために喰い減らされている。主として欧州、米国、日本産の鹿が繁殖しているので、年々数万頭が捕獲されているにもかかわらず、森林の地域は狭められてゆくばかりである。また狩猟家の容易に近づけないアルプス地帯には、欧州原産の羚鹿が大繁殖を続けてきたのであった。

こうして平和に馴れたニュージーランド鶉[★〇四](Coturnix)の棲息地は、人間の居住地にとってかわられついには全滅させられるの浮目をみたのである。都会を造るために、湿地帯には排水工事が施されたが、シダドリ[★〇五](羊歯雪加、新称、Bowdleria)の棲む処は全部取り上げられてしまった。また水辺のクロアカツクシガモ(黒赤盡鴨、Casarca variegata)の棲息地も、年々狭められてゆく。

家畜の類も野鳥にとって重大な敵であるが、これにも増して有害なのは兎、鼠、鼬鼠の類で、殊に猫、犬、鼠によって小鳥、飛翔不可能な秧鶏やキーウィは喰い殺されてゆくのである。夜行性のイワサザイ★〇六(岩鷚、Xenicus lyalli)発見をめぐる奇異な物語は外に類のないものであろう。この島は一匹の飼猫が獲った標本によって始めて学会に知られたのである。この猫は、それからもまた数匹のイワサザイを獲って主人に提供した。それで燈台守の主人は、一躍有名になったのであるが、学者らが馳けつけた時にはすでに、この猫は最後のイワサザイを腹中に納めてしまったのであろうか、ついに発見されなかった。一匹の猫によって発見され、かつ喰い尽された鳥の歴史は全く外に類がない。

ニュージーランド産の鳥類は、全部で二百十五種であるが、この半数は海鳥と水辺を棲息地とする鳥であるから、陸棲鳥類の数がいかに少ないかが分る。土着の哺乳類は二種類の蝙蝠が生存するばかりであるから、この平和な島の世界に放たれた欧州、印度、米国、濠州を原産地とする鳥類が土着の鳥をいかに迫害してきたかが分る。ホシムクドリ(星椋鳥)、雀、数種のフィンチの類は人家の附近を飛びまわった。畑には雲雀が空高く舞い上り、森にはクロウタドリ(黒哥鳥)やウタツグミ(哥鶇)の声が聞かれて、それはちょうど欧州の田舎を髣髴させるものがある。それらの間にまじって印度のハッカチョウ(八哥鳥)の群が飛び交い、庭木にはオーストラリアの白と黒の小さな鳥が訪れ、広い芝生にはカリフォルニアのカンムリウズラ(冠鶉)が群をなして餌を漁っているのが、普通見られる今日のニュージーランドの島界である。従って土着の鳥類がいかに少なくなってしまったかが想像されるであろう。キーウィは北島の北端と南島の南端、及びスチュアート島に極限されて生を保っているに過ぎない有様である。

★〇一［モア］——絶滅鳥類のモアは、ニュージーランド固有の走鳥類の飛べない鳥である。ジャイアントモアがその最大のもので、体長三・六メートル(十二フィート)で、約二百三十キログラムだった。モアはダチョウ目(Struthioniformes)モア科(Dinornithidae)

を構成。Dinornithidaeには属として、ヤブモア属(Anomalopteryx)、オオモア属(Dinornis)、ヒガシモア属(Emeus)、アシモア属(Euryapteryx)、ツバサモア属(Megalapteryx)、エレファントモア属(Pachyornis)の六属がある。

モアは、マオリがニュージーランドに上陸するまでは、ハルパゴルニスワシ(英名＝Haast's Eagle、学名＝*Harpagornis moorei Haast*)だけが、唯一の捕食者であった。なお、このワシは史上最大のワシ(翼を広げると三メートル)であり、まれに、マオリ族も襲ったともいわれている。マオリの上陸とともに、生息地の減少と乱獲により、ほとんどのモアの種は西暦一四〇〇年頃までに絶滅してしまった。十九世紀後半から二十世紀初頭にかけて数種類のモアが骨によって、その存在を発見されたが、キーウィ、エミュー、火喰鳥などが、モアの最も近縁の鳥類であると考えられている。現在は、博物館におさめられた骨のＤＮＡの調査によって十一種類となり、いくつか異なる系統が存在していることもわかってきている。そして、近縁の鳥類は、シギダチョウ(鴫駝、学名*Tinamidae*)であることも確認された。

❖現在認められる属および種

▼恐鳥(*Dinornithiformes*)類　モア

　▼ジャイアントモア族(*Dinornithidae*)

　　▼ジャイアントモア属(*Dinornis*)

・ノースアイランド・ジャイアントモア North Island Giant Moa(*Dinornis novaezealandiae*、ニュージーランド北島)

・サウスアイランド・ジャイアントモア South Island Giant Moa(*Dinornis robustus*、ニュージーランド南島)

・ジャイアントモア　新種Ａ(*Dinornis new lineage A*、ニュージーランド南島)

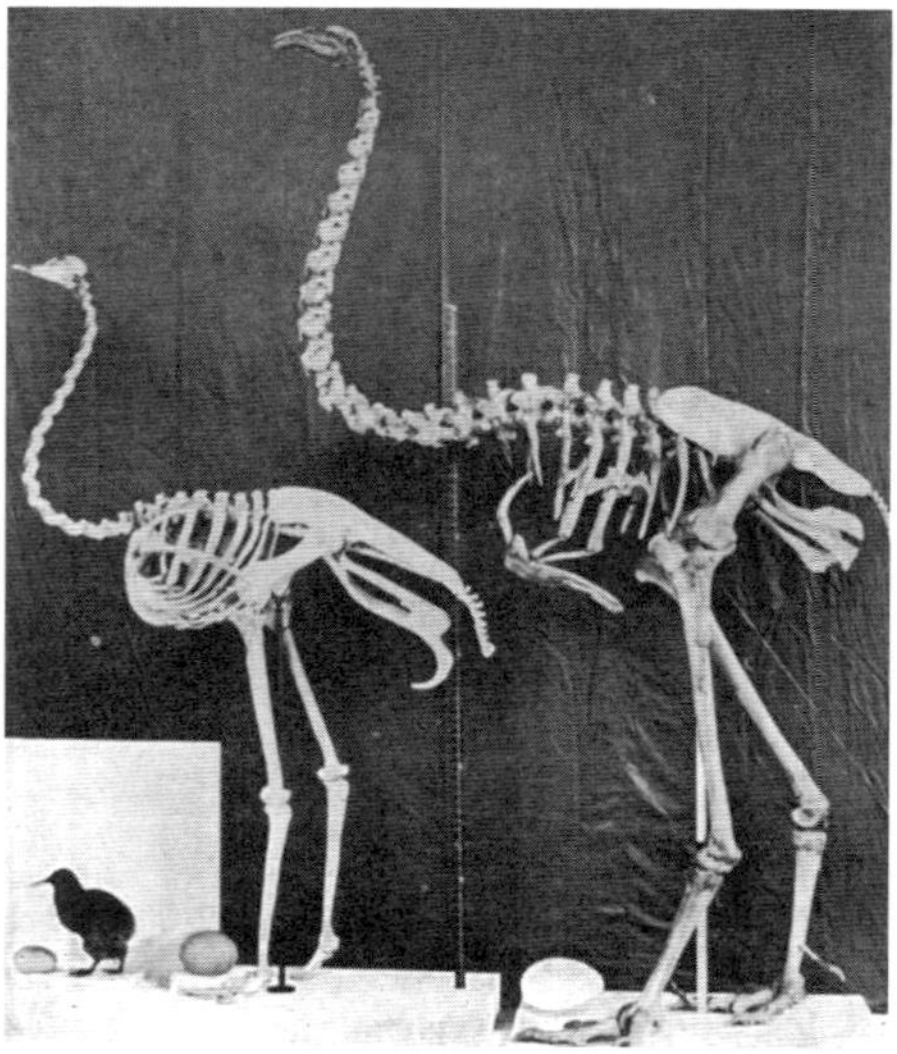

キーウィとダチョウ、ジャイアントモアの骨格、卵を比較

・ジャイアントモア 新種B（*Dinornis new lineage B*、ニュージーランド南島）
▼ヤブモア族（*Emeidae*）
▼ヤブモア属（*Anomalopteryx*）
・ブッシュモア Bush Moa（*Anomalopteryx didiformis*、ニュージーランド南島）
▼ヒガシモア属（*Emeus*）
・ヒガシモア Eastern Moa（*Emeus crassus*、ニュージーランド南島）
▼アシモア属（*Euryapteryx*）
・アシモア Coastal Moa（*Euryapteryx curtus*、ニュージーランド南島）
▼エレファントモア属（*Pachyornis*）
・エレファントモア Heavy-footed Moa（*Pachyornis elephantopus*、ニュージーランド南島）
・メンテルズモア Mantell's Moa（*Pachyornis geranoides*、ニュージーランド南島）
・カンムリモア Crested Moa（*Pachyornis australis*、ニュージーランド南島）
・エレファントモア新種A（*Pachyornis new lineage A*、ニュージーランド北島）
・エレファントモア新種B（*Pachyornis new lineage B*、ニュージーランド南島）
▼ツバサモア族（*Megalapterygidae*）
▼ツバサモア属（*Megalapteryx*）
・ツバサモア Upland Moa（*Megalapteryx didinus*、ニュージーランド南島）
▼

★〇二［**フイヤ**（**Heteralocha**）］——ホオダレムクドリ（学名＝*Heteralocha acutirostris*）はスズメ目ホオダレムクドリ科に属する鳥の一種。ニュージーランド北島南部に生息するも、絶滅。体長五十センチメートルほど。羽色は黒、尾羽の先端が白。嘴の根元頬のあたりに赤い肉垂れがあり、ホオダレムクドリの名はそれによる。絶滅の原因については、移入動物や森林の伐採などが考えられている。ホオダレムクドリは十九世紀末に減り始め、絶滅したのは、一九〇七年である。マオリ族はホオダレムクドリの尾羽を祭りの際の髪飾りや死者を葬る際の装飾品として使用した。また、マオリ族にはホオダレムクドリを飼う習慣もあったという。

★〇三［ハシマガリチドリ］――嘴曲千鳥（学名＝*Anarhynchus frontalis*）、動物界脊索動物門鳥綱チドリ目チドリ科ハシマガリチドリ属に分類。本種だけでハシマガリチドリ属を形成。Genus Dinornis固有種で、南島中央部で繁殖、冬季北島や南島北部へ北上し越冬。全長二十センチメートル。上側は灰色、下側は白い羽毛で覆われる。繁殖期の雄には胸部に黒い斑紋が入り、通常は額や胸部の斑紋が灰色となる。自然破壊などにより生息数の減少が懸念される。

★〇四［ニュージーランド鶉（Coturnix）］――ニュージーランドウズラ（紐西蘭鶉、学名＝*Coturnix novaezelandiae*）は、キジ目キジ科に分類される鳥類の一種。一八七五年絶滅。

★〇五［シダドリ］――スズメ目ウグイス科、ニュージーランド・ファーンバード（英名＝New Zealand Fernbird）または、ファーンバード（学名＝*Megalurus punctatus*）のこと、シダセッカ（英名＝Bowdleria punctata）。ニュージーランド固有の食虫鳥である。マオリ名は（Kōtātā）または（Mātātā）と呼ばれている。全部で六種類のシダセッカがいるうち、以下の五種類は、現存稀少種である。

（学名＝*M. p. punctatus*）――（英名＝South Island Fernbird）南島羊歯雪加《シダセッカ》

（学名＝*M. p. vealeae*）――（英名＝North Island Fernbird）北島羊歯雪加

（学名＝*M. p. stewartianus*）――（英名＝Stewart Island Fernbird）斯圖爾特島《スチユワードトウ》羊歯雪加

（学名＝*M. p. wilsoni*）――（英名＝Codfish Island Fernbird）鱈島羊歯雪加

（学名＝*M. p. caudatus*）――（英名＝Snares Fernbird）陷阱羊歯雪加

また、チャタム・ファーンバード（査塔姆羊歯雪加、学名＝*Megalurus rufescens*（the Chatham Fernbird））は、一九〇〇年頃絶滅したと考えられている。ここで語られるのは、絶滅鳥類の項目にあたるので、チャタム・ファーンバードのことであると思われる。

★〇六［夜行性のイワサザイ］——ここで語られているのは、スティーヴンイワサザイ(嘴長鷦鷯、学名＝*Xenicus lyalli*)。スティーヴンイワサザイは、スズメ目イワサザイ科に属する鳥で、ニュージーランドの北島と南島の間に位置するスティーヴンズ島に生息していたが、一八九四年に絶滅。全長十センチ程度。体は茶色、現生のスズメ目で唯一の飛べない鳥であった。

【一】モアの歴史

ニュージーランドの北島のイーストケープ(East Cape)に二年間住んでいたポラック[★〇一](J. S. Polack)の著書(一八三八)に、次のようなことが書いてある。

『北島にはエミューか駝鳥の一種が昔棲んでいた。自分がイーストケープに滞在中、化石化した大きな骨を沢山見たことがあった。これらはイコランギ(Ikorangi)という山で採集されたものだそうである。マオリ土人の口伝によると昔非常に大きな鳥が棲んでいた。ニュージーランドには動物質の食物が少ない上にこれらの鳥を摑まえるのは雑作もなかったので、遂に獲り尽されてしまった』

ポラックの著書が出版された後、コレンソ[★〇二](W. Colenso)、ウィリアムス[★〇三](W. Williams)およびテイラー[★〇四](R. Taylor)という宣教師が、イーストケープを訪れた。彼らが、それぞれ大きな骨を携えて戻ったのは一八三八年のことであった。これが、モアの骨が白人によって始めて採集された年代である。

しかし、以上に述べた人々は学者ではなかったから、この重大な発見も学会に通告される過程を取るに至らなかった。ところが翌一八三九年、ロンドンの外科医学校(College of Surgeons)に一個の欠けた骨を売りに来た男があった。彼の話によると、ニュージーランドで採集されたもので、大きな鷲の骨であるといい、十ギニー(戦前の値で二百円)で買って欲しいと申し出た。その当時としては法外な値段である。彼に面会したのがリチャード・オウエン教授★〇五(Richard Owen)であった。読者諸君は、次の話を読んで、この骨がオウエン教授の手に触れたことがいかに幸いであったかを認識されるであろう。

古生物学者として他の追従を許さぬ教授によって、ニュージーランドという南半球の一島嶼には、馬のように大きくて島界の象ともいわるべきモアが棲息していたことが発表されたのであった。ほかの学者によっても同じ結論に到達することができたに違いないであろうが、次々に発掘された新しいモアを、十種も二十種類もほとんど間違いなく発表していったオウエン教授の底知れない学識には、われわれの深く敬意を表するところである。

ニュージーランドから帰った男の持ってきた骨は啞鈴の球を取ってしまったようなもので、長さ六寸ほどあり、太さは一握りもあるものであった。この骨のなかには大きな穴があいていて、骨髄のあったことが窺われるから、鷲のように飛ぶ鳥の骨でないことは明らかである。彼は説明を続けて、骨といっしょにマオリ土人の石器も沢山持って来ているといった。教授は彼の言葉に興味を感じ、その骨を明日まで預らせてくれとたのんだ。そして直ちに研究にとりかかり、まず牛の大腿骨と比較してみたところ、これと違う数々の専門的見解に到達した。ニュージーランドには色々の家畜が飼育されているので、これらの骨とも較べてみたが、そのいずれとも一致しないことが明らかになった。それで大きな鳥の骨らしくも思えるので、駝鳥の骨と比較してみたところ、大腿骨にだいぶ似た点が見出されたがこれとも違うのであった。しかしどう考えても鳥類の大腿骨でなくてはならず、あるいは駝鳥よりも大型なものであるかも知れない。しかし駝鳥や鷲な

どの骨には気嚢の入る気窩があるが、この骨には牛や馬のように骨髄があるのである。
教授は以上のような説明をして、大英博物館の委員に購入方を提案した。しかしその価値は認められず、却下されてしまった。自費で購うにも術がなかった教授は、八方画策しついに友人の好意によりブリスト選出の代議士ブライト氏(B. Bright)に依頼し、ようやく手に入れることが出来た。後年この骨は大英博物館に移管されて、今日に至っている。

彼が確信ある以上の結論をロンドン動物学会で発表したのは一八三九年十一月十二日であった。学者のなかには真理に忠実で、感情に左右されないものは多いが、とかく学会というものは旧弊である。過去においても、以後においても鳥学の発展の上で、これほど重大な発見はまず少ないといっても過言ではないオウエン教授のこの大発表も、学界は彼の説明を容易に承服はしなかった。もっとも強硬な反対はこの骨がまだ化石化していないから、現在生存している動物の骨であるかも知れないという説である。それで、もし駝鳥よりもまだ大きくて重く動作の鈍い鳥が、ニュージーランドのような狭い島に棲んでいるものであったならば、その当時既に生きたものが発見されていなかったはずはないであろうという意見が有力であった。

ニュージーランドの最大の陸棲鳥類はキーウィといわれていた。このキーウィでさえ、その当時ダービー伯爵の博物館★〇六に標本が実際保存されていたにもかかわらず、このような鳥の存在を否定する学者が多かった。モーリシャスのドドにしても然りである。頭や足の標本があり、これに関する絵画が何十枚と保存されているにもかかわらず、古いことに固執して進歩性の少ない学界はとかくこれらの事実に目を覆おうとする空気が濃いものである。英国の学会は保守的であるから、この空気が濃厚である。

オウエン教授自身もこの大型鳥類の産地に関しては多少の疑問を抱いていた。駝鳥はアフリカの砂漠に、レアは南米のパンパス地帯に棲んでいる。エミューはオーストラリアに、火喰鳥はオーストラリアの一部、ニューギニア及び附近の属島にも棲んでいる。小さな島であるニュージーランドに棲むキーウィは雉ぐらいの大きさしかない。それにもかかわらず、鳥族の象とも考え得られる鳥が、このキーウィと同じ島に棲息していたとは、さすがのオウエン教授もなんとなく確信のもてない不安な気持をどうすることもできなかった。

　オウエン教授の先輩達は、彼がたった一個の欠けた骨によって、これほどの重大な発表を行おうとする軽挙を戒めた。リゼントパークの動物園のなかにある動物学会の階段講堂において、老練な学者達が大議論を戦わす席上に私はたびたび出席したことがある。例えば、ポコック氏[★〇七](Pocock)が南ローデシア(Rhodesia)産のチーターの新種キングチーター[★〇八](Acinonyx rex)を一枚の皮によって発表した時もなかなか議論が出た。かつてスレーター氏がピグミー土人の皮のベルトを展示して、オカピ(Okapia johnstoni)というジラフに近い動物を間違って縞馬の一種だとして発表した時も、意見百出であったと聞かされた。(オカピは縞馬よりも、もっと特種な動物である)であるから、壊れた大腿骨をテーブルの上にのせて象のような鳥を発表したオウエン教授に対して、どれ程の反対者があったか想像に難くないのである。ついにオウエン教授の論文は自分が全責任を負うという約束で、

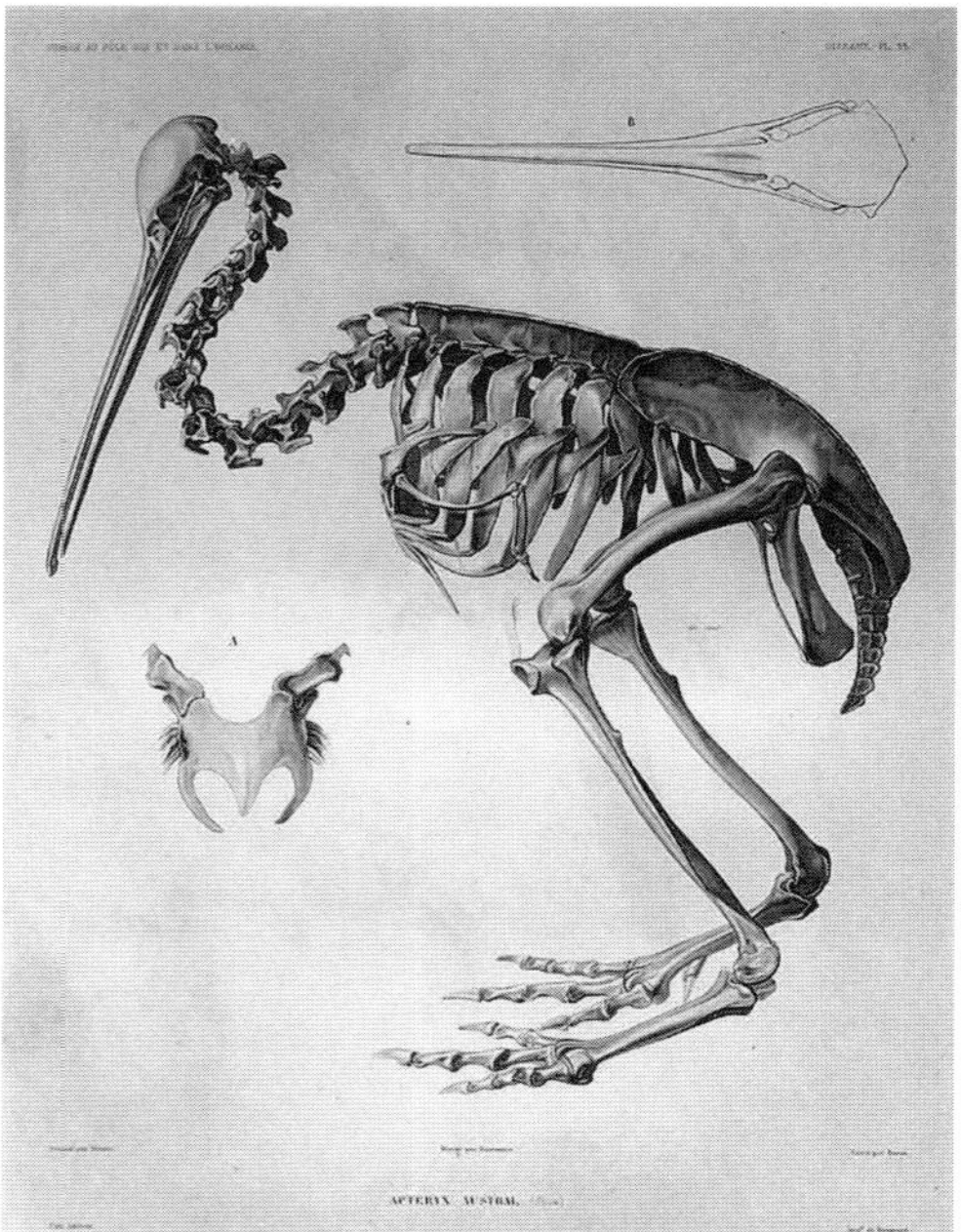

ジュール・デュモン・デュルヴィルの“Voyage au Pole Sud et dans l’Océanie sur les corvettes l’Astrolabe et la Zélée”よりキーウィの骨格標本図

一八三八年印刷に付された。教授はこの別刷を百部作り、ニュージーランドの各地方に住む教員、宣教師、司法官、会社員などにあてて発送した。こうして四ケ年、オウエン教授のもとには新しい標本となる骨格と長い説明の手紙の数々が届けられた。そして彼の歴史的発表はついに学会の認めるところとなり、ニュージーランドの彼方此方からモアの骨が発掘され、彼地のキャンタベリー博物館には非常に大量の標本が集ってきた。これらの中にはマオリの遺物と一緒のものがあり、一八七二年にはオタゴ(Otago)の洞窟から皮膚のまだ付着している頸部が発見された。ハミルトン(Hamilton)の湿地帯からは二百羽以上のモアの骨が採集された。また卵の破片も多く、完全に亀裂の入っていないもの二個が現在までに発見されている。この卵の大きさは長径二四五粍《ミリ》、短径一七八粍《ミリ》であるから、非常に丸味を持っている。卵殻の厚さは僅か二粍《ミリ》くらいで、非常に薄いのが特徴である。また長い羽毛も採集された。この羽は基部の半分が茶褐色で、残りは黒く、先端には二、三粍《ミリ》の純白な部分がある。頭部の皮膚に残った、抜けた羽毛の跡を見ると、ある種のモアには冠のあったことが窺われる。モアの骨が一番大量に産出された場所は沼地帯であるが、そのほか洞窟河川の堆積地、土人の遺跡等からも少なからず発掘されている。そのほか足痕の石化したものは、中央の趾の先端から踵の後端までの長さは八吋《インチ》に達している。またモアストーンといわれる砂嚢石(Cizzard stone)は美しい水色や赤のなかば透明な瑪瑙のような石が多く大きいのになると直径二吋《インチ》のものもある。

以上の材料を総合すると、ありし日のモアの形状、動作、習性などを相当にはっきりと窺い知ることができるのである。

★〇一［**ポラック(Joel Samuel Polack)**］——一八〇七年生、一八八二年没。商人、土地投機家、作家、芸術家。本書で触れられている著作は、"NEW ZEALAND: BEING A NARRATIVE OF TRAVELS AND ADVENTURES DURING A RESIDENCE IN THAT

COUNTRY BETWEEN THE YEARS 1831 AND 1837"『紐西蘭──棲息道中 冒険──辛卯から丁酉』である。

★○二［コレンソ(William Colenso)］──一八一一年生、一八九九年没。英国ノース・コンウォール生まれ。宣教師、博物学者、探険家、政治家、印刷者。マオリ語で祈禱書などを印刷する。「Transactions and proceedings of the New Zealand Institute Volume 12, 1879」『紐西蘭研究所紀要』第十二巻のうち、「モアにつきて」(On the Moa)を執筆している。なおこれには、モアの骨のスケッチ二点も収録されている。

★○三［ウィリアムス(William Williams)］──コレンソでのプレンティ湾東地区の調査に伴われた地質学者で牧師。その他の詳細は未詳。

★○四［テイラー(R. Taylor)］──牧師。博物学者。モアの骨が発見されたワインゴンゴロ川流域の調査にかかわる。論文もあり。

★○五［リチャード・オウエン(Richard Owen)］──一八〇八年生、一八九二年没。英国ランカスター生まれ。生物学者、比較解剖学者、古生物学者。王立協会研究員。一八四二年に騎士《ナイト》の称号を一度辞退するも、一八八四年の退官時に再度バス二等勲爵士として騎士に列せられる。「恐竜」(dinosaur)という語を創ったことでも知られる。またモアには、「恐鳥」(dinornis)という語をあてている。本書の蜂須賀正氏の記述と微妙に違う部分があるので、少し補足しておく。一八三八年にニュージーランド医師ジョン・ルール(John Rule)の甥が手に入れた一五センチメートルほどの骨の破片をオウエンに見せた。その両端は欠けていたが、何かの大腿骨であり、たぶん鳥類のもので、駝鳥のような飛べない大型鳥類の骨であると断じる。これが、ニュージーランドの絶滅鳥類モア(Dinornis)である。また前章のドドに関する論文もある。

★○六［ダービー伯爵の博物館(Derby Museum and Art Gallery)］──イングランドのリヴァプールにある博物館。考古学・博物学・地質学に関わる物も所蔵。欧州への最初のキーウィの毛皮は、一八一三年に、プロビデンス号によって、バークレイ船長がもたらした。ショー博士により剝製となりダービー伯爵の博物館に納められた。

★○七［ポコック氏(Reginald Innes Pocock)］──一八六三年生、一九四七年没。ブリストル生まれ。英国動物学者。一九三九年に南ローデシア(Rhodesia)産のチーターの新種キングチーター(Acinonyx rex)を亜種と発表したが、やがて否定され、変異個体のためシノニム(同物異名)とされた。

★〇八「**キングチーター(Acinonyx rex)**」——幻のチーターと呼ばれる。キングチーターの縞模様は、飼い猫同様に遺伝子の膜貫通型のアミノペプチダーゼ(Transmembrane aminopeptidase Q (Taqpep))の突然変異であることがわかった。チーターの遺伝子DNAにアデニンが一つ入ると、縞模様の変異が起こる。『Science』誌 (21 September 2012：Vol. 337 no. 6101 pp. 1536-1541)の論文による。

フレデリック・フロホークによるジャイアントモアの復元画(1907年)

【二】分類

モアの羽毛は長い後羽(accessory plume または after shaft)があって、羽弁が比較的細いことは火喰鳥よりも、オーストラリアのエミューに似通っている。しかし口蓋骨は南米のレアに最も近い。植物学者によると、ニューギニアの山岳地帯及びニュージーランドの植物は南米のパタゴニアに近縁のものが多数発見されるといわれているが、これと同じようにモアとレアの近縁関係はきわめて興味ある材料を私達に提供しているのである。モアはまた、キーウィにも非常に近い。キーウィは平胸骨類[★〇一]のうち、長くて先端の軟かい嘴を持っているのが特徴であるが、脚は普通の鳥のように前趾が三本で大きな後趾を持っている。この点モアの大部分の種類と共通である。モアの卵殻は比較的薄く表面は滑かであるが、この点もキーウィの卵に非常によく似ている。しかしその構造はレアとほとんど同一である。

結局モアは、南米のレアに最も近縁の特徴を具えているという意見が学者の一致した結論である。飛翔のできる鳥には筋肉と骨格の間に気嚢があるが、この比率は燕の方が鶉よりも大きいのである。ところで駝鳥目の鳥類を見ると、駝鳥とレアには相当大きい翼がある。走る時にはこれを拡げて体のバランスをとるが、非常に急いで走る時には脚の動作にあわせて飛翔するように羽搏きながら進む。即ち地上を離れることはできないが離陸の動作を表わすのである。それでこの半飛翔をする駝鳥目の鳥類にあっては気嚢が頭骨、脊髄骨、肋骨、胸骨、烏喙骨《うかいこつ》、骨盤、大腿骨にまで入り込み、自由に空気が出入するようになっている。ところがエミューと火喰鳥は、翼がレアよりももっと退化しているからさきに述べた半飛翔を行うことができず、僅かに体のバランスを取るに役立つかも知れない程度である。それにもかかわらず、骨格を調べると、大腿

骨に至るまで空気が入るような構造になっている。

次にキーウィを調べてみると、この鳥の翼はきわめて発育不完全で、外からは見えず、よほど注意深く解剖しなければ見落してしまうくらいである。肺は胸腹部に局限されて気窩★〇二は小さくなっており、従って空気も入らない。ところがモアにおいては、気窩は脊髄には入るけれども、大腿骨には入らないようになっているから、エミューとキーウィの中間型である。

以上は骨格の構造からモアが重くて動作の緩慢なことを述べたのであるが、次に物理的にモアとエミューやレアの骨格を比較してみると、モアは胸囲が非常に大きく体は丸型である。ところがエミューやレアは体の幅がせまくて誇張した言葉を用いると、つまり流線型というのである。モアは脚の骨がきわめて太く、脛骨が長いので背は非常に高いが、跗蹠骨★〇三はきわめて短かい。また跗蹠骨の幅はきわめて広いから、必然的に趾もよく開いている。疾走する鳥類には後趾のあるものとないものとがある。モアにもある種類には後趾を有し、ほかにこれのないものがあるが、この差異は分類上属的以上の重要性はみとめられない。

日本産鳥類の中でその例を挙げると、ダイゼン(大膳、Pluvialis Squatarola)とムナグロ(胸黒、Pluvialis fulva)の属的差異と同じで、分類上きわめて微々たるものに過ぎない。

タスマニア・エミュー、ヨン・ゲラルド・キューレマンス画、1910年ごろ

モアは説明するまでもなく、特別の目★〇四(Dinornithiformes)を構成し二科に分けることができる。主として胸骨の形が重大な相違点であって、(Dinornithidae)にはオオモア属(Dinornis)一属五種があり、(Anomalopterygidae)にはツバサモア属(Megalapteryx)二種、ヤブモア属(Anomalopteryx)五種、ヒガシモア属(Emeus)四種、アシモア属(Euryapteryx)六種の多種類が含まれている。

モアの類は、鳥類の分類上ほかにあまり類のない複雑性を具えている。同一背丈の種類の中で、あるものは異常に強大な跗蹠骨を有することである。特に大型種である南島特産の(Dinornis maximus)には、同じ大きさの骨格を探すことができず、あるものの脚は非常に長く、また非常に太いものがあったりする。北島特産の、少し小型なDinornis giganteusでも判然と区別をつけることができない。そこでこの現象をどう取扱ったらよいのであろうか。即ち種、亜種、または個体変異のいずれに適合させるべきかは非常にむつかしい。この現象はアフリカの大型動物にもよく見うけられる。即ち象、水牛、ゴリラなど棲息地別による別種や別亜種は知られているが、同一棲息地における成獣の中にも体の大小、頭骨、角、牙などの特徴にきわめて変異が多いのである。

モアの大型種の高さは十一呎《フイート》——十二呎《フイート》ぐらいのものから、小は七面鳥やドド大しかないものまであり、嘴はオオモア属(Dinornis)のように幅が広くて下方に彎曲したもの、ヤブモア属(Anomalopteryx)のように比較的細長いもの、ヒガシモア属(Emeus)にあっては短くて鋭く、またアシモア属(Euryapteryx)の異常に短くて先端のまるいこと、一見亀の頭部のようなものもある。後趾は先にのべたように、あるものとないものとがあり、跗蹠は趾の基部まで羽毛で被われたものが多かったらしい。ある種類は多数の骨格が知られていて議論の余地を許さないが、ほかの種類は頭骨や脚の骨などしか発見されていないから、ある頭骨とある脚の骨は同一種類のものか、または異種類のものか確実には分らないものもある。

★〇一［平胸骨類］——南半球のみに分布する、陸棲の飛べない大型の鳥類である。胸骨に竜骨突起がなく、平胸類という名称はこれに由来している。竜骨突起は飛翔に用いる筋肉である飛翔筋があるべき部位である。かつては胸峰類と区別したが、竜骨突起がある鳥類から竜骨突起が失われたと考えられ、胸峰類に含められる。駝鳥やキーウィ等の平胸鳥類をさし、走鳥類(Ratitae)または、平胸類と呼ぶが、ここでは平胸骨類と標記している。現生鳥類中で原始的な群である古顎類中、完全な地上棲進化を遂げた群である。平胸類の単系統は、(Harshman et al., 2008) の分子系統により、古顎類中で最初に分岐したのはダチョウ科であることが判明。平胸類は多系統で、竜骨突起喪失は平胸類の進化で複数回起きた平行進化だとされる。

★〇二［気窩《きか》］——「気」は空気のこと。「窩《か》」は「fossa」、あなや凹みのことである。ラテン語で「fovea」も「窩《か》」のことを指し、「fossa」より浅いものをさす場合が多い。

★〇三［跗蹠骨］——ふ蹠骨(tarsometatarsus)とは、鳥の下肢の骨で跗骨《ふこつ》の一部は脛骨に癒合し、残りは蹠骨《しょこつ》に癒合して跗蹠骨となる。趾骨《しこつ》と爪は第五趾を欠き、四本が存在するが、第一趾が退化し三本だけのものも多い。

★〇四［特別の目］——現在、モアは、ダチョウ目(Struthioniformes)モア科(Dinornithidae)とされている。ここにあげられていないモア(Moa)として、エレファントモア属(Pachyornis)がある。エレファントモアは、モアの中では中型の部類で、足は巨大。全長二百二十センチメートル。オオアシモアの百七十センチメートルよりは大きいが、ジャイアントモア三百六十センチメートルと比較すれば小さい。

【三】習性及びその絶滅

モアがいつごろまでニュージーランドに生存していたであろうかということは、誰しも興味をもって追求したい問題である。ジャイアントモア(Dinornis maximus)やヤブモア(Anomalopteryx antiqus)のような大型のものは非常に早く絶滅した形跡があるが、大多数の種類は皮膚や羽毛の保存されている点から察して、比較的最近まで生存していたものと思われる。それでモアとマオリは同一時代のものであったことは確実であって、マオリの伝説や歌にはモアのことも沢山織りこまれている。モアという名称も、つまりマオリ語である。

モアの習性に関してはマオリの語るところに拠らねばならない。これらの話を総合し、真実と思われるものを集めてみると次のようである。

モアは非常な速力で馳けることが出来たといわれる。しかし脚の構造から見ても駝鳥のように大股に馳けることは出来ないはずであるが、鳥そのものが大きいから非常なスピードを出していたのであろう。モアは人間や犬を蹴殺すことが出来たといわれるが、これは充分に認めることが出来る。火喰鳥でさえ、人間を蹴って大怪我を与えることが出来るのである。モアの食物は主として植物質のもので、羊歯の根、柔かい木や草の葉および草の実を好んで喰べた。時としては貝、蝦または魚類を獲って喰べたそうである。広々とした原野に棲息し、小川や湖の淵を好んだらしいが、季節によっては森林に入って木の実を喰うこともあった。天候の悪い時には洞窟や樹の穴に入るといわれるが、この点あまり信が置けないようだ。第一大きなモアの入るような洞窟はそう彼方此方にあるものではなく、原野に棲息する鳥が悪天候の時に穴に入るということはちょっと考え得られない。モアには外敵がなかったはずであるから、力のない夜行性のキーウィのように穴に隠れる必要はなかったであろう。しかしモアには種類が多いから、七面鳥ぐらいの小型種の中には森林だけに棲んだのがあったかも知れない。

卵は雌によって抱卵され、孵化には二ケ月を要するといわれる。マオリがモアの雌雄を見分けることができたのは面白いことである。さきに冠を頂いていた形跡があると述べたが、この点から察してある種のモアは雌雄によって羽毛の色彩、形状も異なっていたのかもしれない。

マオリ族は約六百年前、ポリネシアから海を渡って北島に到着し、モアを捕えて食用に供していたが、マオリの上陸後、百年か百五十年ぐらいの間に捕り尽されてしまったらしい。南島にマオリの移住したのは北島到着の百年後で、この地のモアが絶滅したのは今日から三、四百年前と見られている。しかしもっと近年まで生存していたという説もなかなか有力である。マオリはモアをさかんに獲って喰べたから、居住地の台所に当るところを調べてみると、焼けた石やモアの骨が沢山出てきているのである。ある所では二百羽という多数が捕獲されて食用に供せられた形跡すらあるのである。またモアの羽毛は、現在キーウィの羽が土人の装身に用いられているように、着物に織り込んだりされたものであろう。大きな卵もまた重要な食料品であった。これを証明する一例を挙げてみると、ワイラキエ(Wairakie)地方で、偶然にもマオリの骨格が発見された。この男は蹲んだままの姿勢で両腕を前にし、両手で大きなモアの卵を支えているが、頭は前屈みで口は卵にくっつかんばかりであった。可哀そうにも、この人はこれから卵を喰べようとするとき、死に襲われたものにちがいなかった。両足の間には暗緑色の石で作った槍の穂先などが沢山にあったところから推して、この男は大工のような仕事をしていたものではなかったかと思われる。この卵はロンドンに運ばれ、一八六五年スティブンスの競売場において競売に付せられたが、二百ポンド(戦前の値で約三千五百円)で取引された。有名なスティブンスの競売場はいまだに存続し、貴重な動物標本の売買はほとんど全部この建物のなかで行われたといっても過言ではない。私の所有しているドドや大海雀の骨格や有名なドドの絵画も、十数年前スティブンスで落札したものである。私の見たモアの卵はみな濃褐色で埋没した土質の色と思われるが、ワカチプ湖(Wakatipu)で採集されたものは淡青色であったから、この色の方が新鮮な卵の色彩と同一か、または近いものと思われる。

マオリがモアを捕獲する方法は、平野に火を放って火攻めにするとか、または水ぎわに追い詰めて殺したりしたのではあるまいか。しかし絶滅した第一の原因は、卵をさかんに捕って喰べたからであろう。現在ガラパゴス群島の象亀が卵を野犬に喰われて繁殖出来ないのと同様に、モア種族の運命は、繁殖が出来なくなったので絶滅への早道を辿ったに違いない。

世界一の剝製屋

急ぎの用でロンドンに行った人でも、きっとピカデリーを通るのを楽しいものと考える。殊に旅行者がホテルに着いてウエストミンスター寺院や、博物館に一度行って見たいと見物のプログラムを立てる時には、既にピカデリーを何度も歩いた後のことが多いであろう。それほど有名なピカデリーが、ロンドンの繁華街であることは申すにおよばない。

この通りをずうっと歩くと、ショーウィンドウの飾りたてがとても上手なので、我々エトランゼー(異邦人、etranger)は、一窓毎に立止まって見たくなるものである。一軒の宝石屋の金庫の中に仕舞ってある商品の分量は、銀座全部の店を攫ってもおよばないくらいにある。スコットという帽子屋などは皇室の御用命を承っている店で、陛下の被り物を商うのだから、なかなか小僧に至るまで気位が高い。品質はもとより最上品揃いである。店の前には二頭立の小さな馬車がよく待っていることがあるが馭者と馬丁《べっとう》は薄鼠色のシルクハットを被っていて、この車でお客の買上品を届けて廻るのである。たてがみや尾を短く切った一対の馬がペイブメント(舗道)に軽く蹄の音をひびかせながら行く。馬車の高いところには、シルクハットと二重廻しの馭者の手に持った鞭の先が軽くゆらいでいるといったような光景は、ロンドン中でもピカデリーでなければ見られない。

フォートナム・アンド・メイソン(Fortnum & Mason)は主として食料品を販売している大きなデパートで、私が特にこの店を覚えるようになったのは、食料品の包装に最も特徴があったからである。ウィークエンドのハイカーのためには、適当な分量を取りまぜて軽いボール箱につめた食物が、リュックサックの携帯用にできている。ヨットに乗って地中海に遊ぶ者のためには、特に湿気をふせぐために用意された包装方法が採用されている。あの頃ショーウィンドウに日本のカキモチ(欠餅)が十種類ばかり並んでいた。これはカクテルのつまみ物としてよいばかりでなく、日本で器用に作ったブリキの缶が大変に重宝がられていたのである。ロンドンのカクテルパーティーに醤油の香の高いカキモチが出るようになったのはフォートナム・アンド・メイソンが先鞭をつけたのであった。私がしばしばアフリカに出かけた時も食料はフォートナム・アンド・メイソンに注文した。

ここから何軒か下って行くとクオリッチ[★〇一]という古本屋がある。稀な本を探す人は、まずクオリッチに手紙を書いてカタログを取りよせるのが一番近道であろう。二階三階の室はどこかの図書館の倉庫にでも入ったように、書棚は高い天井にまで届き、霧の日などは窓から差込む光線では背革の金文字が見えないくらい薄暗い室もある。有名な人の筆蹟がこの店で売買されたことも多く、私はナポレオンの手紙を見たことがあった。初代のクオリッチ氏はドイツ系の帰化人であって、一八九九年に死んだ。英国の知識階級でクオリッチの名を知らない者はないといってもよい。

クオリッチの前を通り過ぎてスコットの筋向いあたりにくると、マホガニーの板に金文字で「ジャングル」と書かれた札が出ている。ピカデリーの一六六番地にジャングルがあるのだとはこれまた誰知らぬ者はない。この店がすなわちローランド・ウォード(Rowland Ward)という世界一の剝製屋なのである。

私が初めて訪ねた時ショーウィンドウには世界最大の羚羊であってダービー伯爵の名を冠した栗色のエラ

ンド★〇二(Lord Derby's Eland)の首が出ていた。アフリカへ行くスポーツマンの垂涎の的である。エランドは三尺五六寸もある栓抜のような美しくねじれた角を持ち、眉間には長いブラシのような毛があり、牛のように長い皮膚が咽喉から胸にかけて垂れ下っている。顔つきはおっとりとしていて、飼えば人によく馴れ、車を引かせることもできるといわれる。このエランドの剝製がまるで生きているようで今にも眼をしばたたきそうに見える。ペイブメントを行く人が大勢立止まって見上げていた。またある時は美しい紫色の極楽鳥が木の枝から逆さにぶら下っているのが出ている。これはドイツのルドルフ殿下の尊称を持つニューギニアの美しいアオフウチョウ★〇三(Paradisaea rudolphi)で雌に向ってディスプレイ★〇四(求愛行動)する時は木の枝から逆さにぶら下って腋間《わきま》に生えた長いコバルト色の羽をふわりと拡げるのである。店に入ろうとして一枚ガラスのドアに手をかけようとすると、そのハンドルが河馬の牙でできているのに気がつく。すぐ向う側に帽子掛と傘立を取りまぜた家具があるが、それは木製でなくて一種不思議な透明の飴色をしている。よく見ると一匹の河馬の皮を器用に切って作ったものであることがわかる。その隣には後足でつっ立った鰐がいる。チンチンをした兎のように愛嬌がある。両手で銀のお盆を支えているが、その上にはいつも店の名刺が行儀よく積み重ねられてあった。現在のマネージャーであるバーラス氏(J. B. Barlace)は私を案内して大広間の隅に備え付けてある椅子に座を進める。この椅子は虎の皮で張られている。一瞬加藤清正のことを思い出し

リチャード・ボウドラー・シャープによるアオフウチョウ

た。そして私はバーラス氏といろいろ動物の話をする。彼は白い上衣を着た助手に命じていろいろな標本を運ばせて見せてくれるのである。しかしこの店では、余り小型の物は扱わないから、私は主として室から室を歩き廻らねばならないのである。広間の中央には大きなペルシャの絨氈が敷かれていて、その側には虎が二三匹いる。一匹は前足の上に顎をのせ、なかば目を閉じた温顔のシベリヤ産[★〇五]である。バーラス氏は指を毛の中に差込んで、これほど毛の長い標本は非常に珍しい物であると説明してくれた。隣の虎は、ガラス箱の中に入っていて牙をむき出している。ぬれた舌、人を射る眼光は真に迫っている。バックは油絵で画かれた鬱蒼たるジャングルである。この虎は黄色い色がまるで薄くて、汚れた白色をしていて、栗色の線は薄茶色である。これは英語でいうイサベライン(isabelline)という白子型で、即ち白虎なのである。白虎は極めて珍しいものであるが、この店では何十枚かの皮を扱った記録がある。この剝製はインドのマハラジャの注文品で、これから発送されるところであるとバーラス氏は説明をした。

地下室に入ると、室の中央に大きな雄のジラフがつっ立っているがほとんど純白で網目の模様がかすかに見えるばかりである。このジラフの白子は、この店でも最初か二番目であって、私が始めて見てから一年ももっと長い間店に保存されていたが、ついに大英博物館に買取られたと記憶している。次から次と目にふれる物を記して行くと、尽きぬ興味があるが限りがない。まるで博物館の中のようであるが、これらは見る人との間に、ガラスの境や手摺はなく、触ってみても叱られないから、博物館とは感じが違ってよいものであ

ローランド・ウォード(1918年)

る。
どんな国立博物館であっても虎やジラフなどの標本を何十も保存しているところはない。しかしピカデリーのジャングルを通って行く虎やジラフは一年の内に何十匹もあることだから大型の哺乳動物を研究する者はときどきピカデリーへ行くのがよい。私もその一人であったのだ。それで大英博物館にまだ無い種類の大動物がローランド・ウォードの店において始めて発見されたこともしばしばあった。それほどピカデリーのジャングルは動物学に貢献している。

私の今記憶しているものを挙げて見ると、

東アフリカの蘆羚羊[★〇六](Redunca wardi)

この標本が始めてこの店で発見され、設立者の名がつけられた。

長角羚羊・オリックスの類で、耳の先端に長い毛が筆の先のように出ている一亜種は、初めキリマンジャロ(Mt. Kilimanjaro)山麓で採集されたものがローランド・ウォードに送られて、そこで始めて近似種と異なることが発見され、一八九二年(Oryx beisa callotis)[★〇七]と命名された。当時ローランド・ウォード氏はこの基形標本を大英博物館に寄附した。「Wardi」を名に持つ動物はまだまだある。

- Giraffa camelopardalis wardi　ウォード・ジラフ[★〇八]

南アフリカ、トランスバール特産であって、濃いチョコレート色の斑紋を持ち比較的長い角を有するもの。

- Capra ibox wardi　ウォード大角野羊[★〇九]

英名アイベックス(Ibex)またはサキン(Sakin)と呼ばれ彎曲した角は四尺以上におよぶ。タイプスシメンはベルチスタンの氷河附近で射止められた。

・*Cervus canadensis wardi*　ウォード赤鹿[★一〇]

四川省産の馬大の鹿で、支那では馬鹿と呼ばれている。

・*Equus wardi*　ウォード縞馬[★一一]

美しい斑紋を有するもので、雑種であろうと思われる。

・*Obibos moschatus wardi*　ウォード麝香牛[★一二]

北極圏のカナダよりグリーンランドにかけて分布する驢馬大の牛で、麝香の匂いを発散するものである。ウォード氏の亜種は東部グリーンランドの特産で、この亜種の発見は分布上重大なものである。なぜかというとグリーンランドの東半は旧北区に西半は新北区に属するべきであると私は古くから信じているが、麝香牛が東西において亜種を異にするのは、この説を裏書する好例である。

以上をみてもローランド・ウォードはどれほど手広く、南は南アフリカの砂漠に棲むジラフを、東は四川省の深山に棲んでいる馬鹿を、また北ではグリーンランドの氷の原野に棲む麝香牛に至るまで新発見して剝製としているかがわかる。店の商売がどのくらい広く行われているかは、これ以上説明する必要はあるまい。私がコンゴで射止めた水羚羊(*Kobus defassa*)は偶然にも耳の後部に丸く毛がなくて禿げた部分があった。この特長は羚羊類の分類をする時重要な点であって、水羚羊の近似属は蘆羚羊であるのだが、私の標本は不思議にもこの点蘆羚羊の特徴を具えている。それで私は出来得る限り多数の標本を調べることとした。博物館はもとよりピカデリー附近に数多い倶楽部に保存されているものを沢山に見たが、どうしても私の採集品と同様耳の後が丸くはげたものが見当らなかった。

　ところがローランド・ウォードに行くと、私の探している珍しい個体が一つ発見されたので、バーラス氏にわけを話し、この発見をリンネ学会で発表する予定であるといったところ、彼はそれでは標本を貸して上げましょうと約束してくれた。私が会場に着いた時には、私の打ち取った水羚羊のなめされた大きな皮のそばに直立した驢馬大の剝製が展覧に供されていた。

私は大動物の剝製を四五十頭ぐらいしか注文したことがなかったが、バーラス氏は顧客の一人として私の名をインデックスに乗せていた。そして私の興味を引かれそうなインフォーメイション(資料)が手に入ると直ぐに知らせてくれた。

アラビヤには、純砂漠型のオリックス[★一三](Oryx leucoryx)が棲息しているが、非常に珍しいものである。私はこの羚羊は、アラビヤ北部と、中南部とは亜種を異にするかも知れぬという暗示を得た。シリヤのものはベイルート(Beiruth)の大学博物館で標本を見たが、南部の標本は大英博物館に三頭あるくらいで非常に数が少い。ところがある時、英人探険家フィルビー氏[★一四](St. John Philby)がアラビヤの奥地を旅行した時、オリックスのミイラと化した物を発見したが、その時の記念撮影が当時のタイムスに出ているのをわざわざ切り抜いて送って来た。写真の説明を読むと、

「フィルビー氏がミイラと化したオリックスを発見した場所は過去廿年間、雨の降らない地方であって、貪食なワタリガラスでさえ餌を漁りに行くことを思い止まっているところである」

と記されている。

私はオリックスの新しい産地を知ることが出来たのであった。

ローランド・ウォードのサービスがどれほど至れり尽せりであっても、剝製が下手ならばまるで問題にならない。ところがこの店の作品は、「ローランド・ウォードのスタジオに於いてモデルを作られた」(Modeled in the Rowland Ward Studio)というくらい剝製を芸術品と見做している。

作業方法は、油の抜き方、鞣し方、組立方等秘密であるからスタジオは参観を許されない。

バーラス氏の話によると、大動物の筋肉の付いた頭蓋骨は、みな石膏で型が取られているから、一枚の鹿の皮が届くとする、するとその種類の頭部の石膏細工が抽出しから取り出され、また別の抽出しからは帳面が取り出される。それに骨格の測定や筋肉の写真等が細かにレコードされているそうでこれを参考に組みたてて行くのである。これなら、仕事は正確で早く出来るわけである。けれども、動物の毛並や皺のより方などを注意深く観賞する時、始めて剝製が芸術の域に達していることがうなずける。

黒犀の首の囲りには深い皺が何条も入っている。ところがこれは二匹として同じものはない。象の鼻の付根もまた同じである。目の周囲にも細かいものが沢山にあるが、これを正確に表すことが出来なければ、剝製は魂の入っていないものとなってしまうのである。即ちローラン

パウエル・コットンミュージアムへジラフを運搬する様子(1920年)

ド・ウォードの仕事場がスタジオと呼ばれる所以はここにある。

ジャングルの店には書物も沢山あって、主として世界の僻地の旅行記や猛獣狩の体験記などが蒐められている。そして、この中にはローランド・ウォードで出版したものも少くない。

この店で出版したものの中、一番重宝がられているものは、大型動物のレコード（記録）に関するもので（Rowland Ward's Record of Big Games）★一五といって、初版は一八九二年に出版されたが、私が所有している一九三五年のものは第十版であるから、どれほど購読者が多くて、各版毎に貴重なレコード（記録）が殖えているかが想像されるであろう。

この本は例のバーラス氏と大英博物館の哺乳動物学者ドルマン大佐★一六（G. Dollman）との共同著作であって、第十版はアフリカ及びアジアのものばかりであるが、優に四百頁を超えるものである。この本の数多い動物の写真は、僅かの例外を除いては、ピカデリーのジャングル（スタジオ）で撮影されたものばかりで、登録されている標本は非常に立派なものばかりであるから、一吋《インチ》より長い角を得んがためにまたは一封度《ポンド》より重たい牙を尋ねて、ジャングル（密林）をさまよう猛獣狩の射手に取っては、垂涎おく能わざる記録ばかりである。

まず象の頁を開いてみると、第一に体全体の剝製のレコードが出ている。測定された部分は、肩胛までの高さ、体の全長及び前の足首の周囲の大きさであって、これに採集地及び所有者の名前が記されている。

次のリストは、なまな動物の測定である、即ち大象を射止めた時、現場に於いて計った寸法である。剝製標本はどうしてもちぢんで小さくなるから、この測定は大変に貴重であるが容易にとれるものでない。次は牙であって、測定寸法は、彎曲した外側に添った両端の長さと一番太い部分の周囲と重量であって、左右のものが別々に計られている。

象牙の世界最長のレコードは、十一呎五吋半のものであって太さは十一吋半である。これはワシントン博物館に所蔵されている。ところが大英博物館に保存されているものは長さ十呎五吋半であるから、アメリカのものより一呎短いけれども太さは廿三吋半あるから、ワシントンのものを遥かに凌駕している。大英博物館のレコードの象牙は、実物大の模品を作って私のコンゴで採集したゴリラの巣と交換する品物の中に加えて貰った。そして現在上野の科学博物館に保存されている。

ローランド・ウォードの本には象牙のレコードが全部で九十点ばかりのっているが、七十五番目のものですら六呎十吋の巨大なものである。この象はタンガニーカに於て、ブロートン夫人[★一七](Lady Broughton)に射殺されたものだ。

私は彼女を知っている。黒い着物を纏い、同じ色のフェルト帽子を被った夫人とロンドンでお茶をのんでいると、探険家という印象を少しも与えない。優しいがしっかりした口調で、ゴリラや犀などの話をする時は動物愛護者といった感じをあたえるが、熱帯の太陽の下で出会った時にはまるで別人である。私の「南の探険」で、ブロートン夫人が、世界最大の蜥蜴、コモドドラゴンの生態写真の撮影と生捕りのために、はるばるジャワ海のコモド島に渡ったことを写真入りで紹介した。

象牙の次のリストは象の足の大きさである。

それから、虎やライオンの頁をめくって見よう。これらの測定は、平らに鞣した皮を計ったもので、殺したばかりの生のものでは、引っぱるとのびるから、かえって寸法に違いが生じ易いものである。世界最大の虎は、鼻の先端から尾の突端まで十三呎六吋という蒙古産である。印度最大のものは十一呎五吋半しかないから、格段の相違である。次に頭骨のレコードも載っている。

動物の測定は、以上の外まだまだ重要な部分が沢山にある。犀の場合では角、猪の場合では牙、鹿、牛、山羊の類の場合には申すまでもなく角の大きさであって、両角の突端から突端までの間隔や枝の数は重要な

ポイントである。

もし読者の一人が印度かアフリカへ猛獣狩に出かけた場合、射止めた動物の皮や首を記念のために立派な剝製として保存したいと思うことであろう。けれども大動物の産地は極めて交通の不便なところばかりであるから、運搬が非常な障害となる。

こうしたときのために、ローランド・ウォードは各地方の運輸会社と関係をつけてあるから、ハンターのためにでき得る限り繁雑な手間を省いて、標本が無事にピカデリーのジャングルに運ばれるよう連絡されている。一例を挙げれば、東部アフリカ、ナイロビ(Nairobi)に本店を持つ旅行会社のロンドンの支店は、ローランド・ウォードのほとんど隣に店を持っているようなわけで、この旅行会社を通じて、猛獣狩をする人の採集品はロンドンのエージェントを通ってローランド・ウォードのスタジオに運び込まれる仕組になっている。

熱帯から大動物の皮を標本屋に送って鞣した場合もし現地で急激に乾燥した皮であると、顔などの毛がよく抜けてしまうことがある。またアフリカには獰猛な甲虫がいて、羚羊の頭骨を四、五日乾している間、角に丸い穴をどんどんあけてしまうものがある。であるから、標本をいためずに運搬することは、温帯に住む狩猟家には想像の出来ない苦労があるのである。

私の親しくしているエジプトの宮様ヨセーフ・ケマル殿下[★一八](Yusuf Kamal)は、猛獣狩が何よりの御道楽で、南アフリカに行かれた時、美しい影の縞の入った縞馬を三匹射って、私に皮を送って下さった。その時殿下には直接カイロに御帰還になったが、縞馬の皮はローランド・ウォードに届いた。鞣す前の皮はまるで亜鉛板のように固く硬って毛並を見ることも出来ないようであったが、これがスタジオを通って来ると、光沢も軟かさもビロードのようになった。

ロンドンは昔から象牙の集散地として有名で需要は主としてビリヤードの玉である。それでロンドンドックには、「象牙の床」(Ivory floor)と呼ばれる大きな部屋があり、一度に何百本という立派な牙が次から次に、目方売りにされて行くのであるが、その時この床にズラリと並べられるのである。中には海馬の牙や一角の角などが混っていることもある。

私は曾つて何か掘出物が無いものかと「象牙の床」に長年に亙って注意の眼を付けていたことがあったが、ついにバーラス氏は私の喜ぶものを探し出してくれた。それはシベリヤ産のマンモスの牙であって、緩やかに湾曲しているところはこの種の象の特徴を表しているけれども、それは極めて細いから、雌の牙であろうと思われる。この牙の長さは正確に八呎あり、太さは八・四分の三吋あるから世界最大のマンモスの雌の牙である。残念ながら台に取り付けてしまったから簡単に重量を測るわけにはいかないが、取り付ける前、持ち上げて見ると、とても重たかった。普通の象の牙は歯茎の中に随分深く埋まっていて、神経の入っている部分が非常に長い。それで象牙の基部の方は二尺くらいも竹のようにがらんどうになっているが、マンモスの牙では、この部分が非常に短いから、それだけ象牙の部分が多いのである。このレコードのマンモスは、いま熱海の室で毎日眺めている。

一角の角で思い出すことがある。ある時私は富山へ行って、有名な漢法薬の製造工場を参観したことがあったが、その時、一角の角が何十本とあるのを見た。これは昔ながらの製薬方法によって解熱剤か何かの丸薬となるのだそうである。その捻れた模様の入った槍のように細長い牙のなかには、天井に届かんばかりの長大なものが混っていたので驚いた。バーラス氏に見せたら、定めし羨むことであろう。しかし値段は、ローランド・ウォードの何倍もするものであったから、これまた彼を驚かしたことであろう。

私がコンゴへ猛獣狩に行った時も、大動物の始末は全部ローランド・ウォードに依頼した。

この時のコレクションは、英国、ベルギー、上野科学博物館、および私個人の蒐集品中に分割して保存されている。上野の博物館は陳列場があまりに狭いので、主として頭部の剝製ばかりであるが、ピカデリーのジャングルに於て製作された優秀品が大部分をしめている。近年アメリカでは大博物館が方々に設立され、大パノラマ式の生態を表した剝製標本が沢山に陳列されるようになった。例えばアメリカの野牛(バイソン)の場合であったならば、前方には三、四頭くらい剝製がおかれているくらいであるが、バックの絵は、草原(プレアリー)に夕陽の落ちようとする景色の中を、バイソンの群が彼方に二十頭、此方に五十頭と、長閑に草を食っているところが画かれている。それにまた、照明方法が巧であるから窓の無い真暗なホールにたたずんだ人には、知らず知らずバイソンのいるプレアリーに引きつけられて行く感じがするものである。これ以上発達した陳列方法はない。アメリカを知って欧州の博物館を見ると、ロンドンでさえ陳列方法に於ては時代後れであることが分る。ニューヨーク博物館でアフリカのホールを作っている時、私は陳列場のウィンドウの中に入ってジラフを見たが、どうしても足の皮に縫目が見えない、事実これは動物を射殺した時足の皮をまるで長い靴下でもぬぐように器用に剝ぎ取ったものであった。アメリカの剝製術は確かに進んだものである。けれども、過去において貴重な標本を沢山手がけ、世界中に取引先を持つローランド・ウォードは、なんといっても世界一の剝製商の名を自他ともに許している。

私はここで日本の剝製技術や博物館を引合に出したくない。余りにもみすぼらしい存在であるからだ。

ベルギー政府の依頼でコンゴへ行った時、私は上野の博物館からも注文を受けた。それでどのくらいのスペースがあてがわれるものかを在ベルギーの大使館を通じて問い合わせたところ、その当時できたばかりの博物館のうち、大型動物のためにあてがわれる場所は、猫の額のようなものであった。

私は美しい角を持った雄の羚羊を望遠鏡で確かめ、群の中からこれを選り分けると、何粁《キロメートル》も追跡して射止めた。そしてこれを剥製にする一方、射殺現場の写真を撮り、砂を瓶に詰め、植物を採集して持ち帰るなど、アフリカの野生生物相を上野に現出するためいろいろと準備をしたのであったが、パノラマ式陳列方法はついに採用されず、数十の大動物の皮は、いまだに私の倉の中に死蔵されている。その中には、噴火山に棲む大きなゴリラ、赤道の森林地帯に特産するオカピというジラフに類縁の動物など、色々の珍種もあるのだが、わが国の博物館がもっと発達しない限り、これらが大衆にまみえることはおそらくあるまい。

ところでロンドンには今一つローゼンバーグ[★一九](Rosenberg)という剥製屋があることを書き加えておきたい。名前でわかる通り、独逸系の人である。本編の初めに述べた、ピカデリーのクオリッチの如き、またこれから述べようとするローゼンバーグ氏の如き学者の商人は、主として独逸でなければ生れない。骨董屋や古本屋の主人が歴史家であったり、サーカスの経営者であるハーゲンベック[★二〇]が大動物の飼育にかけては世界的のオーソリティー(権威)である如く、ローゼンバーグは薀蓄ある鳥および昆虫の学者である。しかし彼は英国学会の伝統を守り、学会に出席をするとか、ペーパー(学術論文)を執筆することは決してしない。彼は彼の動物学の知識を運用し、世界中から珍しい標本を、主として鳥と昆虫とを集めて売っている。

ローゼンバーグは住宅街として知られるハムステッドに住まい、普通の家の応接間や寝室を改造して標本室にしている。だからショーウィンドウもなければ本剥製標本は一つもない。道を通るものはこれが商店だと気づくものは先ずないであろう。ローゼンバーグは学術的な仮剥製品ばかりを世界中の博物館や学者達と取引している。

ある時私はマレイ産の小孔雀がほしかったので彼の店を訪ねたが、その時には印度支那のものの標本しかなかった。彼は私の希望を控えて置いたが、それから何年もたってこちらが忘れてしまった頃、お望みの標本が手に入りましたといって来たことがある。また例えば、イタリアに新しい学校ができて動物学教室に標本が必要であったとした場合、ローゼンバーグにイタリア及び地中海を代表する動物を購入したいといってやると、彼は早速学名を何頁かタイプライターで打って発送する。学校の方でこちらの予算はどれほどであるからと返事をすると、もし標本の値が定額に達していなかったら、ローゼンバーグは、また別のリストを送って寄越す。そして手紙をそえ、『予算の余った金額でバルカンの動物を蒐集されてはいかがですか。残額にあてはまる標本のリストをお送り致します』といったようなことを書いて寄こしている。現在では日本一の鳥類のコレクションを持っておられる、山階芳麿侯[★二]は世界各地の代表的鳥類の標本を沢山所蔵しておられるが、その中の大量のものはローゼンバーグに注文を発せられたものである。

ローゼンバーグ氏は大英博物館では館員の付添いなしで標本箱を開くことができ、自分の標本と博物館のものとを比較したりなどしている。そして産地の異った標本などがあると、自分からどんどん博物館当局に購入方を進言している。もし彼の標本の性別、産地等に不正確の点が一度でもあったならば、これほど博物館の信用を勝ち得ることは当然できない。彼の評判を裏書きするに最もふさわしい例を一つ述べよう。

ニュージーランドから南航して数百哩、気候が相当に寒くなってくる圏内にキャンベル島(Campbell Island)という無人島がある。この島に、一八八六年ある船が立ち寄ったが、そのとき翼の短い鴨が一羽捕獲された。この鳥を採集した人と、その事実を記録に残した人とは別人であった。そしてこの標本はオーストラリアの某氏のもとに送られて保存された。その後、キャンベル島の鴨は獲り尽されてしまった。この島は飛ぶことができなかったから、ある時代に寄港した船員どもが乱獲して、食用に供してしまったのであろうけれども、そのことは記録には残っていない。それでキャンベル島に飛べない鴨が棲んでいた事実を証明する材料は、一箇の標本と、その標本をオーストラリアに発送した時に送ったタイプライターの手紙の写しが存在しているだけである。ところで一つしか存在しないこの鴨はそれほど貴重なものであるとは知られず、まわりまわってローゼンバーグの手に落ちた。そして彼のリストの中に加えられ、世界中の取引先に写しが発送された。

ところでカナダのトロントに、鳥学者で裕福なフレミング氏(J. H. Fleming)がいた。同氏は、米大陸において、世界中の鳥の種類を誰よりも余計に知っていると噂されていた人であり、氏の個人蒐集品はオンタリオ博物館に保存されていて、自分で発表したものこそ少ないが、鳥に関する知識は英国のシャープ博士[★二二](Sharpe)やロスチャイルド男爵(Rothechild)に匹敵するものといわれるくらいである。このフレミング氏がローゼンバーグのリストを手にして、南氷洋に近いキャンベル島には鴨が全然棲んでいないはずであったがと不審を抱いた。ローゼンバーグの産地や日付には間違いのあるはずがないのだから、これは大した掘り出し物かも知れないと思い、他の機先を制し電報を打って、この鴨を購入した。それからオーストラリアに照会をして複雑な歴史を追及するなどあらゆる手を尽した結果、この鳥が昔キャンベル島に棲息していた飛翔不能の鴨であり、現在は絶滅してしまったことが立証された。そこでフレミング氏は新しく新属新種の(Xenonetta nesiotis[★二三])として命名発表したが、その時は、この鳥が採集されてから約半世紀後のことであった。

フランスにも十九世紀の中期から末期にかけてローゼンバーグのような人がいた。ヴェロー(Verraux)と呼ぶ二人の兄弟で、彼らは一流の学者であったから、英独の学会から重きをおかれていた。それで彼らの名を学名に持つ動物は大変に多く、アフリカ産の鳥類だけでも十種類に近い。東洋産鳥類の中でも南支那産のダルマエナガの一種[★二四](Suthora verrauxi)はヴェローの発見したものである。

学者の商人はいつの時代にも何処の国にも決して沢山輩出するものではない。フランスのヴェロー、英国のローゼンバーグ、横浜のオーストンやピカデリーのローランド・ウォードの如き、各々店の趣を異にしな

がら学問に貢献しているのはなかなか面白いことである。

★〇一［バーナード・クオリッチ（Bernard Quaritch）］――ドイツ生まれのコレクターで、アレクサンダー・クリスチャン・クオリッチ（Alexander Christian Quaritch）創業の古書店。ロンドンのサウスアデリーストリート四十番地に現存する、老舗古書店が発行するカタログは、既成の書誌の誤りを指摘する情報を含み、書誌研究者に注目されるほど。F・スコット・フィッツジェラルド（Francis Scott Key Fitzgerald）による、十一世紀ペルシアの詩人オーマー・カイヤムの四行詩集『ルバィヤット』の英訳本を出したことでも知られている。

★〇二［栗色のエランド（Lord Derby's Eland）］――ジャイアントエランド（学名＝*Taurotragus derbianus*）のこと。生息数は少なく、国際保護動物に指定されている。

★〇三［アオフウチョウ（Paradisaea rudolphi）］――青風鳥《アオフウチョウ》は、スズメ目フウチョウ科に分類される鳥類。パプアニューギニア（ニューギニア南東部）に産する固有種。原文綴りを訂正した。

★〇四［ディスプレイ］――この場合のディスプレイとは、求愛行動（courtship display）のことである。

★〇五［シベリヤ産（シベリアトラ）］――アムールトラ（学名＝*Panthera tigris altaica*）は、ネコ科に属するトラの一亜種で、体軀は最大。（altaica）は、ロシアの西シベリアのアルタイ地方のこと。

★〇六［蘆羚羊（Redunca wardi）］――詳細不明。

★〇七［オリックス］――（Oryx beisa callotis）のこと。基形標本とあることが要点のようである。東アフリカ生息のオリックスのことか？

★〇八［（Giraffa camelopardalis wardi）ウォード・ジラフ］――トランスヴァール・キリンと呼ばれるキリンの亜種のひとつ。一九〇四年確認。

★〇九〔(**Capra ibox wardi**)**ウォード大角野羊**〕——詳細不明。

★一〇〔(**Cervus canadensis wardi**)**ウォード赤鹿**〕——エルク(赤鹿)の亜種のこと。一九一〇年確認。

★一一〔(**Equus wardi**)**ウォード縞馬**〕——縞馬の亜種。一九一〇年確認。

★一二〔(**Obibos moschatus wardi**)**ウォード麝香牛**〕——グリーンランドジャコウウシのこと。グリーンランド、北極の島々に棲息。

★一三〔**オリックス**(**Oryx leucoryx**)〕——アラビアオリックスと呼ばれ、哺乳綱ウシ目(偶蹄目)ウシ科オリックス属の偶蹄類。野生個体は乱獲により一九七二年に絶滅。一角獣のモデルともいわれる。

★一四〔**英人探険家フィルビー氏**(**St. John Bridger Philby**)〕——一八八五年生、一九六〇年没。またの名を(Sheikh Abdullah)。アラブ支持者、作家、英国植民事務所情報将校。鳥類についても造詣が深く、彼の見いだした鳥類のほとんどは、賞賛する女性の名前がつけられている。フィルビーの名前は、サウジアラビア南西部からイエメン北部にかけて分布するノドグロイワシャコ(喉黒岩鷓鴣、学名＝*Alectoris philbyi*)の名前によって記憶されている。

★一五〔(**Rowland Ward's Record of Big Games**)〕——ローランド・ウォード商会の目録『ローランド・ウォード奇貨鳥獣上玉鑑』第十版は、四百八ページからなる大冊で、ここで言及される一九三五年のものは、「Rowland Ward's Records of Big Game African and Asiatic Sections with Their Distribution, Characteristics, Dimensions, Weights, and Horn & Tusk Measurements.」TENTH EDITIONで、イラストと写真がついている。適当な邦語訳もないので、適宜邦訳した。

★一六〔**ドルマン大佐**(**Captain John Guy Dollman**)〕——一八八六年生、一九四二年没。動物学者。分類学者。この章で語られる、『ローランド・ウォード奇貨鳥獣上玉鑑』第十版の編者のひとり。

★一七〔**ブロートン夫人**(**Lady Vera Broughton**)〕——一八九四年生、一九六八年没。女性写真家。蜂須賀正氏の『南の探険』の写真ページでも紹介された英国の女流探険家。ロンドン動物園では、コモドドラゴンの生捕を夫人に依頼、生態を写真に収めると同時に捕獲して持ち帰った。

★一八〔ヨセーフ・ケマル殿下（Yusuf Kamal）〕——一八八二年生、一九六五年没。エジプトの王族。カイロ大学およびエジプト芸術学校の設立に寄与。美術愛好家およびコレクターとしても知られる。旅行家でもあり、『My tourism in the lands of West Tibet and Kashmir』（『西チベットとカシミールの私的な旅』）の著作がある。

★一九〔ローゼンバーグ〕——ウィリアム・フレデリック・ローゼンバーグ（William Frederik Henry Rosenberg）一八六八年生、一九五七年没。鳥類学者、昆虫学者。一八九八年頃よりロンドンで、博物標本などの販売の仕事をはじめる。ここでは剝製屋というより、自然科学関連の商品を扱う商社のことであろう。

★二〇〔ハーゲンベック〕——カール・ハーゲンベック（Carl Hagenbeck）一八四四年生、一九一三年没。野生動物を扱うドイツ人商人で、一九〇〇年、雌のライオンと雄のベンガルトラを交配させて雑種を作り、それをポルトガルの動物学者（Bisiano Mazinho）に二百万ドルで売ったりもしている。

★二一〔山階芳麿侯〕——一九〇〇年生、一九八九年没。山階鳥類研究所の創設者。陸軍中尉。正三位勲一等。理学博士（北海道帝国大学）。日本鳥学会会頭、日本鳥類保護連盟会長、国際鳥類保護会議副会長、同アジア部会長等を歴任。山階鳥類研究所には、蜂須賀正氏の外国産の絶滅鳥を含むコレクションがある。

★二二〔シャープ博士（Richard Bowdler Sharpe）〕——一八四七年生、一九〇九年没。動物学者、鳥類学者。

★二三〔キャンベル鴨（Xenonetta nesiotis Fleming）〕——（英名＝Campbell Island Duck）ニュージーランドのキャンベル島に棲息していた絶滅した飛べない鴨。（James Henry Fleming）により一九三五年に確認される。記載のとおり剝製の作成から半世紀も経た後のことであったようだ。フレミングについては、ドドの項、「六、ドドを追って」参照のこと。

★二四〔ダルマエナガの一種（Suthora verrauxi）〕——鳥類スズメ目ダルマエナガ科。キンイロダルマエナガ（金色達磨柄長、英名＝Golden Parrotbill）のこと。エナガに似ているが、別の鳥。

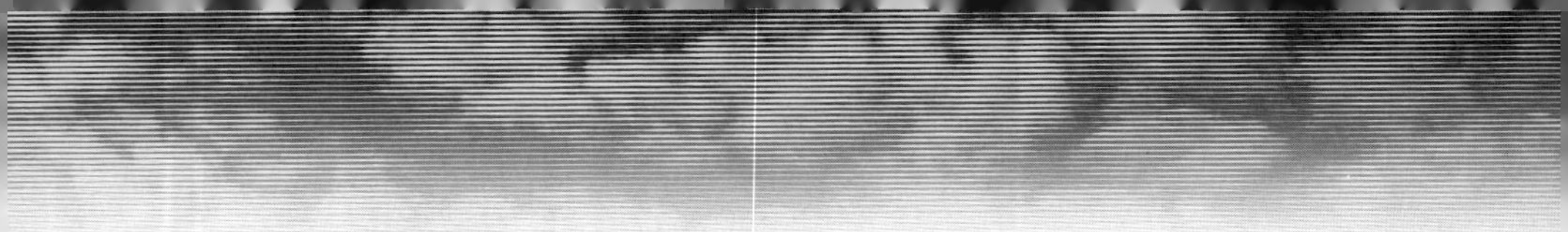

【第二部】

旅行記

カリフォルニアで見た鳥の話

カリフォルニアと一口に言ってもサンフランシスコとロスアンゼルスとの間は、東京から九州に至る位の距離があり、またその南のサンディエーゴーはシャボテンの国メキシコと国境を接して居るから、其面積は大体日本本土と同じ位と見れば大差はありません。それですから此地方の鳥類全部に就ては僅かな紙面に所感を尽すことは到底不可能であるので、唯私が折に触れて観たり感じたりした鳥の事丈を述べて見ようと思います。

一体アメリカには雀も椋鳥も居りません。また街の附近には目白や鵯の類も見掛けませんから、日常生活がなんとなく淋しい感じがする様にも思われますが、所変れば品変るで、実際には種々雑多の、日本には居ない鳥類が沢山に、然も窓近く見られるのは甚だ愉快です。

日本ではマシコの類は山でなければ見られないものですけれどもロスアンゼルスの市内到る処、雀のように軒端近く営巣して居ります。色は胸の辺が赤いので雀よりも美しいし、その鳴声も詢に音楽的であります。

最も人目につく鳥は、なんといっても有名なモッキン・バードでしょう。アメリカの詩や歌に織込まれて居る此の可憐な鳥は、大きさは百舌鳥よりも少し大きく、身体は痩形で、一見薄墨鶺鴒の様に白と灰色が混って居ります。市中の庭でも森でも到る処に蕃殖し、窓近くのコンモリと繁った木蔭などに巣を造り、二三羽の雛を孵すものです。巣は粗雑な為めに時々地上に落ちた雛を発見する事があります。それを柄の長い柄杓

で窓から元の巣に戻してやったことが度々あります。蕃殖時期には親鳥は自分のテリトリをもって、高い木の梢から百舌鳥の様に四方《アタリ》を見廻して居ります。そして巣の側に犬や猫等が近寄って来ると、ゲェー……ゲェー……という一種の鳴声を発して警戒し、また勇敢に動物の脊中へ突撃を敢てすることもあります。雛の巣立後、親子の鳥が揃って庭へ出て来る時は、如何にも楽しみなものであります。また夏から秋へかけての頃、田舎を歩いて居りましてもモッキン・バードの声を聴かないことはありません。私はコンモリと繁ったオークの木の森の中で、しばらく生活をして居りましたが、月明の晩などは、夜半の一時でも、二時でも、よくモッキン・バードの声を窓近く聴いたものです。

私が最も驚異の眼を見張ったのは、なんといっても蜂鳥です。小さな漏斗状の花であればすべて蜂鳥の好む所と見て間違いありません。フューシャの花が満開の折など、何度となく必ず蜂鳥の羽音が聴えるので、窓へ出て見ると、まるで大きな蛾としか見えない蜂鳥が、花の蜜を吸って居るのを見かけます。蜜を吸う時は下を向いた漏斗状の花弁の中へ嘴を差入れ、嘴よりも一寸位長い舌で蜜を吸うのです。羽ばたきの速度は非常に速く、また飛翔の場合には非常な速度で羽を廻転さすので、全く空中に停止の有様です。そして蜜を吸い終ると、嘴を花弁から抜く為めに、何寸か飛退って、さらに非常な速度で飛去るのであります。今仮に窓際に小形の瓶を下げ、その中に砂糖水を入れて置きます。そして瓶の所在を判り易くする為に、赤い紙片等を下げて置くと、蜂鳥は直に飛んで来て、好んで此砂糖水を吸います。其時こそ其動作を一層仔細に観察する事が出来ます。

蜂鳥の羽ばたきの速度は最近まで数える方法がありませんでしたが、此写真で見る様に十万分の一秒のシャッターを用いた写真機に依って、始めてその羽を写すことが出来たのであります。それですから蜂鳥は毎秒何千回という羽ばたきをして飛行するものであります。雄と雌とは春先よく空中でデスプレーする事がありま

す。其時雄は非常な速力で曲線を画いて一旦飛下ってから、さらに空高く飛去ります。その時には尾羽根を展げるので、高い羽音がして、春の空に心よい響を与えます。私は五月の始め頃蜂鳥の雛を採りに行った事があります。森の中に這入って歩いて居ると、巣にいる親鳥を見付ける事は左程難かしい事ではありません。此時期には雄は森の外に出て居るので、その附近には雌ばかり残って居りました。巣は細い枝の垂れ下って風にフワフワと揺り動く様な処を選んで造ってあります。巣の内径は約七分あるかない位であって其中に真白な卵を必ず二個産むものです。親鳥を捕えようとする時は、親鳥が巣から飛立ったのを見掛けて、蝶々を採る網を持って、巣から四・五尺離れた所に静かに待って居って、巣に戻ろうとするところを網を被せて捕えるのです。然し是れには相当の技術を要するので、籠鳥にしようと思うものは子飼のものが一番理想的であります。即ち孵化後一週間から十日位の雛を巣の中から探し当てるのが最も宜いとされて居ます。

雛の皮膚の色は真黒で一見汚い感じがして、是れがあの美しい蜂鳥に成るとはどうしても思われません。今蜂鳥採集の御話を致しましたが、これは実際は法律に依って禁じられて居るのです。私は山階侯爵に献上する為に特に許可を受けたのでありました。

カリフォルニアの海岸地方は常に霧のかかって居る事が多く、日本の様に明澄な白砂青松の風物に富んだ所は極めて稀なのです。然し流石は島国と違い大陸的気分の豊かな所も仲々多く、波止場などで鷗の群を見る様に、大きなペリカンが悠々と飛んで居るのは一入奇異の感が致します。カリフォルニアのペリカンは日本の動物園で見る様な白い色ではなく、薄汚い茶色で、飛ぶ時には首を引込めて飛ぶのですが、嘴が長い為に形が細長い様に見えます。海水浴などして居るとよくペリカンが飛んで来るのを見掛けます。それが獲物の魚を見付けると空から水の中へ真逆様に飛込んで、頭から突込みます。その動作はアジサシが酒匂川の河口でやるのと同じですけれども、如何にも鳥が大きいので、実に見事なものです。

ロスアンゼルスの街は非常に庭園が多くて、然も家の廻りには垣根がありません。市民は公徳心が発達して居るので、綺麗な草花を捲り取る者もありません。私の住んで居たパサデナの家の周囲の芝生には、よく冠鶉が餌を漁りに出て来ました。定った時間にパンの屑などを与えると、鶏の群がカーネーションの花壇やランタナの植込の中から、五羽六羽と出て来ては餌を食べて飛んで行きます。街路樹は大きなパームで夕方になると一本の木に二三十羽が一団となって寝て居るのを見うけます。

ロスアンゼルスは一年を通じて常春の気候で、真冬といっても東京の十月頃の陽気より温度の下ることはありません。然し同じカリフォルニアでもマウント・フィットニーは高さ一万五千尺もあり、富士山よりも遥に高く、上には氷河を戴いて居ります。それですから三・四千尺程度の高地に行けば、また変った鳥類が見られる訳です。ロスアンゼルスの街から二時間位も自動車を走らせると、マウント・ウイルソンという世界屈指の天文台があります。此の地方では冬になると何尺も雪が積り、鹿の群が人家の附近に餌を探しに出て来ます。此辺には、ジュンコーと言う雀の様な頭の黒い小鳥が沢山に棲んで居って、非常に人懐っこく、雪の上に餌を投与えれば喜んで争って餌を摘まんで居ります。

五十雀は日本に居るものと宜く似て居ります。他の雀類《カラ》は日本程種類が多くありませんが、唯一つ茶色で頭に冠のある種類がよく見られます。カリフォルニアは特に美しいカケスが居るので有名です。山地に棲むのと平地に棲むのとは種類が異って居りますが、どちらも美しい水色で、常に元気よく飛び廻って居りますから、如何にも派手な感じがして、よく人目を惹きます。

ロスアンゼルスから一時間余り自動車を東に走らせると、一眺豊沃な耕地が展けて、如何にも田舎に来た感がします。此地方をラモナと言い、小説や歌で有名な所です。往時メキシコを経て移住したスペイン人の一団が大地主となって、牧畜や耕作に土着のアメリカン・インディアンとの間にいろいろの葛藤を起した一区劃です。其処からさらに三十分も自動車を飛ばすと、所謂アリゾナ大沙漠の入口に達します。沙漠にはまた沙漠特有の鳥類が居って、色彩こそ綺麗ではないが、其の鳴声は到底都会で聴くものの比ではありません。同じムシクイでも銀の鈴をならす様な美しい声を持ち、刺の多い沙漠特有の植物の中に棲息して居ります。また冠鶉にしても此地方特有の種類があります。

アメリカの沙漠に於て独特の鳥は鷦鷯《ミソサザイ》です。日本産のものよりは遥に大きく、百舌鳥位の大きさで、尾も相当長く、然も枯れたシャボテンの穴に産卵をするなどは最も奇とするに足ります。

最後に筆を擱くに当り、アメリカ西海岸に棲息するあの有名なコンドルの話をしなければなりません。此鳥の棲息状態に就て、当地の鳥学者達と共に度々観察に行ったことがあります。コンドルは鷲類とは違って、その身体こそ大鷲よりも大きいかも知れないが、その爪は鷲の様に尖って居らない為に、絶対に生物を捕えることが出来ません。それで餌は必ず死んだ動物にのみ限られて居ります。人口の極めて稀薄な地方のことで、未だ山地にはピューマと言う豹の様な猛獣も居たのですから、それ等の食残した鹿の死骸などあちこちに見られたでしょう。勿論ラモナの時代には自然に斃死した牛馬の類も少くはなかったはずです。従って当時は餌には少しも事欠かなかったであろうと思われます。然し人口も漸次増加し、交通の便も開けるに到って、コンドルも次第に生活上の圧迫を蒙り、現今に於ては僅に五六十羽の群がロスアンゼルスの北方約二百五十哩の地点に辛うじて棲息を続けて居るに過ぎません。此地方は峨々たる山嶽地帯で、何十丈とも知れぬ断崖の中腹に巣を造って居るので、その捕獲は非常に困難とされて居ります。コンドルの棲息状態研究の為には、映画撮影、其他如何なるものを以てしても観察は全然不可能で、唯僅に望遠鏡を通してのみ棲息状態の一端を覗うに過ぎません。将に滅び逝かんとする僅々五六十羽のコンドルが、今日果して何を漁り求めて生活を営むかは、全く知る由もなく、その将来は学界の謎として興味を以て見られて居ります。

南支の鳥を訪ねて

【一】

広い支那大陸の中でも、南方の熱帯地方を旅行することは、予々私の希望していたところであった。この長年月のあこがれの土地に行く機会が恵まれたので、私は雀躍をして喜んだ。

時は昭和十五年、日支事変の酣なるとき、私は貴族院を代表し、南支に於ける皇軍を慰問する重い任務を受けた。故にこの稿に誌す鳥類の研究は、もとより非常に限られた余暇を利用して、見また聞いた材料を蒐めたに過ぎないから、余り深い研究は出来なかった。とはいうものの、若しこれが事変前の状態であったならば、ツーリスト・ビューローで買える切符に印刷した地名以外の場所には行くことが出来ないのであるが、そこは戦争中のことであるから、皇軍将士が敵と睨み合っている第一線や、地図に載っていないような辺鄙な場所をまでも訪れる貴重な体験を与えられた。殊に陸海軍の重爆撃機に依り、海南島や仏領印度支那、または雲南に隣接せる広西省境方面迄、大陸の奥深く視察することが出来たのは非常な幸であった。
支那大陸の西南部は生物学上、世界的の宝庫とも言うべく、その一端を窺い知った丈でも大きな収穫であったが、就中ヒマラヤ系の鳥類標本を持ち帰る事が出来たのは、全く陸海軍将兵諸士の特別なる御諒解に依るものである。以下旅行日程に従って記述して見よう。

昭和十五年五月十日夜、東京駅を出発し、翌十一日の正午、神戸から高砂丸に乗船した。一行は貴族院議員五名、即ち私を団長、島津忠彦男を副団長として、岩田三史、飯塚知信、佐藤助九郎の諸氏に随行の白木書記官一名である。

五月十三日、台湾着の前日である。気温は可成り上昇したがまだ夏服に着替えるものはない。船の周囲にはササゴイ及びヨシキリの類が飛び廻って居た。

十四日午前十一時基隆に着いた。半ば雲に隠れた山、水際に迄生い繁って居る熱帯植物等は湿気の多い太平洋の島々の特徴で、一寸ホノルルの印象を彷彿させた。上陸すると、船の中に居た時の様に風がないから蒸暑く、東京の七月頃の初め頃よくある息苦しい様な湿度と高温度に悩まされた。総督府差廻しの自動車で台北に向う。内地の様に到る処水田であって、既に青々とした稲は内地より背丈は低いが重い頭を半ば下げて居た。ここのフロラの第一印象は特に緑の色が濃く、葉の蔭になった部分は墨絵の様に黒ずんで見える事であった。これは天候の加減にも因る事であったろうが、明るいカラリとした南支那大陸を見て、私は猶更台湾の鳥類に色の濃いもののあるのはその四囲の環境に因るものである事がハッキリ判ったのである。一例を挙げれば、台湾の帝雉は紫色であるが、南支那の唐山鳥は明るい茶褐色である。カケスにしても奄美大島のルリカケスと南支那のカケスとは前に言ったと同じ様な差がある。

水田の中に白い鷺が悠々と遊んで居るのは長閑な景色で、台湾情緒の一つである。往路には余り目立たな

かったが、六月初めの帰路には甘鷺は全部美しい薄い栗色の生殖期の羽が生揃って居た。此の甘鷺と純白の簑毛を附けた小鷺とは、遠くからでも一見して区別がつくのである。前者は主として穀類を食し、後者は生餌を漁って居るが、その棲息地は同じで、冬羽の時期に於ては玄人にも判別し難い程同じ様に成ってしまう。基隆の郊外に入江の様な所があって、海岸の間近まで青々と水草が生えて居た。その中に甘鷺と小鷺とが遊んで居たが、少し離れた干潮の磯辺には黒鷺が魚貝を漁って居た。此黒鷺は台湾ではその名の如く黒いが、南太平洋のある地方に行くと純白である。それで之等の非常に近似の三種類の鷺は、相互に接近して棲息するが、各々異った習性を持って居るのである。数多い鳥類の中でも珍らしい現象と言ってよかろう。

平原地方の小鳥の中では、烏秋、タカサゴモズ、シロガシラ等が最も普通であった。

基隆港湾の空には姫鳶が舞って居た。

燕は内地の夏と同様に市中に見えたが、その数は非常に少い。大部分はもっと北に渡ってしまって、台湾辺で営巣するものは比較的少いらしい。

植物園では雀、黒鵯等を見た。

台北市中で美しいと思ったのはビローLivistonaの街路樹である。即ち宮崎県の青島、一名ビロー島に産する、あの雄大な棕櫚科の植物である。其他細く高くて、数枚の葉しか付けて居ないが、非常に観賞価値のある檳榔樹、ユスラ椰子等が見られた。市中には外にアレカ椰子、インドゴムの木、旅人木等もあった。然し後者はシンガポール辺で見たものに比較すると、非常に貧弱である。道端や小川のほとりにはタコの木、ヘゴの木があり、停車場や一寸した広場の様な所にはガジュマル(榕樹)、イカダカズラの紫の花を一面に付けた棚が目に附いた。支那に渡ってヘゴの木の少しも見られなかったのは矢張り台湾に湿気の多い事を証明するのであろう。

台北の冬期の気候は想像以上に寒いらしい。気温は四十度近くも下る事があるそうで、稀には僅かではあるが、朝霜の下りる事も珍らしくないと言われて居る。そして稀に酷しい寒気に遭うと市中にあるココ椰子の木は全部枯死してしまうと言う事である。

五月十八日(土曜日)船は早朝厦門に入港した。

厦門は昭和十三年の五月、皇軍に占拠され、其の年の九月に開港した所である。沖から見た陸の景色は一面禿山の言葉に尽きる。街の後方の小高い丘には大きな花崗岩がゴロゴロして居る。それが風雨に曝されて薄汚くなって居るなどは、遠来の旅人に少しの親しみも感じさせないし、また木と名のつくものもほとんど見られないから、此の海岸は実に寂莫たるものである。此の景色で一寸筆者の頭に浮んだのは、アフリカ旅行中に通った或一場面であった。ケニヤからウガンダに入国する時、大リフトバレー(Great Lift Valley)と言う所を通る。これはアフリカ大陸地表の亀裂で、千尺以上も峯から谷へまた谷から峯へと登らねばならぬ。此の辺は木は至って低く、ゴロゴロした岩と言うよりも巨石が到る所に散在し、然も土地は乾燥して、緑と云うものはほとんど見られない。此の地表をサファリ用(Safari)の自動車であちらこちらと巨石の間を縫って旅行するのである。赤道に近い所だが、六、七千尺の高地であるから、吹き曝す風は少しも暑くない。

此の朝の厦門の温度は七十五度で、空は一面に曇って居た。リフトバレーを通った時もこの様な天候であったが、此の寂寥たる風景に織込まれた野獣の群、羚羊の類、これ等を漁り歩く猛獣の影は、旅行者に一味の興を与えるものであって、固より南支那風物のそれと比較すべくもない。緯度からいえば台中と同じであるが、此季節は曇天が多く非常に凌ぎよいという事である。そして台湾よりも湿度が低いらしいから、人体には最も理想的な気候である。内地で言えば晩春の候であるが、夜になっても少しも冷えない。

港の上空で鳶が沢山舞って居た。格別珍らしい景色でもないが、鳶という鳥は地方的なもので、或所には

非常に多いかと思うと、隣の町には全く居ない事がある。エジプトには嘴の黄色い特種の鳶が居る。カイロの街ではまるで東京の街中の野良犬や猫の様に、街に捨ててある汚物をみな掃除して呉れる。小さな庭のナツメ椰子等にも止まるから、よく七ミリの雀打ちの散弾で獲ったものである。これ位多くて人に馴れて居る鳶が、港町のアレキサンドリア、スエズまたはポートサイドには一羽も居ない。鳶は特に海岸を好むのに不思議な分布である。

さて厦門の街に上陸した。建物には皆大きな花崗岩を使用して居るのは豪奢なものである。街は相当に清潔ではあるが、特に南国の町では必要を感じさせる幅の広い木蔭の多い街路(Avenue)や、百花咲乱れる公園という様なものは見られなかった。あちこちに雀(Passer montanus bokotoensis Yamashina)の囀りを聞いた。然し立派な石の壁と、粗末な赤いタイルを載せた屋根との間に雀の巣喰う場所は比較的少い。樹木の成育の具合を見ると余り風の強い所の様には見られなかったが、庭の要所々々に木麻黄(モクマオウCasuarina)を植えてあるのは防風林のつもりであろう。此木は台湾、殊に南部の高雄等に防風の意味で植えてある。内地で言えばユーカリとか北海道に多いポプラの様に、高くなる木である。東京辺では極めて稀にしか見かけられず、小形で、細かい松葉かとも思われる葉は冬期には落葉してしまうのである。

随分鳥を注意して見たが余り居なかった。鵲とカーレン(Acridotheres cristatellus)は街の中を無遠慮に飛び廻って居た。郊外にドライブをしたが、その附近には大きな河もあり、一面豊沃な水田であるにもかかわらず、台湾で馴染の小鷺も甘鷺も見受けられなかったのには寂寥を感じさせられた。

昔、支那には脊に美しい簑毛を生やした白鷺の類が、青々とした田と云わず、畠と云わず、一面に分布して居た。その中には、鶴程も脊の高いコモモジロ、中形の中鷺、小形の中には小鷺、甘鷺、赤頭鷺等が特に南支には冬期沢山に居たものであった。黒い着衣の土民と水牛の友として、人を恐れぬ鷺類は支那の田舎には附きものの風景であった。千八百七十七年、有名なフランスの宣教師ダビット氏は、北京で普通に蕃殖するコモジロは市中の水のある所には何時もその姿をあらわしたと云い、また小鷺は支那全土に亘って極めて多いと述べて居る。それから間もなく欧米婦人の間に羽毛を帽子の装飾にする事が流行しだしたので、未だ欧風の婦人帽を見た事もない土民も、外国商人の手を通して此の需要を充たす為に、羽毛の美しい鳥を探し歩き、ニューギニヤの山中に極楽鳥を、支那の僻地に鷺の簑毛を求めて、到る所で濫獲をした。樹木を大切にしない支那人の事だから鳥を採り過ぎる位は想像に難くない。奄美大島のルリカケスが盛に輸出されたのも丁度此の頃であった。

千八百九十八年に至って此等の鷺は支那には全く見られなくなってしまった。其後狩猟法に依って保護される様にはなったものの、鳥はそう急に殖えるものではない。田圃に縁のある鳥では赤頭鷺を二度見たきりだ。

燕は盛に街中を飛び交って居た。その数は夏の東京市中の様である。筆者は去年の夏の候、鹿児島へ行ったが、市中に燕の数の少いのには一寸驚いた。皆渡りで北上してしまうからだ。であるから、此の五月中旬に見た厦門の燕の大部分も、やがて北へ渡ってしまうものと思われる。電線に数羽のタイワンハシブト烏(Corvus levailantii colonorum)を見かけた。大形の百舌鳥が一羽下界を見つめて居た。これはタカサゴモズの亜種(Type schach)で台湾に多い種類である。

支那大陸の生物地理の分布は、余りにも入りくんで居て、仲々研究が難かしい。どこが旧北区で、どこから東洋区が始まるか、地図の上へ一本の線を劃する事が困難である。揚子江を冬期南に渡る鳥の種類は非常な数であるし、また夏期此の大河の以北で産卵する純熱帯性の鳥も幾種類かがある。所が南を主産とする鳥で揚子江沿岸に定住して居るものがある事が段々と判って来た。その珍らしい例として此のタカサゴモズを

挙げる事が出来る。去年、筆者の発表した新亜種は、上海をType Localityとして居る。此百舌鳥は私とはマニラへ行ってもサイゴンの田舎でも、亦シンガポールでもお馴染である。黒田侯のJava産Tasariensisは今は余りにも有名である。

厦門の街では大きな黒と白との椋鳥を見た。恐らくGracupica niqricollisであろう。一番のもの、または小群をなしているもの、色々であった。

大きな美しいヤマショウビンを二度見た。自動車道路に沿った小川に面した所に居たが、一向に物音に恐れる様子が見られなかった。家鳩も街に居たが余り種類は多くなく、昼食の料理に出て来る小形の卵は鳩のではなく、内地から行った鶉の卵だった。ある御寺へ詣でた時、裏の林の中にCopsychus saularisの一番が居た。非常に賑かでよく唄う鳥であるが、静に止って居た。

コロンス島は租界が国際問題に迄発展した所なので、吾々の脳裏に印象が深い。何処でも租界には一体に共通の空気が漂って居る。外人の住宅は美しい庭に取り囲まれ、清潔で綺麗によく行きとどいて居る。黒い着物を着た支那の女が金髪の子供を載せた乳母車を押して行く光景は租界以外では一寸見られない。場所も狭く、従って道も狭いから自動車はない。ターバンを被った大男の印度人の巡査を先頭に領事夫妻の案内で街中を見物した。

島の中央は奇岩累積して居て、その上に登って見ると誠に景色が美しい。私は直ぐジブラルタルを聯想した。英国が難攻不滅を誇る此の地は、もっと広く、山も高いが、大石のゴロゴロしている有様は他に余り類がない。大磐石の礎と言う事を英語では「Rock of Gibralterの如く」と言うのは一寸面白い。

コロンスでも鳥は少かった。籠鳥では雲雀を一回見たきりだが、白ガシラが一番で庭に遊んで居るのを見た。あちこちに黄色い愛らしい花を附けた金合歓(Actoia)の木があった。石の間や垣根の代りに植える龍舌蘭は、その葉を切って繊維を採出するのである。大きなマンゴーの木もあった。

猩々木Poinsettiaは約三尺位に生育して居た。

五月十九日(日曜日)曇天で涼しい。午前九時汕頭《スワトウ》に入港した。陸の景色は厦門より樹木が少く、一層大きな石がゴロゴロして居る。海岸のクリーム色の砂地は山の上まで、同じ様な色で続いて居る。全てが無味乾燥の一語に尽きる。

ウミネコが飛んで居た。

燕が十羽ばかり飛び交して居た。皆腹の白い個体であった。汕頭の町は河口から少しく溯った所で、海潮に影響され、午後一時には出帆せねばならなかったので、約三時間位しか上陸出来なかった。町の後方、雲の彼方に山が見える。約四里位の距離があって三、四千尺の高度だと言う。そこの森林地帯には珍らしい鳥がいるに違いない。文献には福建省にミヤマテッケイの一種Arboriecola gingicaや美しいチメ鳥Trochalopteron milni等の居る事が載って居るが、之等の鳥は高山または森林に行かねば見られない。海岸地方を離れた人口の少い天然の恵を充分に享ける地帯が彼等の棲息地であるからだ。

汕頭は皇軍占拠後数ケ月にしかならないから、町角には機関銃を備え、土壌を積重ね、要所には鉄条網が張り廻らされてあったが、街中は至って平穏であった。英人経営の大きなホテルがあったり、米人のオフィスの屋上には星と条の米国旗が大きくペンキで塗られてあったりした。爆撃の跡があちこちに見られた。

中山公園へ行った。中山とは孫文の号で、南支では公園、大学その他に中山の名を冠したものが頗る多い。此の中山公園は汕頭第一の公園である。余り手をかけてなく珍らしい草木もない。自生の赤の一重と八重のヒビスカス二種、クジャク椰子(Cariota)、例のキンゴウカンには黄色い花が一面についていた。竹は余り大形のものがなかった。

公園の中に鵲の巣があった。地上二十尺位の所で、葉の一枚もない木の上にあった。街のある部分にはバナナやビロー等も多いと言う。ある所にはユーカリの立派な並木もあった。パパイヤも木は多いが、地味の為か、品種の故か、果実は宜くないと言う。もう此辺まで来ると榕樹《ガジュマル》の大きいのが目につく。その拡がった枝の木蔭に土人が大勢憩って居た。輸入したナツメ椰子も立派に生育して居た。内地で椰子科の鑑賞植物の中、最もポピュラーなアレカ椰子は美事なものがある。丈は二階の窓に届く位で、黄色い竹の様な幹がスクスクと伸びて芝生の中程に散在するのは実に美観である。

鳥類で直ぐ気がつくのは、厦門と比べて鳶の居ない事である。一羽見たがハッキリ覚えて居ない。燕の数が非常に少い事も特筆に値する。雀は普通で、courtingして居た。シロガシラはあちこちに見られた。街路樹に六羽のクロウタドリ(Turdus merula mandarinus)が止って居たが、近いので黄色い嘴の色までよく見えた。

此種のツグミは西は欧洲まで分布していて、英国には極く普通であるが、東洋では中、南支那までで、支那の北方や日本内地、台湾等の島々には分布していない。日本と英国は旧北区の両端にある島国である点で鳥類の分布に於て似通った処が多い。両者とも冠雲雀、クマゲラは産せぬ。英国としてはカレーに行くと冠雲雀は普通であって、日本としては朝鮮に此の鳥が見られる。クマゲラはオランダの森林地帯に多いし、東洋では朝鮮まで分布して居るが、英本国及び日本には普通には発見されない。エナガにしても大陸型は頭が白いが、島国型は頭に二本の黒い条がある。日本に対しては欧洲の様に南に地中海やサハラの沙漠の様な自然の障壁がないから、鳥の数も随分多いにもかかわらず、英国に普通なクロウタドリが居ないのは一寸不思議である。

水田のある地方にも行って見たが、台湾の様に白い鷺や黒い烏秋が見られないのは何となく長閑さがない。街で見た籠鳥は余りにも普通なカナリヤだけであった。帰路、船の近くでカワセミが水上を飛んでゆく様を見た。

此の土地の雨期は日本と異り一日に数時間驟雨が来るだけで、毎日降雨が続く事はなく、二日か三日目に一回きりだそうだ。即ち熱帯的の雨であって、土地柄を見た処では、台湾より雨量が少いのではないかと思われる。基隆の港の様にほとんど水辺までタコの木やヘゴの類が水々しい葉を伸して居る景色は支那の沿岸では想像し難い。船中に一羽の小鳥が飛込んで来たので仮剝製とした。マキノセンニュウで、渡りの途中であった。支那沿岸を普通に渡りする鳥である。

船中の徒然に文献を漁って見る。最も参考になったのはLa Toucheの*On Birds collected or observed in the vicinity of Foochow and Swatow in South-eastern China.Ibis*,1892 p.400であった。

ラトウシュは三年半、福州(Foochow)に滞在中、附近を採集して次の如く述べて居る。

汕頭の気候は、福州より乾燥しているので非常に健康的である。夏は五月から十月までで、より北の地方程暑くない。十一、十二及一月は涼しく、此の三ケ月はほとんど雨がない。雨期は一月から三月までで比較的短く、夏には長雨はないが、時には暴風雨のある事は少くない。汕頭附近にはマングローブ(Rhizophora mangle)があった。冬期渡りをする鳥類は非常に多く、鴨類の狩猟に適している所である。広東省東北の昆虫は純然たる熱帯性のものばかりである。陸貝は少いが、淡水産の貝類は非常に多い。そしてラトウシュは次の様な事を述べて居る。

"We thus find for central Forien a total of 365 species, showing this small corner of China possess one of the richest avifauna of the eighteen provincess"

此機会にマングローブに就て述べておき度い。此の木は熱帯には極めて普通のもので、海岸や入江の様な塩分のある水中に生育する。幹は根上りで葉は比較的上部に附いているから、日蔭となり、下の方は涼しい風が吹き通る。また下の根や枝は猿、鳥、蜥蜴等の止るのに最好の場所である。そして陸からも水からも外敵の襲来を防ぐ自然の障壁となり、猿はマングローブの枝から水を飲み、白鷺等は何十羽の群が、一所に夜を明したりするのである。マングローブ繁茂の為には一定の温度と湿度とが必要である。であるから生物地理学者は南支の沿岸のどの緯度までマングローブがあると云う事が判れば他の植物や動物相は自然と見当が附く事になる。

筆者はカリホルニヤからメキシコに探検隊を出した事があったが、シナロア、ソノラ等の太平洋に近い北方の州は半ばサボテンの沙漠で、山は松の木等の多い亜熱帯地であった。之等の地方の採集をすませて最も手近なジャングルの鳥類を採集し様と思って海岸地方のマングローブ林の最北端まで南下した処、予期に違わず全然習性の異った種類を得る事が出来て、中には新亜種とされたものもあった。

【二】

五月二十日(月曜日)此の辺の南支那海には無数の小高い島が点在している。丁度瀬戸内海の様な景色だがもっと規模が大きい。ロマンチックな海賊船の出没するには最も頃合の場所である。吾々の乗った船もブリッジにはライオンの檻の様に頑丈な扉を設け、中央には銃口が付けてある。梯子は夜毎取外すのが此の辺を航行する船の常識になっている。

香港を通過するのは九年振りであるが上陸はしなかった。何時も変らぬ景色ながら今度は港の入口に監視船を出したり浮設水雷をあちこちに敷いたりして居るのが見られた。無論山々の要所には高射砲が隠されて居るのであろう。

林立するマストの間を一羽の鳶が悠々と飛んで居たが間もなく船の煙突から吐出される黒煙に掻消されてしまった。

波止場附近の街路には樹木がない。薄汚い街角で雀が五六羽餌を漁って居た。美しいレパルスベイの海岸も、高いピークも、雲に隠れて見えなかった。唯一つ残念なのはマーケットに行かれない事であった。此所の鳥市は仲々に興味が深い。以前、フィリッピンの帰途此のマーケットでフランコリン(コジュケイに似た猟鳥)を百羽程買入れて、飼鳥オーソリティーたる神戸の岡田利兵衛君に送った事があった。何処か適当な猟区に放して蕃殖させ様と思ったが、生憎日本に着いたのが四月初めのまだうすら寒い頃であったので、残らず全滅してしまった。今考えても惜しい事をしたものだと思う。

五月二十二日(水曜日)。今日は広東に着く。濁流の殊江を遡るのだが、ある地点で小蒸気船に乗り換える。此の河の流域は一面の水田であって、灌漑の便は非常によい。然し季節に依っては河水の水嵩が増し、水田より以上の高さに達するので丈夫な堤が築かれ、その上を馬車の自由に通れる道が走っている。水に面した側には茘枝(litchi)の大樹が涼しい並木をなしている。此木の根は河の中程まで這っているから、充分土手の抑えになっているとの事である。その実は素晴らしく美味で、支那随一の名称がある。ある支那の有名な后妃が、広東から茘枝を取寄せたと言う話が残っている位だ。此の実はシーズンが短い上に余り長もちをしない。それでその当時の文献に飛脚が四日四晩を駆け続け「人馬共に倒る」と出て居るそうだ。之を以てしても広東の茘枝の名高いのがうなずける。

広東は我南支派遣軍の根拠地で軍司令部がある。此所で南支の二大戦闘である翁英賓陽の作戦苦心談を聴いた。

翁英の会戦は余漢謀の率いる十個師に対して我軍は少数の部隊を以てよく此大軍を支え、その間に包囲体形を整え、遂に一大殲滅戦を展開したのであった。その結果、敵の遺棄屍体三万、投降者三千を超えたと言う事だ。また賓陽の戦闘は蔣介石の精鋭第二百師の機械化部隊で、兵数は四十万と言われ、之に対し我軍は寡少の兵力を以てよく撃滅し、敵の遺棄屍体は累々として文字通り山谷を埋め尽したそうだ。

参謀長の説明に次で軍医部長から衛生状態に就て御話があった。その重要な点を掻い摘んで述べて見る。

南支の衛生状態は中、北支に比べて非常に良好である。最も多く冒されるのは矢張りマラリヤであるが、これとてさまで恐るる程の事もなく、大部分は快癒する。その数も昨年に比して五分の一位の少数で、大抵は再発の患者が多く、ほとんど新患者と言うものはない。他の伝染病患者にしても中、北支に比べて非常に少ないと言う事だ。

我軍の占領後、広東の街には避難民が続々と帰って来て、所狭きまでゴッタ返し、乞食の群は街に溢れてウヨウヨして居た。河には蛋民が船を並べて生活して居た。

当地の乞食と蛋民は特殊のものであるので飯塚知信君に御願いして次の解説を御投稿願ったから、茲に掲げて、読者の参考に供すると共に、厚く同君の御好意に感謝の意を表する次第である。

「珠江上の蛋民に就いて」

珠江には大体に於て漢民族の外に蛋民があり、之は福建省の閩江にも生活し、其数合せて百万を下るまいと云われて居ります。彼等は水に生れ水に育ち、水に育ち水に死し、陸上者とは、全く其日常生活を異にし一特殊部落を成して居り、従って料理屋、遊廓を始め凡ゆる商売が店を張って居り、彼等蛋民は陸へ上る事が出来ませんが近頃は上陸稼ぎする者もあります。陸上者と結婚する事は出来ず一度結婚すれば再び水上の故郷へは帰れぬのであります。

彼等の祖先は諸説色々ありますが、元の末期漢民族と蒙古族との闘争の結果敗退した蒙古族が蛋民になったとの説もあります。寧ろ陸上に於ける敗惨者が水上に逃げ込んだもので、各種類を網羅したものであると云う見方が適当と云われて居ります。兎に角其文字の示す如く陸上者より軽蔑せられて居りましたが、国民政府になってから表面には特殊待遇は受けなくなったと云うものの、陸に於ては現代様式の櫛比して居り現代文化に浴して居るのに反して、今尚お百年の昔の夢を繰り返して居るのであります。

「店先(玄関先か)の賑いを誇る」

広東に来て先ず第一に目に付くものは浮浪人、乞食の群と蛋民であります。私は昨年郷土皇軍慰問使として中支に参ったのでありますが、南京、漢口では、住民が店先の歩道の所で常に飯を食って居るのを見たのであります。奥様に会いまして聞いて見ますと自分の家の前で多くの人が飯を食って居るのは其家の裕福さを隣人に誇るのだそうであります。之は本年中支へ皇軍慰問に行かれて研究会への報告の席上、今井五介氏も斯様に申されましたが、此意味からすると広東の街に浮浪人、乞食の群の多いのは結局広東の街の富裕さを物語るのであります。

筆者が鳥類を研究して居る事を知って居られた軍医部長森島侃一郎少将は非常なる御好意を以て、散在している標本を一ヶ所に集めて示されたり、または嶺南大学に案内されたりした。戦地にあって昼夜の別なく軍務に精励する傍ら、敵地の文化事業を尊重し、施設を保存せんと努力せられるは、独り皇軍のみ為し得る事で、此の一事を以てしても聖戦の意義をハッキリと解し得らるるのである。

広東市中には通俗的の博物館が二つあって、一を民衆教育館と言い他を知用科学館と言う。いずれも地方にある普通の鳥類標本を陳列していたが、保存が不充分の為め、良いコンディションではなかった。之等は我軍の入城後、無頼の徒の略奪を恐れ、我領事館内に安全に保存されていたのである。喜多長雄総領事の御好意に依って全部の目録を作成した。

嶺南大学は河を渡って南方数里の河下に所在し広大な敷地を擁した支那風のコンクリート大建築で、米国の資本に依って設立され、既に支那側に寄附されたとは言え未だに米国との関係は密接である。併し支那人の上級教授の一人も居らぬ今日、数人の米人教師、主としてカリフォルニア大学出身の人々に依って僅に事業を継続して居るに過ぎない。厳格な名称は広州私立嶺南大学と言い英語でLingnan UniversityまたはCanton Christian Collegeと言う。此の大学の特筆に価する事業としては数回に亘って行われた海南島探検を数える事が出来る。之に依って同島のfloraは一躍明瞭となり、その標本は同大学に保存されて居るが、数千点のduplicateは台北大学の田中長三郎理学博士に依って購入され、現在同大学に保存されて居る。それ故に我国に於ける海南島の生物標本数は植物を以って第一位とし、次で鳥類の二百三四十点と言う事に成る。

生物学者L. Gressitt氏の案内で標本全部を見た。湿度の高い当地に於て昆虫標本類を完全に保存されて居る同氏の苦心は充分窺い知る事が出来る。五月から七月初までの湿度は一〇五%にのぼる事が多いそうだ。因みに同氏は横浜に生れ、カリフォルニヤ大学に学び、広東に教鞭をとる関係上、日、英、支の三国語を自由に使い、時折日本にも来られる故、もっと邦人の学者達と親交を結び度い希望を持たれて居る。氏の支那名は嘉理思である。

同大学所蔵の鳥類標本全部のカタログを作成したから雑誌「鳥」に掲げる事とする。時間の関係上、渡り鳥の類数種の分類は省く事としたが、留鳥には特に力を入れて研究した。此の標本はlocalの鳥類、即ち広東、福建のもの許りであるが、海南島産の仮剝製標本も数点あった。その中には非常に珍らしい同島特有のハッカンがあった。普通の種類と異って雄は純白の羽毛にあらい縞があるので、丁度派手な浴衣地の様な感じがする。此珍鳥の発見は英国の有名な探検家ホワイトヘッド氏の生命の代償であった事が思い起される。

次に中山大学Sun Yatsen Universityに就て記そう。此の大学は嶺南大学よりも一層膨大なcampusで、校舎も完備して居るが、未だ予定の棟数は建って居ない。併し動植物学教室は完成して居るとの事であるが、現在の実情は一個の標本、一冊の書籍もなく、教員、生徒は勿論、一人の小使すら見られない。植物学教室の前には数千個の植木鉢があって、熱帯植物が生えて居たらしいが、水を与える人もなく、今では全く姿を消してしまった。当大学の鳥学者では任国栄Yen Kwok Yungが居た。彼は支那第一の学者で、筆者の友人である。設立以来未だ年月の浅い同大学で勉強した彼の努力は、数少い参考書、比較標本等のハンディキャップにもかかわらず素晴らしい成果を挙げた。同大学の広西省猺山(ヨウシャン)への探検の収穫は、全く彼の熱心の賜物であるが、此の詳細は後に譲る事とする。筆者が最初に彼に会ったのは一九三一年巴里であって、ロンドン、巴里と双方かけ持ちで、毎週自家用飛行機で行ったり来たりして居た頃であった。巴里はRue de Buffon 55番地の鳥の研究所へ行った時待ちかまえて居た所長のベルリオ氏は、私にムッシュー・イエンを紹介した。彼はその時、印度支那を調べる為めデラクールやジャブイの採集標本をいじくって居た。彼と最後に別れたのはその翌年の冬のある寒い晩であった。博物館を出た二人は冷たいペーブメントの上を歩きながら、習慣になっているフランス語で未だ鳥の話を止めなかった。それからあるラテン街の一カフェーに這入って外套の襟を立てた儘、コーヒーを飲んだ。彼は当時二十四五歳位にしか見えなかった。筆者は何時も

彼を任と呼び捨てにして居た。その時彼は以前から文通をして居たストレスマンに会いにベルリンへ行き度いとしきりに言って居た。それで私はロンドンへも行ってスウィンホーやスタイアンのコレクションを是非見る様に勧めた事を覚えて居る。

日支事変勃発の当初、任の安否を気遣って手紙を出した。そして若し勉強に不便を感ずる様な事があるなら、日本に来てはどうだ、此方にも標本は沢山あるから見に来る様にと言ってやったが、遂に返事はなかった。それから早くも三年の歳月が流れ、始めて踏む此広東の地で任の消息の未だに不明なのは何となく淋しい。滞在中、随分方々でおいしい広東料理を御馳走になったにつけ、巴里で彼と共に安価な支那料理を喰べに行った事等が思い出される。

親愛なる任よ！　支那の何れかの土地に健在で研究を続けて居る事を祈る。そして再会の日の来るのを今から楽しみにして居る。

筆者は慰問の時間の余暇を見て、市内をあちこちと見物した。その中で毎日必ず行った所は鳥屋と泥棒市場の中の生物を商って居る店とであった。小鳥屋は五、六軒、ある大通りの一角に軒を並べて居た。そしてそのペーブメントの反対側には地方から出て来た商人が、露店に色々なものを並べて居る。鳥屋の店には鳥籠やその附属品または蒔餌、粉餌等が多く、俗っぽいカナリヤが麗々しく並べてある。併し露天商人の方は自然にストックは少いが生餌を売るのが特長である。之は五、六月の頃、子飼に必要なバッタの類、さては長さ七八寸もあろう蜥蜴等、小鳥の好む生餌は皆揃って居て、鳥の持主は毎日携帯用の虫籠を提げて此生餌を買いに来るのである。であるから日本の様に擂餌は発達していないが、卵から出たばかりの目白や四十雀等は皆バッタの翅と大きい足とを毟ったものを喰べさせて育てるのである。カーレン、画眉鳥、さてはEnicurus（鶫科鳥類）如きは、生のサナギで育てる。画眉鳥の親だとかヤマショウビン等には生きた蜥蜴を与える。

此の様な工合だから、飼手には楽で、鳥は充分に発育をするのである。実に羨ましいと思った。

鳥の種類のほとんど全部が野鳥である。画眉鳥の如きは広東附近には余り居らず、広西省から移入されるそうだが、兎も角、皆南支の鳥であった。その種類は何でも御座れだが、カワセミ、ミミズク、Gracupica（大形の椋鳥）等は先ず少い方である。然し筆者はそれ等よりもっと珍らしい花鳥を三円五十銭で買い求めた。花鳥科の鳥を飼う事は極めて稀な事である。此の鳥は船と飛行機で無事東京に着き、以来、熱海で約八立方尺の天地を棲家としている。常食はバナナで、パパイヤ、桃等もよく喰べるが、擂餌は余り好まない。

それから最もポピュラーな鳥はEnicurusである。雄は闘争性が強く、主人の手の振り方によって囀り出す。価格もその鳴声によって非常に相違する。次にメジロ、ルリビタキ、画眉鳥の類はどの店にもあるが、その他のものはあったり、なかったり、様々である。レンジャク雀を一羽見た。また二十羽ばかりのシマキンバラが、渋か何かで、赤茶色に染めてあるのを見たが、三、四日経つうちに、ほとんど全部、売り尽されて居た。支那人の鳥好きも仲々多いらしい。泥棒市場の中に肉屋が四、五軒あるが、何れも店先には二尺四方位の金網の籠が積み重ねてあって、中に小犬だとか猫だとか種々の動物が這入って居る。その中の一軒、手広く商をやっているらしい店では籠の一つ一つに赤の張紙がしてあって、達筆な文字が四、五字書かれている。その文句は此の犬は番犬によいとか、狩猟に適するとか云う様な意味である。種類は主として広東犬で、英語で云うChow chowである。此種の犬は日本犬によく似ているが、毛は赤く、稀には黒くて長く、口中は黒いのが特長で、欧米では番犬として珍重される。日本では風土に適せぬ為めか、連れて来ても育たぬそうだ。ある店に大きな犬が繋いであったが、見ている内に腹と胸に紐をかけて吊し上げられ、大きな秤の鉤に懸けられた。此犬は目方で売られて食膳を賑わすのだそうだ。

次に眼に付いたのは錦蛇である。頭の大きさは拳位あるから、可成りの大物である。値段は三十五円で、支那としては高い。大きな笊に乗せて市場へ売りに来る人間の子供が約三十円であるから、蛇としては非常な値に違いない。話によると蛇は肉も皮も売れると云うので、少しもまけて呉れないそうだ。二、三日して行って見たらもう売れてしまっていた。此店は季節によって、時には虎の子もストックしていると云う話だ。鳥類は一体に少かったが、木兎やバンケンの雛がいたし、またフランコリン(竹鶏の一種)も数羽見かけた。

最後に記す生物商は蛇屋である。店には全然明りとりのない箱が十個位並べてあって、一箱に一種宛蛇が入れてある。普通の数多い種類は大きなバスケットにも入れてある。主人は白髪、美髭の老人で、どんな毒蛇でも平気で手掴みにする。そしてコブラ(Naja naja atra)を引出してはその脊を叩いて、態と怒らせて見せて呉れた。黒と黄の美しいアマガサ蛇(Bungurus fasciatus)も数匹居た。此店の蛇類は主として薬と酒に使用されるらしい。薬用としては日本の様に黒焼にもされるが、注文によっては顧客の目の前で生胆を取出して呉れる。蛇酒と云うのは一見ペパミント酒の様に緑色をしたもので、強壮剤として珍重される。昼食の時、一口飲んで直ぐテニスをしても少しも息切れがしないと云う実験談を聞いた。此店にまだ何か珍らしいものはあるまいかと探すと恐ろしく形の変った亀がいた。頭は非常に大きく口吻は下方に彎曲して、鷲の嘴に似ている。体は縦に長く、脊が非常に扁平であるから、如何に首を縮めても、頭は引込まない。而も尾はほとんど体長と同じ位の長さで、実に奇怪な形をした亀である。支那語では鷹頭亀と云い、学名を*Platysternon megacephala*と云う。一科一種の極めて珍らしい種類で、ビルマから南支方面の特産であるが、山地に産し低地には居ない。日本に四匹持ち帰ったが、此の亀の標本は内地には古いものが一個しかない珍物である。熱海で飼育していたものは、魚肉を好んで食し、手で捕まえると必ず口を開いて近づくものに喰い付く。併し半年ほど経つと主人の見別けがつくように従順と化して行った。

此の亀の体形を見るに、体の重心はずっと前方にあって、脊が低いから山間の岩合いを攀るに都合よく出来ている様に思われる。垂直の壁面を攀じる場合手懸りのある所なら必ず登りきるのは、その重い頭を前に突き出して、重心を容易に前方へ移動する事が出来るからだ。その長い尾は水中を游泳する時の為ではあるまいか。水底に下る時には、体を斜めにして、はすかいの方向に下る。是は飛行機で云うSide slipで、此亀の腹部の面積が余り広いから、真直に沈下したのでは水の抵抗が腹面により多く加わり、而も背面は甚だ非流線型である為め、一層体の沈下が困難となるからであろう。

次に市場には魚屋が沢山ある。固より海魚は一つとしてない。皆、珠江を中心として捕れた淡水魚である。種類は少く、鯰の変り種や、黄色の毒々しい田鰻《タウナギ》等であるが、大部分は鯉科の魚、二種類であった。鰱魚《レンヒー》と草魚《ツアウヒー》である。長さは二尺位あろう。魚を干物にする時の様に、生きて居るものを真二つに開くと、大きな浮き袋が出て来る。熱海に持帰り現に温泉を通した池に放してあるが驚くばかりの成長をして居る。近頃吾々の食膳から魚の少くなった関係上、各方面から淡水魚の増産がしきりに叫ばれている。鯉を田圃に放養すると、水温の高いことと、昆虫その他の餌が多い関係で、秋の刈入れ時までには、相当の目方となるのである。ところがある水産方面で、中支から輸入した草魚の稚魚を鯉の代りに放ったところ、驚くばかりの成績であったことが、既に証明されている。であるから熱帯産の川魚を、温泉を通した池で飼養することは、現在最も国策に沿ったものと言えるであろう。

広東市を出て、我皇軍の第一線を慰問した。望遠鏡なしに間近く敵兵の見える所まで行った。そこに行く途中広東から約十里北方の地点で兵士の射止めた虎の皮を見た。毛は短く、色は薄く、黒い筋は細く少い。大きな皮であったが余り立派ではなかった。同じ熱帯の虎でも、ベンガル産の方が色が濃くて美しい。もう一匹の虎は半里位の附近を徘徊しているらしいと云う。

筆者は此の辺で、初めて南支の海岸から離れた地方に来た訳である。日本の田舎とは違って、見渡した所、近い距離に百姓家はない。是は匪賊に対する防衛から、自然、部落を形作るのであろう。平地は一面の田圃で、灌漑は珠江を中心として施されてあるが、渇水期に大河の水準が下ると、水田は干上ってしまうので、之を防ぐ為め田圃の中のあちこちに、釣瓶井戸が掘ってあるのは珍風景である。

【三】

五月二十六日　日曜日。

陸軍の長距離爆撃機に便乗し南寧に向う。直線コースで一時間四十分の飛行である。大陸とは云うものの南支には飛行機の不時着に適する土地はほとんどない。山はさ程高くなく大木は皆濫伐されて一面芝生の様に見え、その中を立派な自動車道路が走っている。所々我軍の進撃を阻止する為に破壊した個所が手に取る様に見える。西へ西へと進むに従って北方に巨岩奇石の峨々たる山が聳えている。南画ソックリの風景である。

南寧は大河のほとりに位する広西省の首府であって、市街にはあちらこちらに爆撃の跡が見られる。未だ避難民の帰って来ない頃であるから白昼目抜の大通を歩いても真夜中の銀座通の様に人影がない。行交うものは唯皇軍の兵士のみである。空《から》の鳥籠が主なき家の軒先に掛っているのも何か物淋しさを感じさせる。中村明人中将の御案内に従い一行は町から数里自動車を飛ばしたが、馬に乗り替えて山の頂に登った。敵陣間近である。気候は熱帯としては涼しい位であって七十度から八十度の間であったろう。湿度が低く空気が澄んでいるから五六十哩の先までよく見える。此の辺の山は日本内地とは余程趣を異にしている。若し日本の山が地表の皺であると云うならば、此の辺の山は地表の腫物とも云うべきで、独立した山がモクモクと散在している。そしてその間に例の南画風の岩山が見える。此景色を効果的に写真に撮る事は余りに茫漠としていて難かしい。

当地に於ても参謀長若松只一少将の御厚意に依って鳥類標本を調べる事が出来た。南寧市には省立の自然科学博物館があった。過去数年来のもので鳥類は主として千九百三十七、八年の間、広西省の各地で採集されたものであるが、驚く可し猺山《ヤオシャン》の採集品が半数を占めて居るではないか。それは先に任の決行した探検以後に採集されたもので、数こそ少ないが彼の報告を補足すべきものが沢山ある。当市に於て此の標本を調べる事が出来たのは今回の旅行中の最も重要なる収穫と云わねばならぬ。

ここに一寸書き加えたいのは、我々一行が東京へ帰ってより、皇軍は仏印に進駐した。その結果南支方面の封鎖は完璧の域に達し、従来重慶輸血路の一として重視されて居た南寧は最早その戦略価値を喪失したので、我南寧駐屯部隊は去る十月二十八日南寧撤収の宣言を発し、次で十一月十日夜には欽県を撤収し、中村中将指揮の下に皇軍は平和裡に北部仏印に進駐したのであった。故に我々一行が五月二十七日南寧を去ってより百七十日目に我が勢力範囲外となったわけで、当時の研究と内地に持ちかえった五十余種の標本はまたと得がたい貴重なものとなったわけである。

此機会に広西省の生物地理に就て少し陳べて見よう。東洋区の鳥類はその東端、南支に至って次第に種類が減少して来る。その南支と云う区域の西端は概略東京《トンキン》から雲南の西方までであろう。此等の地方以西または以南には南支に見られない雉類の属、竹鶏《テッケイ》、八色鳥、トロゴンまたは啄木鳥の類に至るまで急に種類が多くなって来るので大型動物の内で南支に居らぬものは象、犀、手長猿等である。然しその内のある種二三点

は台湾及海南島にも見る事が出来る。台湾の山鶏はその近似種を安南方面に発見され、海南島の小孔雀、野鶏等はビルマ、印度支那にも産しその辺で多産する手長猿は南支那では海南島にのみ見られる。そう云う訳で、支那全部の鳥類を研究する学徒は殊更西南地方に力を注がねばならないのであるが過去に於て余り探検された実蹟がなく未だ暗黒地方と看做されて居る。山は高く谷は深く悪性のマラリヤが蔓っている。湿度の高い地方もあれば乾燥して年中春の様な気候の所もある。人口が少ないからさ程山林は荒されていない。然し探検旅行は勿論非常な困難であるに違いない。そこで現今までに知られて居る事柄を綜合すると、四川省、雲南省にはヒマラヤ系のもので形の変ったものがあると云う事であって大型の動物としては大パンダがある。ヒマラヤの方面には類似のものもあるが、四川省の竹林の中に棲むものは熊位の大きさがあって世界的の奇獣である。三四年前始めて欧米の動物園を賑わす様になって以来民衆的にも有名になったのである。

鳥類の中ではロスチャイルド男爵の発表されたDryocopus forrestiが顕著なものである。此の啄木鳥は対馬のキタタキよりまだ大きいかも知れぬ。此の黒い大きな鳥こそ、世界鳥類の種類を誰よりも最も多く熟知して居る人であると評判されて居たロスチャイルドをして、“this is a most wonderful discovery”と讃嘆せしめた鳥である。

広西省も山嶽地帯にはヒマラヤ系の種類が多くあるであろうし、それは福建、広東、台湾には産しない種類であろうと云う事も見当がつく。それで広西有数の山嶽猺山《ヤオシャン》に着眼したのが任国栄であった。彼の二十代位の時であったろうか。彼は二回目の探検に二ケ年を費して四千余の標本を中山大学に持ち帰ったが、その新らしいものはベルリンのストレスマンに依って発表された。以上の様なわけであるから今回南寧に於て猺山《ヤオシャン》の標本を手にとった私の喜びは、幾ばくであったか読者の想像にかたくない所である。

我が国の学界として非常に愉快に感じるのは、雲南より内田、黒田両博士の発表が千九百十六年にされて

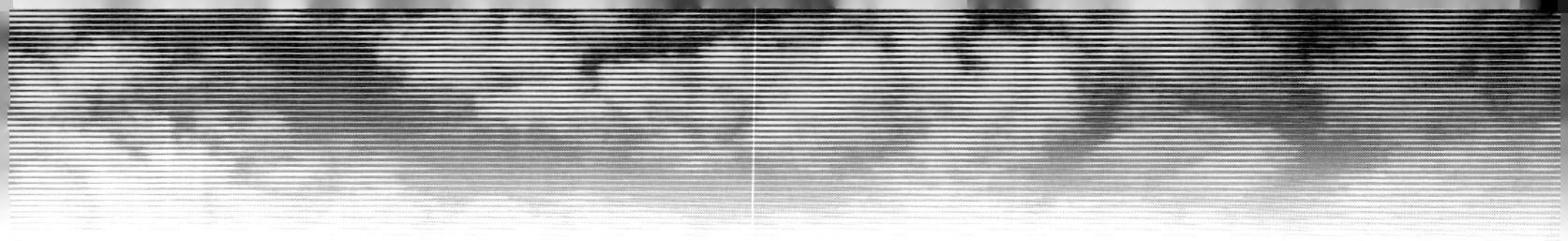

ある事である。そしてその時新亜種とされたAnthus hodg soni Yunnanensisカラフトビンズイは分布の広い鳥であるから内地、南支那は元より印度馬来の学者にまで引用されて居る。此の学名は本邦学者の外国産鳥類を発表した最初のものである。次に黒田侯の東京《トンキン》の標本に就ての論文があるが、此の内に発表された美しい啄木鳥は不幸にして今ではシノニムになって居る。

海南島の鳥類は、他の地方にくらべて不思議に思われる位よく調べられている。過去に於て奥地の山嶽地帯にまで達したコレクターも数人あり、また南支の鳥でも海南島に於て先に発見されたものも少なくない。五位鷺の類Oreanassa magnifica、クロガシラの類、五色鳥の類Cyanops fabar等がそれである。同島の文献は私が最近一纏にしたからそれを参照されたい。

南寧には二日の滞在であったが、大車輪で全標本のインデイックスを作成した。夕方余り蚊が多くなったので引上げる事にした所、兵舎の木蔭には機関銃の分解手入をして居る兵士が二三人居たが、頭上の木の枝には十羽ばかりの五位鷺がそろそろ飛び立つ姿をして居た。日中騒がしかった雀や白ガシラはもう塒に就いたのであろう。

五月二十七日　月曜日。

双発動機附の海軍機で海南島の首府海口に向う。南下するに従って山は低くなり次第に平原になって来る。所々に村落の点在するのが見える。空から見た雷州半島は平坦で青々して到る所英国かデンマークの様な感を起すが、固より一木一草に至るまで異る事は云うまでもない。此の半島と海南島との間は近々十六哩であるから、生物地理学的にはほとんど相違がないと云ってもよい位である。

大空から望む海口市は川の出口に面し、海南島の東北方面は一帯の平原になって居り、海辺は一面の浅瀬で珊瑚礁の如きはどこにも見当らない。海口に着陸して先ず感じるのは、全てに於て支那大陸と風物が異り寧ろ台湾に似通って居る点である。温度と湿度が非常に高く草木は水々しく繁茂して居る。ココナッツの到る所に生えて居る点等は確に島の特色である。日中の暑さは仲々堪え難い事もあるが、夕方になると必ずスコールが訪れて急に涼しくなる。西の空は美しく夕日に照り映え、開放した室に吹込む風は丁度晩秋の紅葉の頃を想わせる様にヒヤリと感じさせる。

海南島に於て面識ある人は勝間田善作翁唯一人であったのだが彼は今年の四月五日幾多功績を遺して惜しくも同島の土と化した。その数人ある息子の内、私は幸にも長男と三男に会う事が出来た。とりわけ三男の義久君は既に四十代の半ば白頭の壮者で三十年近くも同島に生活して居り、父善作翁の助手となって共に鳥類の採集をした事もあるので、動植物に対する理解深く奥地にも屢々足を踏入れ黎族との会話にも長じて居るとの事である。海南島語は広東語と一種異り、日本人の中では勝間田義久以外に話す人はないと云う。

海口市内には動物の皮が沢山にある。平らに鞣した鹿の皮が何十枚も一纏にして倉庫の中に積んであったし、また非常に貴重なものとされている穿山甲の皮も何枚となく積重ねてあったのを見た。後者は上海に持って行ってその鱗を何かの薬にするのだそうだ。錦蛇の皮も沢山見たが、此の地程大きなものは他にない。一見した所幅一尺五寸丈十尺位のものは多数にあった。タカサゴ豹の皮を一枚見かけたが余り保存が悪いので内地には持帰らなかった。

私は滞在中、海南島特産の手長猿に就て色々調べたが、島の北方には産しない様である。南方の三亜港附近には海に近く処女林があってそこで生けどられたものが一匹飼養されて居るそうである。

海南島には最高峰五手嶺に近い高山が中央以南にあり従って北方特に東北方へ向って緩やかなスロープをなしているので、此の地方には各種のプランテーションに好適である。それで高山地方でも本当のalpine zoneと云うのはなく、大森林さえあれば比較的北方の谷間にも勝間田小孔雀や手長猿等も見られると云う事である。

私は同島探検の可能性に就てあらゆる角度から調査して見た。先ず第一、皇軍は未だに少しく奥地に入ると便衣隊の様な徒と戦を交えねばならないので、海軍病院を慰問した際にも海口市外十六哩の地点で戦傷した兵士に会った。それ程であるから、北の方から奥地に入る事は甚だ困難である。次に悪疫に就ても考慮しなければならぬ。先年ペストの大蔓延した時にも、海口市より数哩西の町は人口の約半数が死亡し、残りの全部は他に移動した事さえある。

南方の三亞は日本海軍の足場であるが、言語不明の為め黎族と意志が疎通せず未だに安心が出来ないので、一個小隊位の護衛を附けなければ奥地に入る事は危険であると云う。何と云っても旅行には案内人が絶対に必要なものであるが、言語が通じないのであるから当分の間は内地から採集に行く望みは至って薄く、行っても当分の間は沿岸地方以外の山嶽地帯の旅行は不可能のものと思わねばなるまい。海口の事を広東語でHoihowと発音するが、それが勝間田氏に依るとHaihawと云うのだそうである。

此の海口の郊外に蘇東坡の五公子堂と呼ばれる立派な祠がある。彼は広東より流されて当地で没したが、彼以外に支那人の要人が時を得ず海南島に逃れて此地で終った人が相当数多くあるそうだ。

五月二十九日　水曜日。

海軍機に便乗して広東に向った。天候険悪の為め直線飛行を避けて海岸伝いに航行したが福建の海岸程島の数は多くない様だ。珍しいスウィンホー鯨Balaenoptera Swinhoeiが此の辺の海に棲息している事を想い起した。五月の頃子を伴った親鯨が汕頭《スワトウ》附近で発見された報告がある。スウィンホー自身は海南島の漁師町で鯨の骨を見たと云う。私の聞糺した範囲内の人々では海南島と鯨とに就ての知識を持合せている者は一人もなかった。

飛行機はマカオの上空を通過した。港は深く入込んでいて、前には近く島を控え後には高い山を背負い天然の良港をなしている。マカオの歴史は古い。十六七世紀の頃スペインのマニラと相対して東洋の重要なる足場をなしていた。香港やシンガポールが未だ重要視されない頃のマラッカ、マカオ、マニラ、アモイは欧洲人の頭に深く印象づけられて居り、此等の地をtyfe localityとする動植物も極めて多い。

かくて南寧の鷹頭亀、猺山の鳥類標本や、海南島の鳥獣標本を積込んだ飛行機は無事広東の郊外に着陸した。

五月三十一日　金曜日。

東亜海運の盛京丸と云う至って粗末な船で帰航の途に就いた。一等船室に三四人入られた位だから凡そ見当がつく。私の荷物は段々増して来た。鷹頭亀四匹と花鳥その他のデリケートな鳥類の世話で仲々忙しい。此の如何にも粗末な船の中で私は計らずも非常に面白い材料を見付けたのである。それは此船が南支及台湾料理で有名な鯉科の魚類二種の運搬中である事を知ったからである。此の一つを鰱魚《レンヒー》Hypophthalmichthys molitrix(Cuvier et Valencien)、英名はSilver CarpまたはChinese white fishと云い他は草魚《ツアウヒー》Ctenopharyngo-don idellus(C. and V.)Grass Carpと云う。

台湾では以前から料理に用いて居るが、まだ繁殖した例がなく、皆その稚魚を南支方面から輸入して居る状態である。広東のマーケットで見た、二三尺もあるあの大きな魚の幼魚で一寸足らずのものを何千何万となく、あるいはその何十倍かも知れぬ程の大量を輸送する光景は洵に珍らしい。

先ず入物は直径五尺高さも約同じ位の大桶で、中には八分目程水が入れてあって一寸足らずの両種の魚が半ば水面を蔽う位這入って居る。此大桶を何個もデッキに一列に並べ、その上に一本の太い丸太を差渡し、それに丈夫な板と細目の三尺位の棒が頑丈に取付けてある。そしてその棒の両端には、丁度水面に当る位の高さに約一尺四方もあろうと思われる木片がぶら下って居る。此の重い木は成可く大きく相当に目方があり下方は平らになって居る事が条件らしい。そこで支那人が例の木の板の上に乗り、両足を少しく開いて足踏みするのである。するとその動作によって、木片はバタバタと水面を強く叩く。それによって水は間断なく掻廻され、魚は運動を余儀なくされ水面近くに来るが、木片は下部が扁平になって居るから魚は傷付かない。そして此のover populationの中で容易に酸素の供給をする事が出来る仕掛である。然し此の動作は、一分間たりとも停止する訳にはゆかぬから二三時間毎に人夫は交替する。そして四人の男はデッキの上で、夜となく昼となく雨が降ろうと日が照ろうと機械そのものの動作を繰返すのである。海が暴風雨《しけ》ると波は容赦なくデッキを洗う。それでも雨合羽に饅頭笠を被って長い航海を足踏し続けるのである。スコールは此四人の男には辛いが、魚の為には水が冷えて都合が好い。天気の好い日は比較的楽だが、水がぬるむと魚が死ぬ。すると目の細いタマで何十何百と死んだ魚を掬っては海に棄てる。そして船中の水をバケツに汲んで補充し桶の下の直径三寸の栓を抜いては古い水を流す。仕事の順序は頗る簡単だが並大抵の努力ではない。斯くして広東から直線で三百キロの行程を、三十時間を経て汕頭に入港し此の大桶は陸揚げされる。然し不思議に思われるのは、あれ程広東で極く普通にマーケットで見られる魚が、何故汕頭では養魚をしなければ間に合わないのであろうか諒解に苦しむ。色々の人々に聞いたが遂に充分の説明を得られなかった。

　次に、広東附近で行われている養魚の方法を紹介しよう。此地の田圃は全て平地であるから整然と区劃をなしている。従ってその間に散在する部落も四角に劃然として、三方は匪賊等の侵入に備えて竹藪を以って囲まれている。竹藪と云っても内地の様な生優しいものではなく枝は刺になっていて、人間の侵入する事は絶対に出来ない。然しその中に高い櫓が聳えていたり、白壁の土蔵があったりするのは何となく長閑な風景に見える。残りの一方は長方形の池になって、その両側に小さな白い建物が附属して居る。それは便所で村中の人々は皆ここに出向いて用を足すのだと云う。

此の池に鰱魚と草魚の小さいのを入れる。魚類は肥えた池底の土に生える植物を食べて生長する。そして秋か冬になると水を田に落して魚を捕る。その頃は成魚になって充分に食膳を賑わす事が出来る。池の底の土は最良の肥料として田圃に散布する。その方法たるや実に支那式で天然の理に適っているではないか。台湾でも此の辺から始めはヒントを得たものと思われる。此の養魚池と云うのは浅い池で水が生温くなる事もあると云う。そこへ人糞を撒くと間もなく青々とした苔が水底に生える。そこへ小魚を入れると云う順序になる。であるから潔癖な日本人には余り好まれない魚であるが、然し食餌は水草と水中の微生物丈であって荒食をしない。

台湾に滞在中は台北大学を中心として種々見学した。短時日にもかかわらず青木文一郎先生からは鼠の習性や穿山甲の飼育に就て多大の御教示を受けた。田中長三郎先生からは、海南島に関して色々の御話を伺う事が出来て欣快に堪えない。同島植物の標本をもっとゆっくり見られなかったのが何より残念である。平坂先生の御尽力に依って鰱魚、草魚の生魚数匹を入手する事が出来た。以上の三先生に対し此稿で厚く御礼を申述べ度い。

此等の珍魚は基隆の水産関係の方々より寄贈になったもので、六月七日（金曜日）飛行機で内地帰還の折、此魚類を輸送用の桶に入れて態々基隆から台北の宿まで持参した。台湾の魚類を飛行機で輸送するのは今回が始めてだそうで、現地の方々はその結果に多大の興味をかけて居られたから、次にその詳細を記そう。

タンクの大きさは、直径一尺二寸の亜鉛張りの円筒罐で、水を五寸位にして二、三寸の魚を七尾入れた。飛行機は七八千尺以上の高所を飛んでいたから、水はよく冷えて、最初上層部に居た魚は次第に下方に沈む様になった。飛行機の震動は極く細かいから、亜鉛の罐を伝って水面に皺状の小波紋を漂わせている。之れは或程度酸素吸入に役立つと思う。水の冷えた事は幸運であった。水温の上る事は夏期の魚類輸送に一番苦しむ条件であるからである。那覇に着陸した時良い水があればと思って尋ねたが、飛行場附近には生温い雨水より外になかったので使用しなかった。福岡では気温も大分涼しかったので変った水を入れない事にしたが、タンクを日向に曝す事は避けた。そしてその日の夕刻五時半羽田に着いた時は百パーセントのコンディションであった。

それから数日間東京の家の西洋風呂の中に水を浅くして養った。西洋サラダの葉を水に浮かせてやると喜んで食べた。それから数日の後二時間足らずの汽車で熱海に行く途中二尾を遺した外皆死んでしまった。飛行輸送の成績が余りにも良好だったので、つい油断をしたからである。此の遺された魚を熱海の池に放った結果、三四寸の鰱魚一尾草魚一尾は三ヶ月半後、九月末には前者は約一尺、後者は約一尺三四寸の大きさに生長した。草魚はまるで大根の様に太く大きく、鰱魚は頭が特に大きく腹は銀色に光り一見鰡の様である。水温は七十度乃至九十度を保たせ、池中に自生しているヴリスネリヤの三四尺位の長い葉を喜んで餌にしている。台湾で聞いた所に依れば、鰱魚の餌は微生物でよく訳らないとの事であったが、草魚と同じく草を食するのを目撃した。

此両種の魚は前述の通り、南支に多く飼育され台湾ではまだ繁殖した事を聞かない。内地には極く少数輸入された事もあるが、主として関西方面に限られて居た。内地で私の見た最大のものは、二尺二三寸もある鰱魚で数年を経過したものであった。名古屋、大阪方面の水族館には普通一尺二三寸位のものをよく見かけたが比較的草魚の方が多い。関東方面では嘗て御濠に放たれた記録があるが其後の状態に就ては不明である。大分魚の事ばかり長々と述べたけれど、同時に亀も鳥も皆無事に着いたことは申すまでもない。

以上を以って三十八日に亘る南支海南島の旅行を無事終了したのである。

世界一の珍らしい鳥

世界的に珍らしい鳥は何でしょうと質問を受けた場合、私は簡単にお答えする事は一寸難かしい。例えば絶滅して終って体の一部分でさえ標本として残っていない鳥がある。また標本は一つしかなくて確かに絶滅して終った鳥もある。けれども此処に紹介しようと考えている鳥は今外国の新聞や雑誌で話題となっているものであって、過去半世紀の間、絶滅したとばかり思われていた鳥が、二羽は確実に生存している事が証明されたのである。此の二羽は生捕にされた。そして天然色フィルムに写されると再び棲息地に放されたのである。此のような訳なので私は世界での珍らしい鳥と呼びたいのである。此の鳥はノトーニスと云い場所はモアやその他の絶滅鳥類が嘗て繁栄していたので有名なニュージランドである。ノトーニスは此の地の特産であって、実に不思議な歴史を持っているから次に紹介する事としよう。

今から一世紀以前の一八四七年に話はさかのぼらなければならない。マンテル博士はニュージランドの動物学に不屈の名を残している人で、特にモアの骨の採集者として多くの功績があった。モアとはダチョウの様に飛ぶ事の出来ない鳥で二十数種が知られているが、その中の大部分はダチョウよりももっと大形の種類であった。此の年にマンテル博士は北島のワインゴンゴロ(Waingongoro)とマオリー土人の呼んでいる場所の附近の火山灰の中から、大きな鳥の骨を沢山採集してロンドンのオーエン博士の下に送った。此のコレクションの中には大きなニワトリの頭位の頭骨が一つあったが、研究の結果之はモアの類とは全然異るクイナ科の鳥で、学会に未発見のものである事が分った。それで翌一八四八年オーエン博士は種名に、採集者の名前を冠しマンテリーと命名した。即ちフルに書くとNotornis mantelli Owenである。

モアと同様の運命をたどって絶滅になったと思われたノトーニスはその翌年の一八四九年に、偶然にも活物が採集された。

人煙の稀薄なニュージランドの沿岸には沢山の海獣が棲んでいるが冒険を好むオットセイ狩の船員が淋しいダスキベイ(Dusky Bay)に上陸した時に地上は雪に覆われていた。上陸した彼等は犬を連れて見馴れぬ土地の様子をさぐりに奥地に向って進んで行ったところ、雪の上に見馴れぬ鳥の足跡があるではないか。何処までも是をたどって行くと、遂に不思議な鳥を発見した。犬はたちまちに獲物を追いかけた。驚いた鳥は飛ぼうとしなかったが、非常なスピードで、にげ始めた。犬と鳥の競争は仲々終ろうとしなかったが遂にレゾリューションアイランド(Resolution Island)裏方の氷の畔で鳥は犬の為に生捕りとなった。その時に鳥は奇妙な大声を出し大変にもがいたそうである。羽色は青、緑、紫等美しく、嘴と足はサンゴの様に赤かった。

この飛べなくて太った鳥を生捕りにした船員共は余り珍しいので三、四日船の中に飼って置いた。人類に依って始めて発見、生捕りにされた珍鳥の最後は裏庭のニワトリやアヒルと同じ運命をたどったのである。

ヘンリー・リヒターによるノトーニス(1850年)

即ちノトーニス、ロースとなって船員達の御皿の上に分配された。味は大変に美味しかったそうである。ここまでの話はどこの荒くれ男でもやりそうな事で如何に珍らしい発見をしても褒めた事ではないのであるが、幸にもノトーニスは死して皮を残したのである。それは実に不思議な因縁といわれよう。標本を手に入れたのはウエリントン(Wellington)に住むW・B・D・マンテル氏、即ち二年前に頭骨を発見した博士の令息であったのだ。

二回目の発見は二年後の一八五一年であって、此の年トムソン・サウンド(Thompson Sound)附近の小島でマオリ土人が一羽採集した。此の標本も同じマンテル氏の所有となり、現在ではロンドンの大英博物館に保存されている。此の標本を両手に取って見るとお腹は綿が一ぱいにつまってふくれ上っていて、余り出来は良くないが、クイナの類としてはとても肩幅の広い太った鳥だと云う印象を私は受けた。

研究の方面を替えニュージランド土人の伝説を調べて見るとノトーニスは昔沢山いたらしいのである。そして土名は北島ではモホ(Moho)南島ではタカヘ(Takahe)と呼ばれ、モアと同じように食用にされていたのであったが、ニュージランドに白人が渡って来る様になり、犬や猫が繁殖し出して以来、是等にとりつくされて絶滅の運命をたどったのであったと思われていた。

ところがいなくなったはずのノトーニスは、約三十年後の一八七九年の十二月、テアナウ(Te Anau)湖南岸附近で偶然にもまた一羽が採集された。兎狩に行ったある男の犬は一羽のノトーニスを生捕ったのだが、狩人は犬の口から訳の分らない鳥を取って殺すとテントの柱の先にぶら下げておいた。その翌日である。附近に住んでいる管理人のコンナー(Conner)氏がキャンプへ遊びに来たが棒の先にぶら下っている死んだ鳥を見た時、あるいはノトーニスではあるまいかと疑問をいだいた。コンナー氏はどんな学歴のあった人か明らかでないが、相当に自然科学に趣味の深かった人に違いない。彼は棒の先の鳥をもらい受け、住居に持ち帰ると丁寧に皮を剝ぎとり、骨格までも保存したのであった。此の標本はロンドンで売立をされ、ドレスデン博物館は一〇五ポンドと云う桁はずれの大金で落札した。そして今日に至っている。

第四回目の発見は約二十年後の一八九八年八月七日の夕方であった。採集地は同じくテアナウ湖の附近で、ロス(Ross)と云う人が湖畔の土手になにげなく横たわっていると不思議な鳥の鳴声が聞えて来た。程なくしてそのあたりを歩き廻っていた彼の犬は一羽のノトーニスを銜えて主人のもとに戻って来た。彼ははからずも此の獲物がノトーニスである事を知ると且つは驚き且つは喜び、宙を飛ぶようにしてキャンプに戻ると時をうつさず弟と一緒に水上二十五哩を漕ぎインバーカーガイル(Invercargill)の町に着いた。ノトーニスは此処で標本とされ仮剝製、骨格、内臓のすべてが保存された。此の時ニュージランド国民の世論はノトーニスを外国に出す事を許さなかった。そして政府は議会の協賛を得、二五〇ポンドとか三〇〇ポンドとかで購入し、以来ジュネージン博物館のお宝となっている。

四番目の標本が採集されて以来、人々は再びノトーニスを見る事は出来ないと思った。そして世界絶滅鳥類の番付の大関格となって丁度半世紀の月日は流れ去った。

昨年の秋であった。ニュージランドの電波はノトーニスの発見のニュースを世界に伝えた。場所は矢張りテアナウ湖の畔で、発見者はオービル(G. B. Oville)博士を交えた男三人女一人の一行である。博士は土地の人々がサギの足跡だと云って問題にしなかった鳥の足跡に異状なインスピレイションを得、忍耐強く観察の結果、遂にノトーニスのいる事をつきとめ、そして棲息地である葦等の水草を一部分刈取り、ノトーニスの表れた処を網にかけて二羽生捕りにした。そして天然色写真を撮り完全に観察を終えると、再び元の棲息地に放してやったのである。「タイム」に出た写真を見ると矢張り雪の中を歩いている所である。

ノトーニスを発見し手にとってから、再び放してやったオービル博士の博愛的な気持に対し、私は敬意を表すものである。残念ながら日本人には到底出来ない行いではある。例の霞網が許されていた時代、若し猟鳥と禁鳥が自分の網にかかった時、ウグイスやメジロだけにがしてやるといった良心的の猟者は何人いたろうか。自分の網にかかった鳥は禁鳥でもつぶすのが人情であると云うのが常識でさえあったのだ。ノトーニスの場合では絶滅鳥と思われていたので禁鳥でもなかったであろう。それに加えてノトーニスは非常に高価な鳥である事もオービル博士は知りぬいていたに違いない。実に彼は文化人としてよいお手本を示してくれたのであった。最近の手紙によるとテアナウ湖岸の莫大な土地はすでに禁猟区に指定されたそうである。

最後に若しオービル博士が一羽のノトーニスを剝製として売った場合、市価はどれ位のものであろうか。想像ではあるが考えて見る事はノトーニスの真価を知る上に於て必ずしも無駄な事ではあるまい。

一九三四年、私はロンドンで有名な鳥のオークションに行った。その時絶滅したオオウミスズメの標本が二つ出たが、一羽約三五〇〇弗、即ち今日の為替で約一〇五万円であった。オオウミスズメは有名ではあるが、世界中に八一点の剝製が保存されている。オオウミスズメの色彩はウミガラスと同じく黒と白の混ったもので、ロンドンの剝製屋では実物と見境がつかないくらい、良く出来ているモデルを作って売っている。ところがノトーニスの羽色は青、緑、紫の入交った美しい色彩で、嘴と足は赤いから良い模型はなかなか出来ないであろう。それでも、ここに五番目のノトーニスの標本があったとしたならば、それはゆうに一千万円を超すものと考えられる。然し読者の中にこれでは安すぎると云われる方も多い事であろう。

ノトーニスは一躍有名となった。そしてもっと識者の間に良く話され、良く読まれるようになる事であろう。そこで和名の問題が起って来はしないだろうか。

外国の本では皆属名のノトーニスまたはマオリ名のタカヘを使っているが、ノトーニスの方が一般的でありまた学問的でもあるから私は之を用いる事とした。けれどもある人は適当な日本名をつくり出し度い気持

になるかも知れない。然し自然科学は国際的であって繁雑性を省くべきであるからノトーニスで至極結構である。日本の陸軍の間では我々の言うズボンに漢字名があった。警視庁で自動車の免許試験を受ける時ハンドルでは通らないので難かしい漢字が二つ三つ並んだ名詞があった。軍や官僚が国民の気持をくまなかった事は論外とし、少くとも我々が欧米の文化を吸収している際、すでに学ぶ処の少くなった支那の歴史的博物学の風潮を未だに保存する必要はない。例を植物に取って見ると誰でもが知っているダリヤの事を当年八十八歳の牧野さんの本にはテンジクボタンと出ている等がその例と云えよう。

ペンギンはすでに和名となっている。それでキングペンギンの事を王ペンギンと言っても構わないが、雑誌の名前やトランプの札の一枚にもキングがある位子供でも知っている世の中ではないか。

学者が新和名の事を余りとやこう言うのは学問をもてあそぶ事であって面白くない。

テアナウ湖のノトーニスよ。我々は永久に子孫の繁栄を祈っている。人間と此の次に出合うのは来年であろうがあるいは二十一世紀の事になろうが。人間の社会は古い国家が潰れたり新しく出来たり、人類のかっとうは何時までも続けられている。けれども有史前の遺物であるノトーニスは激しい生存競争の時代をすでに通過し種の引退生活をしている訳であるのだ。それは燃えきろうとしている燈火の様なものである。ノトーニスよ。高原の湖と共に安らかであれ。

絶滅鳥類の話

悟堂さんの御注文は何時も期限付なのです。近頃はそれが非常に短かくなって来ました。今度『絶滅鳥類の話』を書いて呉れないかと御手紙を戴いた時と台湾省博物館から原稿の注文を申し込まれた時とは同時でした。台湾の方は約二カ月の間がありますが、『野鳥』の方は十日位です。これはやり切れないと思った気持を御察し下さい。所が運よくも原稿は出来ていたのです。実は十月鳥学会のゼミナールの時、この題目の講演をしましたが、黒田長久さんから出席しなかった会員によませたいから書いておいて下さい、とたのまれました。あまりほっておいて忘れてしまっては大変なので中村司君にだいたいを書いておいてもらいました。それが次の御話です。

古い地質時代に大きな哺乳類や爬虫類が棲んでいましたが、現在では絶滅となっている事を皆さんは御承知のはずです。之と同じ運命をたどっている鳥類も沢山あったのですが、鳥の古生物学はあまりはなばなしい発達を遂げていません。この理由は鳥類は比較的化石となって残った標本が少いからです。一例を上げると大きな象やトカゲの頭であるとか、軟体動物の中でも貝の類は非常に化石が多いのです。之に引換え鳥の骨はすべて軽く出来ております。骨が軽くなければ鳥である資格が無いと云っても良い位で、同じ小型の鳥の中でも、ツバメの骨はウズラの骨よりもずっと重量が軽いのです。次に小鳥の骨は非常に似ている部分が多いので一つの骨だけを見た場合、スズメ科であるか、メジロ科であるか区別のつかない場合が沢山あります。私はロスアンゼルスの博物館で仕事をしていた事がありましたが、あそこには何千何万という燕雀目の骨がぎっしりと引出しにしまい込まれているにかかわらず、何十年も研究をする人がいないという有様でした。

最も良くわかっている古生物学的鳥類は猛禽類で頑丈な嘴の頭骨や脚の骨、それからダチョウの類では卵のかけら等で研究をするという有様です。これらの鳥類は他の動物と同様に発掘されますが、北支那の沙漠や揚子江の沿岸でも、ダチョウの卵が見つかった例があり、アメリカの油田地帯ではアスファルトの溜った穴の中に落ち込んだ動物が骨となって保存されている例が多いのです。ロスアンゼルスの市中に公園がありますが、広い芝生の中にもとけかかったアスファルトの池があります。色々の動物がアスファルトの上に足を乗せると恰度ハエ取紙にとまったハエの様になってしまい、長い年月の間には次第々々に井戸の深い所に沈んで行き現在ではそのせまい面積の中に象、サーベル歯のトラ、ヒグマよりももっと大きいナマケモノなどの骨が沢山に出てくるので、絶滅したコンドル其の他沢山の鳥の骨も発見されました。この様な絶滅鳥類の墓場と云われる所は世界中に非常に少いのです。日本で古い鳥の骨を探そうとすれば先ず貝塚より他に手がかりが無いだろうと思います。私の御話はこれ以上古代生物学には触れない事とし現代人間の歴史が始まって以後に絶滅した鳥類、もっと具体的に云うと過去三、四世紀に絶滅してしまった鳥について皆さんに聞いて頂き度いと思います。

動物学の発達は過去百年か二百年位の間にめざましい進歩をしたと云うことが出来るのですが、鳥は美しくて素人にも深い印象を与えるものですから、外のグループの動物よりも古い時代から大勢の人が研究し其の分類学は今日他の脊椎動物のどれよりも発達していると考えられます。学術書以外に古い時代の探険記、航海記などには随分鳥の記事がのっていますが、Captain Cook(キャプテン・クック)は太平洋地区の珍らしい鳥に関して貴重なレコードを残しております。その様な訳で絶滅した動物を研究する人には鳥のグループが最も豊富な材料を提出している状態です。

ダチョウよりもはるかに大きいNew Zealand(ニュージーランド)のMoa(モア)やMadagascar(マダガスカル)のAepyonis(エピオルニス)は比較的最近に絶滅したもので火山灰の中や沼の中から骨や卵が出て来ますが、これらは化石化していないものも多いのです。それで絶滅鳥類を研究する時、どこまでが古生物学で、どこから以後が鳥学に属する研究であると云う境をはっきりきめる事は出来ないのです。従って私は現代絶滅した鳥類を専門に研究しているとはいえある程度まで古生物学の知識をもっていなければいけない事になるのです。

私のお話ししている現代の絶滅鳥類はどう云うものを指しているかと云うと、世界に標本が一つか二つしかない種類、例えば黒田博士のミヤコショビンやカンムリツクシガモは勿論ですが、全然標本が無くてもまた文献の記載者が学者でなくても記述をしらべてみて科学的back(バック)のあるものであればこういう鳥が存在していたという証明が出来ますから学名を与えています。Reunion(レユニオン)島の白ドドが其の例で幾つかの絵と記述とをしらべた結果、そこに動かすべからざる一つの鳥が存在する事がわかれば、白ドドの標本が無くても鳥学の対象となるのです。西印度諸島の珠数玉の様に連なった島々に一つずつ変った色彩のコンゴウインコが棲んでいました。キジの様に大きくて尾が長いので、とても人目に良くつき、飼いならしたものが欧洲に運ばれた事もあります。また西アフリカから輸入された黒ン坊の奴隷はこれらの島々で野ばなしとなると野良犬の様に原始的な生活をし、コンゴウインコを沢山取って食べていたのです。Columbus(コロンブス)を始めMexico(メキシコ)へ渡るSpain(スペイン)人やLousiana(ロシアーナ)の植民地に行ったFrance(フランス)人などが西印度諸島を通過する時、美しいコンゴウインコの事を記録に残したものがありますが、現代では

七、八種いたコンゴウインコの中たしか一種類を除いては標本が残っていないのです。

西印度諸島は世界的に有名な産物があります。第一がHavana（ハバナ）のcigar（シガー）です。我々がアメリカから支給を受けている砂糖はCuba（キューバ）産のものが多いのです。砂糖きびからはAlcohol（アルコール）がとれるのです。そしてラム酒はCuracao（キュラソー）、Jamaica（ジャマイカ）等の島から出来るものが有名です。これでわかる様に西印度諸島の平地はほとんど全部がタバコと砂糖きびの畠と変り、森林はほとんど焼きはらわれてしまった状態です。印度のマングースを最も早くからintroduce（イントロデュース）したのは西印度諸島です。マングースに追われた鼠は木に登る習性に変り、小鳥の卵を食べます。マングースは決してヘビばかりを常食とするのでは無く、地上に棲んでいるツグミ、クイナ、ミズナギドリ等を食べる様になります。

Hawaii（ハワイ）群島は世界的に有名なパイナップルの産地で、特有のハワイミツスイ科鳥類が何十種類も棲んでいましたが是等は嘴の細く彎曲したものや、イカルの様に大きなconical（コニカル）の嘴をもった種類など、非常に特有なadaptability（アダプタビリティ）を持っているので棲息する森林が破壊され、マングースや鼠ばかりでなく、大陸に棲んでいる性質の強い鳥を輸入されると死に絶えて行くより外に道が無いのです。

New Zealand（ニュージーランド）も同様で、Huia（フィア）と云うムクドリの一種は雄と雌とに依って嘴の型が違いますから、夫婦協同で一つの餌をあさらなければならないのですが之も外来の鳥にterritory（テリトリー）をうばわれた結果、今日ではすでに一羽も生存していなくなっているかも知れません。

小笠原群島にはオガサワラマシコ、オガサワラガビチョウ、オガサワラカラスバト、マミジロクイナ、ハシブトゴイ等の絶滅鳥類がありますけれども、小笠原へ行って見ますとそれ程土地が荒らされているとは思えません。即ち直接、間接に人間の力に依って絶滅してしまったと云う証拠をつかむ事は今日の科学の力では出来ないのです。けれどもそこには何かの原因がひそんでいたはずです。一番不思議なのはミヤコショウ

ビンです。琉球のミヤコ島をよくしらべてみますと、大型のカワセミが定住に適する山も川もありません。そして渡りの時季には北方から同一大きさのアカショウビンが渡ってくるのです。それにもかかわらず、黒田さんのミヤコショウビンは此の島でとれたものに間違い無いのです。実に不思議な現象と云わねばなりません。日本の附近の島には絶滅鳥類が中々多いので、もっと皆さんの注意をうながし度いと思います。この外太平洋ではTahiti(タヒチ)、Marquesas(マルキーズ)、Garapagos(ガラパゴス)、New Caledonia(ニューカレドニア)、Samoa(サモア)、印度洋では例のドドで有名なMasearin(マスカリン)群島、北方のSeychdles(セーシエル)やAldabra(アルダブラ)群島、大西洋では北のAzores(アゾレス)、南ではTristan da Cunha(トリスタンダクーニャ)群島など、みな有名な絶滅鳥類やほとんどこれに近い鳥類の産地です。

島のgroup(グループ)から云うとクイナの類の中には島に渡ってから羽が短くなり、飛べなくなった種類も沢山あります。オーム、ハト、カモ、小鳥の類ではメジロ、ヨシキリ、ムクドリ、キンパラ等があり標本が四個しかなかったノトーニスが、一、二年程前五十年振りで再発見されたのはNew Zealand(ニュージーランド)でした。以上の鳥は皆陸鳥ですが、海鳥の中にも絶滅のものがあります。ミズナギドリやアホウドリは大海の真唯中で生活していますが、蕃殖時期だけは陸地が必要です。そして必ず小さな島をえらぶものです。それでもし蕃殖地があらされた場合には絶滅しなければなりません。

ドドに次ぐ世界的に有名な絶滅鳥類は北大西洋のオオウミスズメでしょう。これはウミガラスに似ていますが、もっと大きくて飛ぶ事が出来ません。それで蕃殖時期にはペンギンやオットセイの様に砂浜に上ってきます。他のウミスズメ類の様に海に面した断崖へ上る事が出来ません。オオウミスズメの有名な産卵地がNewfoundland(ニューファンドランド)のFunk Island(ファンクアイランド)という島ですが、昔文明の発達していなかったアメリカ人は落し穴を作って無数の鳥を捕え釜で煮て船に使う油をとったものです。

北太平洋随一の大きくて美しいアホウドリが絶滅してしまった原因は主として鳥島での大虐殺で、この鳥の羽毛をとる為に、島の中央の蕃殖地から船着場までトロッコの鉄道が敷かれていました。この誇る事の出来ない歴史はわずか二十年前の出来事です。

私は今迄島の事ばかりを申しましたが大陸で絶滅になった例をお話し致します。大陸は何と云っても広く、人間の力で完全に鳥の棲息地を荒しつくしたと云う例は非常に少いのです。第一鳥の分布は島よりも大陸の方が非常に広いのが普通です。それですから大陸で絶滅と思われる鳥類は之が完全に絶滅であると云う証明をする事がなかなか出来ませんから、大部分のものは非常な珍種であると云った方が正しいと思います。黒田博士のカンムリツクシガモは徳川時代からの文献に明らかであるにかかわらず、標本は三点しかありません。北支那と東部シベリヤでとれているある種のハクチョウは四点程の標本がありましたが、其の中、一、二は既になくなっていますから、絶滅であるかも知れませんが、シベリヤの寒帯圏を探してみると、このツクシガモもハクチョウも発見出来るかも知れません。とにかく非常に珍らしい鳥で、何十年も再発見されていない鳥は私の研究の中に含まれています。大陸で確実に絶滅した鳥類の中で有名なものは、アメリカの旅行鳩とシャクシギです。このハトは名の通り非常な大群で渡りをしたものです。何哩と続く黒い橋が空にかかり、之が一度森に下りると鳥の目方で木の枝が沢山に折れたそうです。所がhunter（ハンター）は網でとったものを樽につめ貨物列車で、New York（ニューヨーク）等の市場に出しました。シャクシギはCanada（カナダ）の寒い所で蕃殖し冬は南米Patagonia（パタゴニア）のpanpas（パンパ）地帯で越冬したのですが、これほど分布の広い鳥もハトと同様にとりつくされたのです。現在アメリカにはハクチョウ、ツル、クマゲラ、ガン等絶滅に瀕している鳥があり、政府は保護に非常な力を注いでいます。熱帯の鳥類は渡りをせず、分布区域の極限されたものが多いので、それらの中長い間再発見されないものはHimalaya（ヒマラヤ）、Andes（アンデス）山脈、西アフリカ等にあります。また非常に珍らしい鳥の中には飼鳥として輸入された時始めてそれが新種である事がわかり、学会に発表された種類の中、いまだに原産地のわからないものがあります。私のサンケイ、デラクールのソウシチョウ、ベーリーのコクジャクがそれですが、もっと珍らしいものの中にウッド氏の発見したセイランと云う大型のキジがあります。この標本は大英博物館に一枚の羽があるだけで、原産地はもとより完全な型がわかっていません。博物館での発見は八十年前の出来事でした。このセイランの原産地はわからないのですが、私の考ではアジアの熱帯で、大陸または大陸に近い大きな島に違いないと思っています。探険に行く事の出来ない今日の日本ではどうにも研究のしようがありません。

私のつくった絶滅鳥類のリストは二〇〇種以上あると思いますが、研究を進めて行くとまだまだふえる可能性があります。この面白い鳥学の一部門を研究している人は現在では世界に私一人しかない有様で、一人ではなかなか研究しつくせない状態です。

私の博士論文はドドの一族が棲んでいたMascarine(マスカリン)群島の三つの島の問題を取扱ったものでした。それでNew Zealand(ニュージーランド)・Hawaii(ハワイ)、西印度諸島のどれか一つをとってもまだまだ材料が沢山残っているのです。一人で研究をするのは寂しいものです。もっと批評をして下さる方があったならば張合もあり、もっと早く深くつき進んで行かれるのですが、自分で自分を鞭撻して行くのはむずかしいものです。私の話を面白く聞かれた方は鳥の研究を続けられる時、鳥学にこういう部門もあると云う事をいつも念頭に置いて頂き度いと思います。そうするとはっきり認識する事が出来るので自然に綜合的の意見と云うものが生れて来るものです。之が私の絶滅鳥類の研究に深入りした順序とでも申しましょうか！　普通の鳥学書にはまとまって出ていない研究ですから中々面白いもので、今日の日本の様な外国の標本を見る機会にめぐまれていない時勢にはこの道に入門する方があってよいはずなのです。

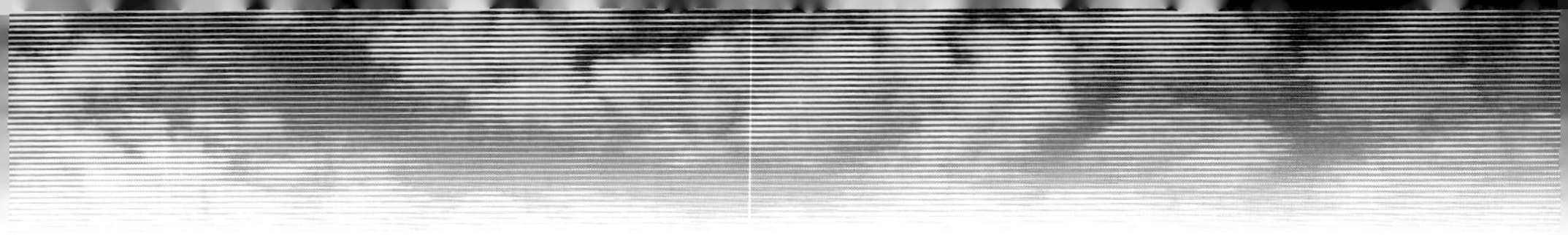

沙漠の鴉

鴉の一族程研究に面白い鳥は他に少い様に思える。何故かと言うとあまりに普通の鳥でありながら、その近縁には非常に特殊なものが多いからだ。世界中のどこの人に会っても烏《カラス》という言葉のない民族はないであろう。そしてどの国の言葉でもカラスと言えば、皆黒くてガーガー鳴く鳥を聯想するから、鴉の分布は世界的なのである。

私はアイスランドの真白な氷河の上を飛んで行く鴉を知っている。またサハラ沙漠の熱と日に曝し出された赤茶色の岩山に巣喰う、黒い大きな鴉を捕ったことがある。

アフリカへ猛獣を射ちに行ったとき、私のジャングルの住居に、パンの切れをあさりに来たのも、今筆を運んでいる熱海の別荘の空を時々通る勘三郎の編隊と同じ色をし、声を出し、歩く時はピョンピョンとはねるか、でなければ尾を左右に振って不器用に歩く鳥なのであった。

私は鴉のことを、エスキモー語で何というか、グァダルカナー島の土人が何と呼んでいるか、知らない。然し是等のかけはなれた人種も、私共の指す鴉を知っているのだから、鴉ほどコスモポリタンな鳥は少いと言える。

ところでこの国際鳥の近縁種には、極めて特殊のものがある。奄美大島のルリカケスはその例と言えよう。

また海南島の山にばかりしか産しない美しいヘキサンは勝間田善作によって発見されたから、カツマタヘキサンということとしたいが、これも他に見ることの出来ない珍鳥である。

然し私がここに記そうとする鳥は、以上の如き小さな島に特産すると云った点に驚異の目を瞠っているのではない。先に述べた様に世界のどんな環境の異った土地にも棲み得る鴉の近縁属の中には、水もなければ青いものもない沙漠に特産しているもののある事を知る時、鴉は体形を変えずに四囲の環境に対する適応性の強い事を知ると同時に、四囲の状況によっては体形を容易に変化させて行く事も出来る要素を持った鳥であることが分るのだ。そしてあれ程頑冥に真黒な色彩で世界中を飛廻っている鴉の従兄弟が、沙漠にあっては他の鳥や獣と同じく習性や色彩まで、すべてが適応したものと変化してしまっている。此の点を以て、私は鴉の一族程面白い鳥は他に少いと冒頭したのだ。

此の沙漠の住者を私はサバクガラスと呼ぶ事とする。英語ではDesert choughである。即ち沙漠に棲むベニバシガラスである。ベニバシガラスは支那大陸北方から欧洲にかけて棲む、長く彎曲した真赤な嘴の、黒い小さい鴉である。分類上、サバクガラスは之に近いとは思われるが、和名とした場合にはDesert choughの直訳よりも、サバクガラスの方が適切な感じを与える。

サバクガラスの属名は、*Podoces*であって、五種が知られ、中の二種は一、二の亜種に分けられているけれども之等は沙漠のある地方に局限されているものもあり、筆者によって亜種的価値に疑を抱いている人もある。サバクガラス属の分類と分布を列記すると次の様である。

- *Podoces hendersoni* Hume——Yarkand, Mongolia, North Tibet, West Gobi.
- *P. biddulphi* Hume——East Turkestan.

- *P. panderi panderi* Fischer——Transcaspia, Turkestan.
- *P. p. ilensis* Menzbier & Schnitnikow——Isolated small colony, south of Lake Balkhach in Turkestan.
- *P. p. transcaspius* Zarudny——Northern Transcaspia.
- *P. pleskei* Zarudny——East Persia.
- *P. humilis humilis* Hume——Yarkand, Tibet Kokonoor.
- *P. h. saxicola* (Stresemann)——Kausu.

サバクガラスの体形色彩は種類によって多少の差はあるが、大体の大きさはカケスやホシガラスよりも小形であって、体色は赤黄色の沙漠の色を主体としたものであるが、尾や風切羽は黒いのが多い。中には胸の上部に黒や白の大きな斑点を表しているものもある。またある種に於ては翼が黒と白との二条の縞となっているのもある。此の翼の色彩の配合は、特に注意すべき沙漠の特長である。

沙漠の鳥類はすべて砂色を主体とするが、サバクガラスの様に、尾や翼の黒いものは、ヒタキの類の中に数種類知られている。翼の黒と白である特徴は、地上にいる時は目立たぬ模様であるが、一旦飛立つと、之が非常にはっきり目立つのであって、リビヤの沙漠でお馴染の、大きなヒバリの一種*Alaemon alaudipes*の翼には之と同じパタンがある。此のヒバリは小群をなしていることがあって、特に細かい沙丘地帯を好んでいるから、恐らく*Podoces panderi*の如き翼に模様のあるサバクガラスは、きっと沙丘を好み、一番いまたは数羽が小群をなしている性質のものではあるまいか。

沙漠の鳥にはよく嘴の長くて彎曲をしているものがある。ヒバリの類の*Alaemon*もそうであるが、千鳥の類では砂バシリ*Cursorius*というのがあって、沙漠の中を非常に早く駆ける事が出来る。この鳥の嘴も長く

て彎曲している。サバクガラスの嘴は下方に向って彎曲していないが、非常に細長い事は、鴉やカケス等の比でない。常に地上にばかり棲んでいるから、脚は非常に強健で、木の枝に止ることはごく稀で、夜も地上に蹲って寝るのである。それほど外敵の少い沙漠を故郷としているのである。

飛翔は極めて弱く、木があってもそれにほとんどとまらないから、地上数尺の高度であって、直きに下りてしまうそうである。飛び方は一寸キツツキの様に波形であるけれども、普通では飛ぶ事がほとんどないと言われる。

鳴声は鴉の類に少しも似て居らず、ジージージー(dschi-dschi-dschi)ときこえ、何度も繰返すのであってターケスタンに於てチョアーチョアーTchour-Tchourと云われるのは、恐らく此の声から来たものであろう?

食餌は昆虫類とその蛹が主体であって、ある植物の種も食する事が知れてはいるが、どの種類も穀類は食べない。

巣は土中に穴を掘って造る。*P. humilis*は十一呎の深い穴を掘って営巣していた例もある。然し之とは反対に*P. panderi*の場合には、ブッシュの低い場所に巣をかけてあって、小枝を以て作られ、内張りは細い蘚の茎や木の皮、動物の毛、もっと稀には鳥の羽毛等を用いてつくった珍しい例もある。

産卵期はまちまちであって、*P. panderi*の如き、トランスカスピヤの比較的温かい地方に棲むものは、二、三月頃であるが、チベットの高原に棲む*P. humilis*の如きは六、七月の頃である。一腹の卵は三―四個であって、色は薄い灰青色の地色に灰茶色または灰色がかったオリーブ色の大小の斑点が一面に散在しておるので、一見、アカオカケスの卵に似通っていると云われる。大きさは、*P. humilis*のものは約22.9×16.4m.m.である。

次にサバクガラスの分布を一瞥して見よう。

読者の耳には新しい大旧北沙漠Great Paeacarctic desertと云う名前の説明が必要となってくる。滿洲の少し西へ行くと真正の蒙古の沙漠が始まるが、之が西南の方に延びて、ヒマラヤ北方のチベットに達している。そしてもっと西方に進んでイラン(ペルシャ)をぬけ、シリヤ、パレスタインに行くと、地中海と、紅海につきあたる。紅海は、沙漠の驚異の前には一条の溝に過ぎない。嵐の日には航行中の船のデッキに砂を降らせるし、イナゴの大群も楽々と渡るのである。

アフリカ北部がサハラの大沙漠であることは今更申すまでもないが、大西洋に迫った沙漠は同じ状態をカナリヤ群島及びケープヴァード島Cape Verdeに於ても再現している。之等の小さい島には沙漠特有のヒバリやノガンの類が棲息しているから驚く。それで大西洋から滿洲の国境までに亘る大沙漠は気候こそ非常に異れ、産するものは基本的に少しも異っていない。サハラには駝鳥がいて、アフリカの色彩を強調しているが、よく調べて見ると支那の北部には、地質時代に駝鳥のいた事が分っている。サハラにはアンテロープ類が多く、彼の地の地方色の様に思っている。然し蒙古の沙漠にも吹雪に堪えることの出来るサイガアンテロープやキスナヒツジがいるではないか。野生の馬が蒙古にいるのは有名であるがアフリカに於ても、ソマリランドに縞馬との中間型がいる。であるから、アフリカから東亜に跨った一大沙漠は気候風物こそ異れ、根本的には同じであるのである。

沙漠特産鳥類の科は余り多くない。沙鶏とノガンの科は沙漠を中心とするものである。この外、他地方にも広く分布するものには、ヒタキ、ムシクイ、ヒバリの科に属する種類が少くなくて、皆広く分布をしている。然るに鴉科の一員を特産する沙漠は東洋だけであって、サバクガラス属はペルシヤから蒙古に至る広い地域に分布しているけれども、人の行かない場所のことであるから、標本は珍しいものになっている。此の分布を批判して見ると、その中心地はヒマラヤであろう事が想像される。

ヒマラヤの高所は日本アルプスと同じ様に草木がほとんどないので、低地とは多少別の条件の下に、自然

的に沙漠となっている。此の地帯が北方に於てチベットに連続しているのであるが、チベット中央部の平均の高度は一八〇〇〇呎程で、東に向って次第に低く一三〇〇〇呎位になるが、之が支那との国境辺に来ると急に下って来るのである。また西方に向っても高度は次第に落ちるが、パーミア(Pamirs)の大高原に於てすら一三〇〇〇呎あるのである。われわれは此の辺の地図を見るとどうしても高い山と云う感じがするが、高原であるのだ。即ち本州位の面積の土地が富士山よりもまだずっと高い高度に於てテーブルの様に展開しているわけなのである。であるから木にとまらない沙漠の鳥類や、水を一滴も飲まない金毛の羊が棲み得るわけなのである。従って寒くて、空気が稀薄で、草木のまるでない沙漠とはいうものの、やはりアジヤ大陸の中心であるから、エベレスト山にあっても、世界の他地方の高山と比べると、なかなか鳥類は少くない。

ウォラストン(A. F. R. Wollaston)氏はケムブリッジの先生であって、ニューギニヤとアフリカ探検で有名な人であるが、一九二一年だったか、エベレスト山に登り、嘗て採集の行われた事のない高所に於て動物を集めた。(Ibis, 1922参照)。そのときの記事を読むと14000—16000呎の間は石のゴロゴロした平原で、高さ六呎以上の草は数える位しか生えていないという。此の地帯にはハマヒバリ、アカマシコの類(*Chinospiza, Fringilauda*)にサバクガラスが普通であって、広く分布をしている。そしてラサ(Lhasa)に達する途中、カンバ、ゾング(Khamba, Dzong, 15200ft)に於ては、土人の古い土塀の穴の中に営巣をしているサバクガラス*P. humilis*が居り六月十八日以後には雛が見られた。けれども土人の宗教に逆らわないため、人のいるところでは全然発砲することが出来なかったので、採集は非常に困難であったそうである。

翌年はまたエベレスト探検隊が派遣されたが、此の時には鉄砲の携帯を全然禁止されてしまったのであったそうだ。

以上によって見ても、サバクガラスの標本のいかに少いかが窺い知れる。本邦に於ては、山階鳥類研究所

に一点あるだけである。

大旧北沙漠の中でも、よりによって気候の悪い不毛の地に特産するサバクガラスは、数多い鴉類中でも最も特別の生態の鴉ということが出来るであろう。

アフリカ猛獣狩奇談

真夏の曠野を走る——夜も昼もトラックで四週間

私が今までに試みた数度の探検の中では、やはりなんと云っても中央アフリカのコンゴ地方を中心にした探検が一番面白かったと云えよう。コンゴ地方と云えば、御承知の様に今までに幾度も映画によって紹介されている通り、世界第一の猛獣王国である。

出発に先だって、私はベルギー政府に同国博物館に標本を寄贈する事を申出でて、特に政府の後援を得る事にした。それは云うまでもなく、同地方はベルギー領であるために同国政府の承認のあるなしは大変な相違があるからだ。

一九三〇年もギリギリに押し迫った十二月の末にマルセーユを出帆して、一路モンパサに向った、マルセーユからモンパサ迄は四千六百哩、正月を船中で迎えて一月末には椰子茂るモンパサに着いた、モンパサは東アフリカ第一の貿易港であり、探検に要する一切の準備を調えるには、十分とは云えない迄も、とにかく必要な品は揃える事が出来た。先ずシポレーの大型トラックを用意して、これに私はオカピと命名した。オカピとは麒麟《ジラフ》の一種で、コンゴ地方特産の珍らしい動物である。これに食料品、探検材料品を満載して目的地コンゴへ向ったヴィクトリア湖畔に出る迄の前後四週間以上に亘る自動車旅行の間にも、お話すれば限りのない程話題はあるけれども、坦々たるアスファルトの街道を疾走するのとは事変って、一年中で一番暑気の激しい二月の中旬、名に負うアフリカ特有の砂煙に吹きまくられ、あまつさえ道はお話にならない難路つづきの事とて、明けても暮れても動揺の烈しいこの自動車旅行には全く私は笑う気力もない程クタクタに疲れて了った、一口に四週間と云えばなんでもない様だが、朝から晩までトラックに乗りつづけて、しかも先に云った様な暑気と動揺とそして心労……と私は、この四週間ほど苦しみに満ちた月日を経験した事はなかった。

物凄い唸り声を立てて
——豹！ ヘッドライトの前に

モンパサを出発して幾日目の夜だったたか。ヘッド・ライトを唯一のたよりに進んでいると、自動車の前面に豹が不意に飛び出して、ランランたる眼を光らせ、牙をむいて、物凄い唸り声を立て乍ら、今にもサッと飛びかかって来そうな構えを見せている。

こんな豹の襲撃なぞは、何もここでとり立てて云う程の事ではないが、私と行を共にした連中は、日中あ

たりに散見するジラフ、縞馬、かもしか等の大動物群には驚かなくなっていたけれど、夜間のこの不意討にはさすがに色を失って、歯の根も合わない始末。それは無理もない事で、この豹は連中が最初に目近かに見た猛獣で叢からサッと出て来た時には、馴れた運転手ですら、たしかにギョッとした様であった。

――いつの時だか忘れて了ったが、その以前にもやはり夜間自動車をめがけて豹に襲撃された事があった。その時は、ヘッド・ライトの光にチラッと豹の姿を認めたのだがそれっきりどこへ行ったのか姿が見えない、勿論油断は絶対に出来ないので、注意しながら自動車を進めていると、今度は前方五六間のところへサッと飛び出して来た。一時はヘッド・ライトの光に眩惑した様だけれど、別に逃げる気はいも見せず、ノソリノソリと近づいて来た。一度でもライフルに驚かされた奴ならこんな事はないはずだが、まだなんにも知らない奴と見える。そこで私は自動車から降りて、ヘッド・ライトの中間に背中を当てて、一歩一歩ライフルを構えて豹の近づくのを待った。車上の一行は息をこらせて、万一私が失敗したらと、恐らく生きた心地もなかったであろう。豹はジーと私を睨みつけたままなかなか用心ぶかく、うかつに近よっては来ない。

気持の悪い、妙にいらだたしい数分が過ぎた、依然、私と豹は睨み合ったままだ、そのうちになんと思ったか、ツカツカと二三歩踏みだした豹は、さらに数歩、今度は割にゆっくりと近づいて来た。そして、そこで始めて牙をむいて、前足を二つキチンと揃えて、こちらが眼を離したら最後、サッと襲いかかるそぶりを見せた。だが、私はわざと油断を見せながらさらに数歩近づくのをじっと待ったのだ。私がチラリと顔をそむけたふりをした刹那だ、アッと車上の人々は一齊に声を立てた。この場合声は禁物だ。今は躊躇すべきでないと思った私はライフルの引金を引いた。

まったく息づまる様な瞬間……ドサリと音をたてて豹は見事に倒れた。不意の銃声に驚いたと見えて、あたりの闇から異様な物音がサッと湧き上った、けたたましい啼声もある、しかし、それよりも車上の凱歌の方に私は驚いたくらいだ。

また話が傍道《わきみち》にそれるが、豹に限らず、ライオンでも虎でも、ライフルを使うのには非常に大切なチャンスがある。

それは彼等の前足の位置を見分けることで二本の前足のキチンと揃えている時は、こちらにとって、非常に危険な時で、いつサッと襲いかかって来るか知れないが、二本の前足が多少でも前後している時こそライフルを使う絶対のチャンスで、つまり相手にそれだけの油断と云うかユトリがある訳だから、この時をのがさず引金を引くべきである。

キチンと前足を揃えていながら、舌を出したり、横を向いたりして油断を見せかける事がある。がこんな時うかつにもつり込まれて下手な真似をしたら、先ず最後だと思わねばならない。とっさの場合に二間三間をひと飛びに風の様にサッと来るのは、彼等が最も得意とするところだから、ライフルにのみ手頼《たよ》り切る事は絶対に禁物である。

近眼の黒犀狩り――頭部だけでも十人で担ぐ

モンパサからケニアの首都ナイロビ迄は約三百三十哩だ。ナイロビに着いてから、食料品等の材料を集める一方クタクタに疲れ切った一行は、頭髪をかるやら、風呂に入るやら、しこたま美味しい食物をつめこむやら、もっぱら静養する事になったナイロビは、赤道直下とは云え、海抜五千五百呎《フイト》、暑気も酷烈と云う程ではなく、夜間には外套がほしいくらいで、暑熱下の自動車旅行を続けて来た一行は、数日ならずして生れ代った様な気持になったものだ。

ナイロビに滞在中、私は英人の友達と二人で、市街から数十哩はなれた所へ狩猟に出かけた。初めは大して獲物を期待した訳ではなかったが、土人の報告によって、二匹の黒犀が附近に居る事を知った。叢から叢を分け歩いてやっとの事で姿を見つけ出した。正しく二頭の黒犀でどちらも珍らしい程の大物だ。犀は臭覚は非常に鋭敏だが、眼は数歩先しか見えない近眼である。

だから犀の風上に立ったら、折角のチャンスを失わなければならない。そこで友達をそこに立どまらせて私一人、極度に風向に注意しながら近づいて行った。うまい具合に附近は割に平坦で、しかも所々に三間余の蟻の塔が立ちならんで居るのだ。

犀は二匹とも、まだ気がつかない様だ、あの鈍重な身体をもてあまし気味にあちこちと草をむしりながら歩きまわっている、かれこれ二時間近くもかかって最初二百ヤードもあった距離をグングンつめて、やっと犀の挙動が手にとる様に見えるところまで来た。

いくら近眼とは云え、一旦気がついたら最後、機関車の様にいきり立って、それこそ我武者羅に驀進して来るのは必定、そうなればライフルなぞは物の数ではないのだ。蟻の塔に身をかくして、私は出来るだけ絶好のチャンスをつかむ事にどれほどいらだつ気をしずめた事であろう。

一発でやりそこねたら万事休すのだ、心臓部と思われるあたりに、穴のあく程ねらいを定めて、思い切って私はグイと力を込めて引金をひいた。

占めた、ガクリと前足を折った。しかし、もう一匹の犀は銃声に驚いて、怖ろしい地響と云うか、何とも云えない音を立てて、サッと身をかえして、猛然と荒れ狂いながら砂煙の中へ消えて行った。

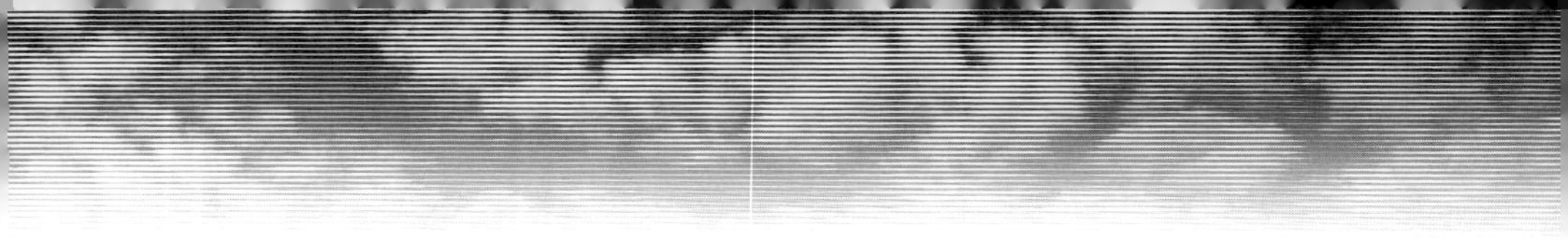

前足をガクリと折った奴は、再び立ちあがろうとして懸命にもがいている、必死となった犀は、苦痛と激怒に猛けりたって、その唸り声の凄さ《すさまじ》……私の第二発目は見事に心臓部に達したと見えて、急にひっそりとなって倒れた犀のあたりには真白い砂煙が濛々《もうもう》と立ちのぼっている。

倒れたからと云ってうかつに近づく事は危険である。すぐにも馳け上って思いがけない、巨大な獲物を見たいのは山々だが、十分に確かめてから近づいて見た。二噸近くもある巨大な獲物を前にしてさすがに胸が躍った。しかしまだまだ喜ぶのは早い。犀は多くの場合夫婦がいつも揃って歩いている。先刻逃げ出したのは、現在私の目前に倒れている奴が牝である以上、牡である事は疑う余地はない、必ず牝の危険を知って引返して来るに違いない。そして若し牝の死を知ったら、必ず猛然と襲いかかって来る事は火を見るより明かだ。

私は急いで友達の居る所へ一先ず引きかえして、多数の土人を連れて再び先刻の所へ出直した、牡はそれっきり姿を見せなかった。この一匹の獲物だけでも沢山である、ワイワイと鬨の声をあげて騒ぎまわる土人を制しながら私は標本用材料だけを取って帰った。頭部だけでも十人近くの土人が顔をしかめて担いでいたくらいだからよほど重かったにちがいない。

野獣の大群の中から——一匹を選んで射ちとる苦心

ナイロビを出発してヴィクトリア湖畔に出で、目的のコンゴに入ってから、アルゼリアを通って来られたベルギーのドリン殿下の一行と落ち合い、一先ずそこに根拠地を置いて、いよいよ本格的な標本採集の探検にかかった。

この探検が普通行われる興味本位の猛獣狩なら、相手かまわず、出たとこ勝負で射ちとめればよいのであるが、先にも云った様に標本採集が目的である以上、その苦心は並大抵のものではない。例えば欲しいと思う動物の集団を発見しても、すぐに手を出す事は出来ないのである。まずその集団の中で、一番立派な奴、でなければ特異な奴、または一団のリーダー格の奴、まだその外に体格、毛並等細かい所にまで注意を払って、これと思う奴一匹に見当をつけるのだ。いよいよこれと見定めがついたら、五十乃至百いやそれ以上の大群から足を棒にして、細心の注意のもとに、その一頭を見失わない様にしながら先ず出来るだけ引きはなさなければならない。ところがこれが実は大変な仕事なのである。

人間を見馴れない彼等は、我々の姿を見ても別に恐れもしなければ、逃げもしないが、異様なものに近づく事はいずれにしても物騒《きけん》と心得ているものと見え、一歩近づけば一歩遠ざかった、なかなか思う様には近づけない、驚かしたら、それっきりで、彼は雲を霞と逃げ去るのだから、一寸の物音にも十分気をつかって、遠まきにしながら、あっちこっちへ、当らず、触らずで追いまわし、追い分けて行って、目的の一頭がせめて五六頭になる迄この恐ろしい根気のいる仕事を続けるのである。

なぜこんな骨の折れる事をするかと云えば、大群になれば、これと思う奴に狙いがつけられる迄近づく事は先ず絶対に出来ない。押し合いもみ合っている中から、ただ一頭だけを目がけてものにする事は、いくらライフルの名手と云えども、近ければ別として、それが遠距離だったらとても出来る術ではない。

今一つ想像も出来ない苦心は、朝七時頃にテントを出発して、九時には目的とする動物に出会わなければならない。うまい具合に九時前後に発見したとしても、それに近づいて射ちとめる迄に許される時間は、せ

いぜい五時間以内、どんなに遅くなっても午後二時頃までに倒さなければ、折角の珍品を見事射ちとめてもムザムザと野獣の餌食に提供しなければならないのである。

なぜならその動物が小さくて、一人の土人(供は多くの場合一人であった)に担げる程度のものならよいが、少しでも大きいものにぶつかったとしたなら、とてもテントまで担いで帰る事は出来ない。そんな場合には、あらかじめ用意してある解剖道具をとり出して、土人にライフルを渡してあたりの警戒に当らせ、その場で毛皮、角、肉と云った必要なものだけを取り去って了うのであるがこの解剖も頭とか足先等の大切な部分だけはどんな事があっても私がメスをとらねば土人にまかせたら最後、折角苦心をして倒した獲物を代なしにされて了う怖れがある。土人の手をかりるのは極く大ざっぱのところだけで、細部はどうしても私がやらなければならないので、この時間をいくら少く見ても約二時間、午後四時にはどんな事があろうともテントへ向って帰路につかないと危険である。乗物と云うもの一切を奪われたしかも原野のこと、すぐそこと思えながらもなかなかはかどるものではない。六時には完全に暗黒の世界になって了うから、それまでにテントへ帰っていないと、夜道は絶対に物騒、しかも血なまぐさいものを担いでいるのだからいつ何時どんな奴の襲撃を受けぬとも限らない、だから、テントを出たら絶えず時間にしばられて例えば獲物を追いまわすにしても、チャンと幾時までに倒して了う——と云う時間割が出来ているのである。若し、予定の時間にはずれたら、いくら得がたいものでも、先ず諦めるより外はないのだ。

天幕の周囲の野獣群——標本の血の匂を嗅いで来る

テントに明るいうちに帰って、休む暇もなく解剖前のものなら速刻解剖して、必要な材料全部に亜砒酸をつけて乾かすのである。その日のうちにこれだけ全部順調に出来れば大成功で、夜はテントの中で蓄音機をかけながら、焼肉に舌づつみを打つ楽しみはあるが、夜は昼にまして身辺に危険が迫っている。

我々の休息の時間に見すまして、ライオン、豹は時を得顔にほとんど毎夜テントの廻りにうろつきまわるのだ。

吸い込まれそうな真の暗底《やみそこ》に、なんとも形容の出来ない啼声が、時に高くあるいは低く、すぐ真近にあるかと思えば遠ざかり、馴れないうちにはとても眠るどころかテントの中に横になる事さえ出来ぬくらいに不気味なものである。

一歩テントの外に出ればライトグリーンのランランたる眼玉が、いくつもいくつもうろついているのにぶつかる。犬猫の夜眼の光——もちろん比較にはならないが、その大きさと云い、底光りと云い、いくら馴れても、ライオン、虎、豹等の夜眼はあまり気持のいいものではない。

真暗なところで眼玉が二つはなれたり、近づいたり、一見奇妙に見えるけれど、それは彼等が横を向いたり、正面を切ったりするからで二つの眼玉がはなれて見える時はこちらを見ているのだから油断は出来ない。しかも距離が全然判らないため、うかつにライフルを使う訳にも行かず、夜は実に気持の悪い事が沢山にある、と云って、折角の標本を奪われる事は断じて許せないからいくら危険を冒しても標本だけは守らなければならない、昼間身をひそめていて、日没を待って飢を満たしに出現する彼等としては、生々しい血の匂いのする標本を見逃がす訳がない、疲れ切った身体をベッドに横たえるのも束の間、物音にハッと驚いてはね起き、空砲を放って追い払う――と云った不眠の夜を幾度過した事であろう。

映画などを見ると真昼にライオンや豹が横行しているのがいくつも見られるが、あの映画を撮るためにどれほど苦心しているかがよく分る、ライオンなどがあんな風にゾロゾロ歩いているのを見つけ出すのは実は容易な事ではない。よほどうまいチャンスに恵まれない限り、日中一匹のライオンにめぐり合う事すら出来ないと思わなければならない、私の友人の英国人など、かれこれ二年近くもコンゴ地方に居ながら、今だに声は毎夜聞かされていても、姿は一度も見ないと云う恵まれない人すらある程だ。四五頭も群をなしているところを撮影した映画の苦心と努力には全く敬服してよいと思う。

ライオンに襲撃さる――間一髪！ライオンが逃げる

私は今までの探検の間に、幸せにも数度日中ライオンにぶつかる事が出来たが今だにどうにも解せない事がある。その日も土人と二人で歩いていると、不意に草蔭から大きな奴がひょっこりと出て来た。土人はウアッと云ったきり、手にもった荷物、肩にかついでいた荷物をそこに放り出して一目散に逃げ去って了った。私は逃げ出す暇もなく、また逃げるにしては余りに距離が近すぎたのだ。とっさにライフルを構えたけれど、せいぜい四、五ヤードの近距離、うてば一発で見事にゆくとは思いながら、万一の事があったらそれっきりである。急所をはずしたら最後どんな事になろうとも知れないと思うとうっかり引金を引く気にはならない。幸にも私のすぐうしろに大きな蟻の塔があるのに気がついたので、ライオンから眼をはなさず、出来ればそれに身をかくすつもりでジリジリとあとずさりを始めた、蟻の塔にさえ身をかくしていれば一発でゆかなくとも、二発目では射とめる自信があった。そこで一寸二寸と足をずらして今少しで蟻の塔に身体がさわるかと思う瞬間、今までさほどに危険な様子の見えなかったライオンにサッと緊張した色が見え、お約束どおり背を低めて、ピッタリと前足をそろえ、ウォッと凄い唸り声をあげたと思う間にあの太い前足二本をグイと左右に開いて、いきなり跳びかかって来た、アッ！と私は思わず声をあげてとびすざった。あまりの勢いに、手に持っているライフルを使ういとまもあらばこそ、私はとびすざるが早いか夢中で蟻の塔に身をさけた、全身の血が凍ると云うが全くそれ以上の思いで、とっさに身をさけた様なものの、そのすぐ次に来る恐ろしい瞬間を眼をつぶって待った。そんな場合気ばかりいくらあせっても手も足も自由に云う事をきくものではない。

正直なところ、その時ばかりは、実際生きた心地はなかったが、奇妙なのは、それからのライオンの態度である。

サッと跳びかかって来ると同時に、私が身をかわすのと同じ様な事をライオンの方でもしたらしいのだ。一旦はげしく跳びかかっておいて、とっさに身をひねって傍にそれて了ったのである。若しその時、本当に私をめがけて跳びかかって来たものだったら私はやられていたかも知れないのだが、どう云うつもりだったのか、ひょいとしたはずみで私は一命を拾う事が出来た訳だ。それっきりライオンは私の事なぞは忘れた様に草むらの中へ姿を消して了ったが、あまりの事に私はしばらく、呆気にとられて、蟻の塔の傍に棒の様に立ちつくしていた、危険が去ったと思うと、なんだかライオンにからかわれた様でもあり、おどかして見ただけさ……と、云っている様でもあり、考えれば考える程、腹だたしいやら、馬鹿々々しいやらで、一人で苦笑したものだがどうにも解せないのは、その時のライオンのおかしな態度である、こんなふざけた奴こそ、一発で胸板を射ちぬいてやればよかった——と思ったのはあとの祭で、あの瞬間ばかりは、相手が相手だけに、真実私は生きた心持はなかったのだ。

ゴリラの巣を採集——カリシンベ火山の密林中で

ヴィクトリア湖畔での話はまだまだ沢山にあるが、所謂手に汗をにぎらせると云う様な冒険談よりは、標本採集の苦心談になりそうだから、最後に少しばかりゴリラの巣を捕りに行った時の事をつけ加える事にしよう、今度の探検に出発する前に、ロンドンの大英博物館からなんとかして天然のゴリラの巣を持ち帰って来る様にと云う特別な註文があったのである。

ゴリラと云えばいくら猛獣王国のアフリカと云えどもライオンか豹の様に各地方にザラにいる訳ではない、現在一番多いと云われているカリシンべ噴火山にしてもほとんどその数は他の猛獣に比べたら比較にならない程少ない、しかも、カリシンべ山をのぞいたらこれと思う所はほとんどない状態なので、私もヴィクトリア湖畔の根拠地を引きはらって有名な高山ルーウェンゾリ（海抜一万六千七百九十呎《フイト》）の麓にある一小部落ルッシュルに向って出発した。目的のカリシンべ登山を決行するためには、どうしてもこのルッシュルを根拠地とする外はないので、私は出来るだけの準備を調えてルッシュルに万難を排して持ちはこんで行った。何しろルッシュルと云うところはほとんど名ばかりの町で、郵便局があるにはあるが白人がたった一人で事務をとっている調子だから、不便な事は想像以上だった。けれどもその白人が先に立って、色々と面倒を見てくれたので大いに助かったが新しい探検材料一つ取りよせるのにも大変な手数と日数を要するし、また食料品を集めるだけでも、容易ならぬ苦心をしたが、それ以上に困ったのは土人を集める事だった。八方に手を分けて狩り集めて貰ったので来るには来るが、カリシンベ行と分るとどいつもこいつもいくら云いきかせても、ウンとは云わないそこで彼等が最も珍重する食塩を、普通ココナッツの殻に一ぱいやればどんな労働でもよろこんでするのだがその食塩を特に一ぱい半出す事にしてやっと承知をさせ、どうにかこうにか百人余りの土人を雇う事が出来た。しかし、土人がゴリラを怖れる事は、私等の想像する以上で、その足跡を見てさえ逃げ出す始末だから、その連中を百人も連れて一番彼等が怖がる山中でとにかく一つの仕事をしようと云うのだから大変なものだ。

カリシンベはアフリカでも有数の活火山で海抜約一万五千呎、ルッシュルを出発して四日目にカリシンベの密林帯に入ったが、なんと云っても原始そのままの密林の事でいくら、密林に馴れた土人でも一歩々々手さぐりで踏み込んで行くより外はないのだ。しかも。いつどこからゴリラが出て来ないとも知れない不安があるので、用心の上にも用心をして出来るだけ音をたてない様に昼でも暗い密林の登行はとても想像以上だ、一間のぼるのに一時間もかかった事がいくどあったか知れない。

やっとゴリラの巣をさぐり当てたのは一万呎も登ったところで運よく、それまでにゴリラの出現を見ずにすんだのは全くの天祐だ、彼等はいつも群をなしているため若し見つかったら最後、大挙して襲撃して来るものと思わねばならない。

ゴリラその物に用がない以上、出来るだけ敬遠するに越した事はない。相手は狂暴な狂人同然の怪物、しかもその腕力たるや人間の頭なぞは卵を砕く様に押しつぶしかねない底の知れないものである。ライフルやピストルが果して彼等の前にどれだけの偉力を示すか、誰も実際にためした事がないだけに、さわらぬ神にたたりなしのたとえ通り私等は極力彼等をさけて、やっと巣を見つけ出したのだ。

巣と云うのは六畳乃至八畳前後の大きさで大木と大木の中間に太い枝をたくみに組み合せて、丁度小鳥の巣を大きくしたのと同じ様に段々上層になるにしたがって細い枝をつみ重ね、一番上には草や木の葉が敷きつめてある。なまじ智恵のある奴の仕事だけにその組み合せ方は実に巧妙なものだ。一本の枝を折り曲げるにしても、恐ろしい力でやる事だから、ただもうあきれる外はない。巌丈な事はこの上もない、けれど何しろ大きさと云いその目方と云い、並はずれているので、見つけ出したのはよいがそれを山から持ち出すについては、これまた大変な騒動だ、巣を大木から取りはずしておいて持ち出すための道をつくらねばならない、百人の土人の手でも、日にどれだけの道がつくれる事だろう、この苦心だけでも十分な話があるけれど、かくして私は二つの巣を無事に持ち出してイギリスへ送る事が出来たのは自分ながら大成功だった。

ブルガリヤ国王

ロイド眼鏡を右手ではずしたタウンセンド氏はいった。

「なんと好い名前でしょう。ボリシヤBorisia！まるで美しいバラの種類か何かのような名前ですね！」

タウンセンド氏は大英博物館の動物図書部の係長で、この時私のために、ボリシヤという属名がすでに動物学名として記録されているかどうかを調べてくれていた。もし使用されていたら、命名規約法により、私の名を却下しなくてはならない。（そういう名をシノニムという）

ちょうどその時ライブラリーに一人の老人が入ってきた。英人としては背が低く、皺の多い顔は長くて、頭髪は無造作に伸し放題である。プレスをしたことのない洋服のあちらこちらには綻びを繕ったあとがある。よぼよぼと私の方に歩いてきたのに気がついてみると、シャーボン氏ではないか。この老人こそは博物館の中で数多い本喰虫中の本喰虫とあだ名されている人であって、学名の出所や古い本の出版年月日などに関しては、彼ほど深い知識を持ち合わせている人はほかにないといわれている。シャーボン氏は世界中の動物学者間には、インデックス・アニマリアナム*Index Animalianum*の著者として知られている。この本は動物の学名全部の登録表であって、彼の一生の何十年かをつぎ込んだ賜物なのであるが、まだ続いて何冊も出版する予定であることを、読者に約束している。

シャーボン氏は、私が図書室にきたことを知って、わざわざ話しにきたのである。そして、チョッキのポケットから小さなねつけを一つ取り出して掌にのせ、私の方に差し出した。齢とったシャーボン氏の手はボール紙のようでガサガサでふるえている。その中に、黒と金色の意匠をこらしたねつけが燦然と光を放ちながら、これもかすかに震えていた。タイプライターの打ち方を知らず、ましてミミズが這ったように書かれた彼の原稿はとても読み難いところから、連続的に出版されているインデックス・アニマリアナムの原稿も、昔からかかりつけの印刷屋の一人の職人でなければ到底すらすら読めないということである。シャーボン氏はどこで手に入れたか、このねつけを得意になって私に鑑定をして貰いたかったのである。ところが私は、残念にも外国人を感心させる程度の日本美術品の鑑識眼を持っていない。しかしシャーボン氏は私が二言三言ねつけの説明をすると、すっかり満足してまたもとのポケットにしまってしまった。そして私の用件を聞き今度は綺麗に油を拭き込んだリノリウムの床の上をバタバタと歩いてはあちらこちらの壁に手を伸し、色々の本を下ろして調べてくれた。その結果ボリシヤという学名は、広い動物界のどの種類にもまだ用いられていないことが明かになった。それで私はいよいよボリシヤを発表することに決めた。

その当時、私はフィリッピン産鳥類に関する著書をロンドンで執筆していたが、研究の結果、千目鳥科鳥類の美しい四種類のものを、区別する新しい属名が必要であることを痛感した。それでブルガリヤ国王陛下ボリス三世のお許しを得て、陛下のお名前を冠し、永久に記念したいと考えたのであった。

これからボリス三世に関するお話を紹介する前に、私はその父君ファージナンド王に関して一口言わなければならない。

第一次欧州大戦の時、ブルガリヤはドイツ側に立ったので敗戦国の浮目を見た。国王ファージナンド陛下は、年若いボリス皇太子に位をゆずり、御自身はもともとドイツの家柄であるからドイツに引退され、ミュ

ラニ伯爵という匿名の下に、閑月日を送っておられるのであった。

ファージナンド王は、博物学に関して造詣が深く、国都ソフィヤには王立の動物園と博物館があり、深く生物学の御研究にいそしんでおられた。とりわけ蝶々の類には非常に専門的知識をお持ちであると一般にいわれているが、鳥類に関しても大したもので、鳥類や動物の国際会議には必ず御出席になるのを常としておられた。

私は滞欧生活が長かった関係で、万国会議にはしばしば日本を代表して出席したから、ファージナンド陛下とは方々で親しくお話を申上げる機会があった。

陛下はドイツの御住いに沢山飼育されている鳥を見にくるようにとお誘い下さった。そしてまたブルガリヤに行く機会があったならば、息子を訪ねてやってくれ、ボリスもなかなか生きものが好きだからきっと喜ぶに違いないとしばしば仰せになった。このような関係で、私がブルガリヤを訪問する何年も前から、国王ボリス三世の御趣味御性格に関しては父王から親しみ深いお話を伺っていたのであった。

私がボリス三世に謁見の許可を得、初めてソフィヤに着いたのは、気候のよい五月のある日であった。パリーから乗ったトルコ行き急行、オリエント・エキスプレスは、お昼過ぎブルガリヤの首府ソフィヤに着いた。

私はホテルに着くと一刻の無駄も作らないようにと思い、直ちに博物館に行った。館長に電話を掛けて置いた方がよかったかも知れないが、もう閉鎖の時間が近かったし、もし入れなかったとしても、街の見物かたがたよかろうと車を飛ばして博物館に行った。

私は館長のブーレッシュBuresch博士に会いたいと案内の者に来意を告げた。館員よりも遅くまで机に向っている習慣のブーレッシュ博士は、金ボタンの門衛に案内された私の手を握り、「お出でをお待ちしていまし

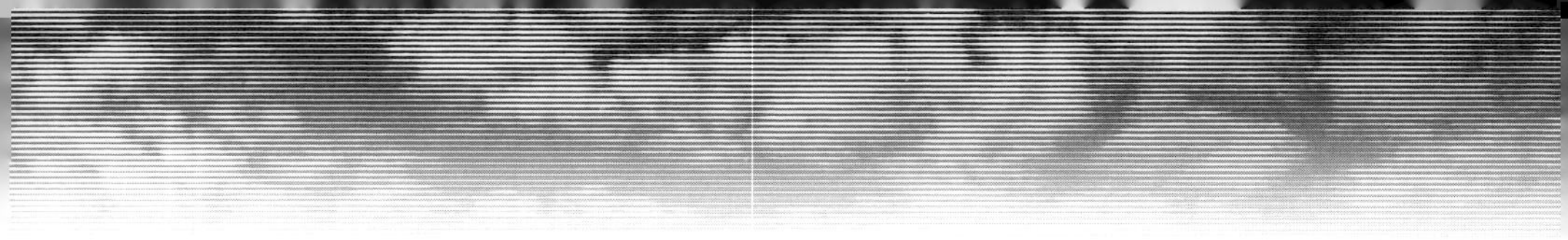

た。今日見えるとは思いませんでしたが、おいで下さって光栄です」とフランス語でいった。そして「そろそろ暗くなりますから先ず展覧室の方を先に御案内致しましょう」といいながら立ち上ると、しばらくのあいだ次の室に姿を消した。

後で想像するに、この時博士はボリス国王に電話で、私の来訪を通じたのであったらしい。

この博物館は他の国の王立博物館と違い、御所の敷地の一部分に建てられていたから、高い塀に囲まれた御所の一劃が博物館になっている。そのため、陛下の御学問所という方が適切な感じを与えるのである。ブーレッシュ博士がガラス戸棚の中の珍しい標本の説明にとりかかって間もない頃、このガランとして人気のないギャレリーの遠くのドアーが押し明けられる音がした。そして現れたのは、紺の背広を身につけた立派な紳士であった。これに気がついたブーレッシュ博士は、さながら電気仕掛の人形のように不動の姿勢をとった。私はこれを見て、今こちらにつかつかと歩み寄られる紳士こそ、ブルガリヤ国王ボリス三世であると直感した。

これまで郵便切手やホテルの食堂に掲げられた大写真によって親しんでいた国王の風采は、その高い鼻、年齢の割にははげ上った頭髪など、一見してその方であるとわかったのであった。私は旅行のなりのままなので、鼠色の背広に赤靴を履いていた。こんな略式な服装で初めて国王に謁見してしまったので、なんとなく時間はずれに博物館を訪問したのが思慮の足りないことだったように後悔された。

けれどもボリス三世は至極お気軽に右手を御さしのべ下さったので、私は握手の礼を以ってお答えした。すべて同好の士に初めて会った場合にはいうにいわれぬ一種の親しみが起るものである。相手がほとんど言葉の通じないような人であっても、親しい想いが湧き上るのは、学にいそしむ者の特典だと私は思う。それで初めて拝謁をするブルガリヤ国王に対しても、非常に礼を失したわけであったにもかかわらず、私は一種の安心と親しみの念を覚えた。

陛下は自らガラス越しの標本を次から次へと御説明下さった。そして、先頭が陛下、次に私が足並に気をつけて進むとブーレッシュ博士が後方から一定の間隔を置いてついてきた。

一つの室には爬虫類が陳列されてあった。沢山の蛇が半ばトグロを巻いて背の高いガラスの瓶の中にねていた。陛下はその瓶の一つを指さされ、この蛇はブルガリヤには特に多く、岩石地帯に好んで棲息しているもので、第一次欧州大戦当時、夏がめぐってくるたびに塹壕の石を積み上げた場所にこの蛇が入り込んでいて、大勢のブルガリヤ兵に喰いついた、と御説明になった。

それから哺乳動物の室にきたとき、もぐら鼠の前に足を止められて長い説明をされた。もぐら鼠とは普通の鼠とは全然科を別にする動物で、大きさは大型の鼠より少し大きいくらいであるが、しっぽが短くて、もぐらのように体もふくらんでいて、土の中で生活しているから、目はほとんどない。欧州広しといえどもバルカンでなければ発見できない珍獣で、ブルガリヤでもその採集にはなかなか骨が折れるそうである。そこで陛下は長い年月を費してもぐら鼠の皮を沢山にお集めになり、それで美しい襟巻を拵えになって父君のファージナンド王にプレゼントされたことがあった――といわれた。

次は鳥のギャレリーである。ブルガリヤ産の野鳥の説明が一通りあった後、陛下は大きな飾り戸棚の前でお立止まりになった。この中には、各種類の雉が沢山陳列されている。陛下のお話によると、御猟場にはいろいろの雉類を放していらっしゃるのであるが、その中には、雲南産の山鳥や、華北のオナガキジなど美しくて珍しい種類が少からず繁殖しているそうである。陛下は羽毛のスミレ色に光る雉を御指さしになっていわれた。――この雉は二、三年前英国から取り寄せたものであって、英国でもごく珍しい種類で、他の雉類と比べると、繁殖率が非常によく、飛び方が速いから、猟鳥としてもっとも理想的である。それに肉の味も大変に結構で、英国の猟場では大はやりの種類だと、御説明になり、そしてこの雉の学名は——といわれてから、陛下はちょっと説明につまられるとおもむろに私の後に控えていたブーレッシュ博士の顔を御覧になった。これまでにも陛下はよく長い学名を思い出しになれなかったときは、無言のままでブーレッシュ博士の顔を御覧になった。すると博士はスラスラと長いラテン名をいうのである。それでこの雉の場合もそうなのであったが、不動の姿勢を取ったブーレッシュ博士は、このたびだけは少しもじもじしていた。博士の専門は昆虫であるのに加えて、この雉は最近発見され命名されたばかりのものだったので、まだ学名は専門以外の人の間には、親しまれていなかったのである。

博物館の広い部屋はしんとして静まり、ブーレッシュ博士はなかなか口を開こうとしなかった。そこで私は、懼る懼る御返事を申し上げた。その雉はテネブローサスtenebrosusと申しますというと、陛下は、ああそうであった、と御満足げであった。次にこの雉は誰の発見であったかしらと、私の方を向いて質問された。それで「この雉を発見して命名したのは私でございます」とお答えした。陛下は再び私を御覧になった。ブーレッシュ博士もああそうであったかというような顔をした。なるほど考えて見れば、雉の命名者の名も今日の訪問者の名もハチスカだったっけ——というようなことを国王は気軽に話された。この小さなエピソードを陛下は深く印象にとどめられたらしく、そのとき以来鳥類に関する種々の御質問は私のところへおかけ下さることが随分多かった。

広いギャラリーを一巡し終ったときはもう大分暗くなっていた。

御別れの時、陛下は明日十時参内するようにと仰せになった。私は御所の正門前からほど遠くないホテルに帰り、一人で夕食をとった。壁には皇帝及び皇后の大きな写真がかけられている。その下で、私は独り小さなテーブルに陣取ってブルガリヤ料理を食べた。

翌朝、私は折目正しいモーニング、白い洗い立てのシャツに服装をととのえ、そしてマネージャーを呼んで、特に靴を注意して磨くようにと命じた。十時五分前御所の自動車で乗りつけたブーレッシュ博士が、山高帽を左手に持って私の部屋をノックした。

謁見の時間は十時である。多勢の宮内官に案内されて私が大広間に通ると、陛下はこの室で私に謁見された。それがすむと陛下は私に二階の書斎にくるように、と仰せになり、さきに立って石の大階段を登ってゆかれた。私はきらびやかな宮殿の中をなんと説明してよいか充分な言葉を知らない。陛下のお居間では、小さな机の上に置かれてあるものまでみなクラシックな趣味のものであることが私の印象を深めた。絹の織物ではられた壁の上には、沢山の大型の油絵が、あちらにもこちらにも掛けられていた。

陛下は机に向って座をしめ近くにきて腰かけるようにといわれた。大きな机の上には沢山の書類がうず高くつみ上げられ、その横には何本かの鉛筆が消ゴムやナイフと一緒に規則正しく置かれていた。

陛下は私に向い、恐らく三十分近くであったろう、ブルガリヤの歴史、御即位から今日までの施政、とくに第一次大戦末期の政略及びバルカンの外交関係を、次から次へと御説明下さった。父君は退位された後、お子様たちを全部一部屋に集め、これから自分はブルガリヤを去らなければならないが、みんなのものは将来をどう考えるか、と仰せになったそうである。この時弟君や姉君などは父王と共に旅立つといった、けれども、年若かった自分は独りブルガリヤにとどまることに決心して今日に至っている、と説明して下さった。

陛下は語学に御堪能で、四五ケ国語をすらすらとお話しになる。私とは主として英語でお話しになり、時々フランス語の適切なエクスプレッションをまぜて意味をはっきり説明された。私が初めてボリス三世に拝謁した年に、高松宮殿下がブルガリヤ皇室を訪問された。その時の御土産の一部として美しい五葉の松の盆栽があったが、それを陛下はお居間の中央のテーブルの上に置かれておったので、美しい松の緑色は優雅な枝振りと共にひきたっていた。陛下はこの盆栽を特に寵愛され、手入れ法などについて色々と私にも御下問があった。

陛下は机をお離れになると私をもう一つ奥の居間に御案内になった。すべてドアーは二重になっている。音の外にもれないのと、寒い冬、室温が下らないためにも重要な役割をするのであるが、このドアーとドアーの間は余りに広く、ちょっと廊下に出たような気がした。次の御居間は御書斎と全然様子が変り、中央の大テーブルの上には色々な本、写真などがところ狭きまでに置かれている。

陛下は汽車の運転にも極めて御趣味がお深く、自ら新型の機関車を全速力で馳らせては楽しんでおられることもあるということで、このお居間には機関車のモデルが三つも硝子戸棚の中に飾られていた。モデルといっても一つの長さが三四尺もあるので、細かい点までが実物と少しも違わない精巧な品である。また撞球にも熟練しておられると見えて、陛下が上衣を脱がれシャツの腕をまくりあげてキューを片手に、椅子に腰をかけておられる大きな絵が壁にかかっていた。この部屋が一番陛下の個性の出ているところなので、私は珍しいもの見たさにキョロキョロしたいところだったが、そうするわけにもゆかず、モジモジしていた。すると陛下は私の気持を見抜かれたらしく、私の目にとまるものを次々に説明して下さった。

直径一尺ほどの丸い銀の板が飾られてある。そのお盆のような板の上には、一ぱいに大きく陛下の横顔が浮彫されていた。「あの大きな鼻で分るだろう」といって陛下は笑われた。これは近々発行される銀貨の原型であった。なるほどお金にはこんな大きな原型が必要であるかということが初めてわかった。貨幣の模様などは小さいから余り気にもとめて見ることはないが、もし直径一尺もあって総べての細かいところが明らかであったなら、それは一箇の芸術品であって、その意味でも非常に価値のあるものだと思われる。ボリス三世のプロフィルは、ある有名な英国の彫刻師が製作したものである。

それから陛下は私に座をすすめられ、滞在の日程などを細かにおききとりになった。そして自ら色々のプログラムを立てて下さった。例えば、あのお寺は有名なものだ、高松宮は時間がなかったので行かれなかったが、貴方には是非見て貰いたい——などと仰言って、案内にはブーレッシュ博士を付けるから遠慮なく彼に相談をするように、と思いやり深いお言葉を賜わった。

その日の午後、私はブーレッシュ博士と共に、お差廻しの自動車で動物園を見学することにした。というのは、その日晩餐の御招きにあずかっていたので、午後のうちにできるだけブルガリヤの見聞を広めておいて、ディナーの時の話題を沢山拵えておこうと思ったからである。

国都ソフィヤの人口は、日本でいうと広島くらいであるから余り大都会ではないが、通りが非常に清潔であるのには吃驚した。鋪装道路は丹念に掃き清められ、まるで反射鏡のように光っている。電車の電燈を支える柱の中ほどには丸い手摺のようなものが作られていて、そこには美しい花が咲きほこっている。公園には鬱蒼と古い樹木が繁っていて、芝生の上やベンチの角などには人になれた白子鳩が餌を漁っている。この鳩は日本では極めて稀な鳥であるが、ブルガリヤでは何年か前に飼って放したところ、現在では町中木のあるところではどこでも自然に繁殖している。お寺の屋根の鳩のように穴に巣を作る習性を持たず、山鳩のように木の枝に巣をかけるから、公園は白子鳩の理想的なサンクチュアリー(保護地区)である。動物園の広場にもこの鳩が沢山餌をあさっていた。

園長のパテフ氏に案内されて動物園を隈なく参観する。

ここで私の特に注意を引いたのは、ブルガリヤは冬になると仲々寒く、数ケ月も雪が積る。だから虎やライオンのような熱帯産の大動物の檻には充分に暖房装置が施されていることであった。大動物の中で私が初めて見たものは、バイソンと角のない品種の牛との雑種であった。大きくて立派な恰好の動物であるが、角はごく小さくてつけたりの程度に過ぎない。

この角にさわってみたところ、頭骨に附着していないからぐらぐらとやわらかく動いた。牛類の角のシンには一まわり小さい骨が入っていて、頭骨に附着しているのだが、この雑種には角のシンがないのである。

ソフィヤ動物園にはこのほかに、他所では見られない珍しいものがある。それは繁殖をするヒゲワシであって、ロンドンやベルリンのような動物園ですらソフィヤのヒゲワシが毎年卵を産み雛を孵すことを羨んでいる。ヒゲワシはヨーロッパ最大の大鷲で、翼は長く尖り、尾も長く延びて先が尖っている。嘴は大鷲のように強大ではないが、下嘴のつけねに下の方に向って黒くて硬い頬毛が沢山生えていて、ひどく獰猛な面相に見える。

ヒゲワシは欧洲では昔アルプス山の高いところで繁殖していた。現在ではモロッコのアトラス山脈にも棲息しているのを私が見届けたこともある。この鷲は普通の鷲のように深林地帯にいたり、または海岸地方にはいなく峨々とした岩山を根城としている。ヒゲワシが昼間平原の上空高く餌を求めて翔る姿は、ちょうど南米のコンドルに似て雄大なものである。この鷲の内でも非常に大きくて力の強いヒゲワシを、如何に大きいとはいえ限りある動物園の檻の中に飼って繁殖させるのだから、飼育者の腕前がどれほど卓越しているかがわかるであろう。ソフィヤの動物園のヒゲワシの檻は、それほど大きいとも思われなかったが、その中に六七羽の立派な鳥がおとなしく止まっていた。羽色は皆同じで、特に胸、腹の辺りがほとんど純白である。

ヒゲワシの若い鳥は黒くて汚い。けれども成長して新しい羽毛と生え代ったとき、野生のものは体の下部が赤褐色に染っているのが多い。ヒゲワシの棲息地の水は鉄分が多く、この水でゆあみをするために体の下方が変ってしまうのであろう。日本でも、雁や鴨の類の腹部や嘴の基部の羽がよく褐色に染っていることがあるが、これは水田の水のアクによって色がついたのである。

ソフィヤのヒゲワシの檻の中には綺麗な砂が敷きつめられていた。そして与える水は水道であるから、羽毛はいつも綺麗で、自然に棲息するものには見られないほど白くて美しかった。奥まった隅の地上には、巣の材料となる木の枝が少し敷かれていた。

動物園を一巡して私が感じたことは、ブルガリヤの気候が非常に満洲に似ていることである。夏は暑くて乾燥し、冬は積雪の期間が長くて人々は家の中にとじ込められてしまう。そしてライラックやアンズの花の美しい春と、またたく間に去ってしまう秋とがある。満洲とブルガリヤ即ちバルカン地方は、それほど気候が似ているから、動物の分布についても同じことがいえる。前日博物館で見たモグラネズミは、西欧にはいないがバルカンにはいる。そして東洋まで拡がっているが、満洲が分布の東極であって、朝鮮や日本にはいない。ヒゲワシの分布も大体これと同じだということができる。

その夜燕尾服を着た私は規定の時間に参内した。

ブーレッシュ博士はまるで私の係りのように、どこへ行く時にも必ず現れて案内をしてくれた。その晩、宮殿の長い廊下を導いて陛下のお待ちになっているお部屋に案内してくれたのも彼であった。

晩餐の主賓は私一人であって、他は皆御家庭内部の方々であるらしく、一人一人に紹介された。最も上座につかれると思ったのは中年の婦人で、他の一人は青草色の洋服を召され、年の頃二十を少し出たばかりに見える妙麗の貴婦人である。それから背の高い紳士は、陛下の弟君のシリル殿下であって、見るからに胸を張った軍人タイプの方である。その他の人々は、侍従武官や女官長等であった。

私はこの応接間に入った時陛下が何と皇后陛下に私を御紹介下さるか、あるいは皇后陛下を私に何といってお引き合せになるか非常に注意を払っていた。けれども私はうっかりしていたわけではないのだったが、その御言葉を聞き落してしまった。欧洲の皇室の方々にお目にかかって見ると、皇后や妃殿下を御紹介下さる時、皇后や妃殿下とか仰言ることもあるが、ただ単に民間の習わし通りマイ・ワイフ（我が妻）といわれる方も少くない。それで、ブルガリヤの皇帝が皇后のことを何と御紹介になるか、私は注意していたのであったが、ついに機会を失ってしまった。

私を食事にお導き下さると陛下は大きなテーブルの片端にお掛けになった。そして私を右側の主席におつけ下さった。そして左側、即ち私の真正面には青草色の服をつけた夫人が坐られ、その隣りがシリル殿下であった。そして私の右側に坐った方が鼠色の服を着た夫人で、その先がブーレッシュ博士を始めとし、次々に宮廷の人々である。ところで私は、椅子に着いてはっと驚いた。というのは、私の右に着席なさった鼠色の中年婦人は二番目の席順であるから陛下のお妹君でなければならない。そして私の正面に着席しておられる青草色の洋服の妙麗な婦人が皇后陛下であることに気がついたからである。皇后陛下はイタリー皇帝の第三内親王殿下で、数年前ボリス皇帝のところへ嫁がれたのであった。

この夕お召しになった萌草色の服装は、イタリーの由緒深い勲章のリボンの色と同じである。

食事の間、陛下は四方山の話を遊ばして新しいことを沢山教えて下さった。動物園の有名なヒゲワシの繁殖状態について伺うと陛下は特に御満足気であった。

……ヒゲワシは必ず卵を二つずつ産むが、成長するのはそのうちの一つしかないのが原則らしい。北アフリカなどで雛が親くらい大きくなって飛べるようになる時観察して見ると、人のとても登れない高い岩角に作った巣から親と一緒に飛び立つ黒色の雛は必ず一羽で、二羽の若鳥が飛び立つことはまだ例がないということである。それでは二個の卵が一個しか孵化しないかというとそうではなく、二個とも必ず孵る。ところが親鳥は、その中の発育の良い方に餌を余計にやるので、もう一つの方は育たなくなってしまう。時によるとヒゲワシの子供は自分の妹か弟を、産れて最初の食事に与えられることもある……と陛下は極めて興味深く話して下さった。ソフィヤの動物園でなければできない貴重な観測である。

食事のコースは段々に進んで話題は次から次へと変る。そして陛下の御猟場に何か珍しい鳥や獣を放し飼いにしてはという話に花が咲いた。それで私は英国のベッドフォード公爵のエステートの模様を申し上げ、そして中国でいう四不像の来歴をお話したところ陛下は興味深くお聞入りになった。

中国の古い文献を見ますと四不像という不思議な動物の名前が書いてございます。この名の意味は説明によりますと、蹄は牛に似て牛に非ず、頭は馬に似て馬に非ず、体はロバに似てロバに非ず、角は鹿に似て鹿に非ず、と記してございますので、牛馬ロバ鹿の四つの動物に似てはおりますが、そのどれでもないという不可思議な形を備えている動物でございます。それで四不像という名前が起ったのでございました。その動物は文献では非常に有名であるにもかかわらず、その実物はまるでキリンや鳳凰のように見たという人がいませんでした。北京には立派な宮殿がございまして、高く囲らされた塀の中には池があって、その真中には優美な眼鏡橋がかかっております。また黄色い屋根瓦の御殿の反対側には、鬱蒼と茂った森もあり、その一部分は動物園になっておりました。中国の人は随分大旅行を致しますから、この動物園の中にはなかなか珍しい鳥獣が沢山飼われていたのでありましょうけれども、これらは一般の人に見せるようなことはもとよりなかったのでございます。それで私の申し上げる四不像も、実はこの高い塀の中に養われていたのですが、誰も知らなかったといってよいのでございます。御殿の人々ですらこの珍しい獣がいつの時代から飼われるようになったのか、また原産地は中国のどこの地方であったのか、こうした事例は全然わからなくなってしまっていたのでございます。

ところで、ここに一人のフランスの宣教師がいました。名前をアーマンド・ダビッドArmand David神父と申し、今からもう百年少し前のこと、北京に永年住んでおりました。ダビッドは大変熱心な動物学者で交通の非常に不便なその時代、揚子江を遡っては支那の奥地にまで足跡を止めているような訳で、地理学者としても当時一流の人でございました。四川や雲南省の風物を欧洲に紹介したのはダビッドでございまして、今世界中の動物園で呼び物になっている大パンダはダビッド神父が発見したのでございました。ダビッド神父は北京に滞在中ふとした機会に変った鹿の皮を一枚手に入れました。これは宮殿の中から出たものでございました。そしてこの皮をパリーの博物館に送りましたところ、これが彼の想像通り有名な四不像であったのでございます。四不像とは分類学上から申しますと、近似属のない一属一種の大型の鹿でございます。それで新属名はエラフューラスElaphurusとし、新種名はダビッド神父に因んでダビデアナスDavidianusとつけられたのでございます。この鹿の顔は馬のように長く、蹄の二つに割れておりますところは大きいので牛に似ているとも申せましょう。それに尾は鹿としては割合に長くて、先の方に長い毛が生えておりますところは確かにロバの尾に似ております。四不像が学界に発表されますと、方々の博物館では是非この珍獣の標本を得たいものだと躍気となりましたが、徒らに何十年もの月日が流れていったのでございます。今から四、五十年近く前になりましょうか、はっきりした歴史は覚えておりませんが、北京に団匪事件という暴動が起り、各国の軍隊が出動致したことがございました。事件が納まって見ますと、支那はいつでもそうでございます通り、北京市中は暴民のひどい掠奪に合いました。宮殿の建物や厳めしい塀などは残っておりますけれども、二つとない骨董品や宝石の類は随分持ち出されてしまったのでございました。そしてこの時、四不像もいなくなってしまったのでございます。

御承知の通りベッドフォード公爵及び公爵夫人は非常に動物学に興味の深い方なので、ちょうどその当時支那方面にアンダーソンというアメリカのコレクターを派遣しては色々な珍しい動物を採集しておられました。現在支那の大型の哺乳動物のうち、ベッドフォード公夫妻の名前を冠しているものが沢山ございます。アンダーソンという男はなかなかのやり手で、珍しい動物の採集に並々ならぬ手腕を振ったのでございました。彼は公爵のために北京の四不像を全部檻に入れて英国に積み出してしまったのでございます。支那の王様に代ってベッドフォード公爵が四不像の所有者となったのでございます。四不像は支那にいなくなってしまったとは申せ、あの大動物を専門に飼育しているベッドフォード公のエステートに行ったということは、種族保存の上から申しますと確かに幸運であったのでございます。そして段々に殖えて参りましたので、公爵は動物園などによく寄附をされましたが、もとより小さい場所では繁殖するものではございません。公爵のエステートには今二百頭以上に殖えていることと思います――。

と私は一座の方々にお話をした。その時まで興味深げにお聞きになっていた陛下は軽く口を開いて「王朝はつながっている。Dynasty is saved」

と考え深かげにいわれた。さすがに王様の御言葉である。

私が始めてソフィヤを訪問した時はトルコへ行く途中であったので滞在日数は短かったが、それ以後しばしば陛下の御招待をかたじけなくしてブルガリヤを訪れたものであった。

一九三五年の二月、私は日本に帰る前おいとま乞いのためブルガリヤ皇室を訪ねることになった。私は陛下に手紙を以て何日何時にソフィヤに到着致したい希望でございますが謁見が叶えましょうか、と伺った。けれどもこの手紙にはお返事がなかった。それで私は宮中の御都合もあることと思い、ともかくもソフィヤに着いて侍従長に電話をすれば短時間の拝謁くらいはできるであろうと考えた。

ロンドンに滞在していた私は自分で、操縦する飛行機の旅券(トリップ・チック)を整え、クロイドンを離陸していつも馴れている空の道へと上舵を取った。ドーバー海峡はどんよりと霧が深かったが、三千米ほど上って行くときらきらと太陽が輝き出してきた。ガラス越しに顔にあたる日の光がとても嬉しい。英国では冬ほとんど太陽を見られないからである。間もなくパリーが近づいてきたが、ここも霧でエッフェル塔は余り遠くから見ることができない。

旅券にべたべたと判を押して貰うと、また舞い上って東へ東へと飛び続けた。

欧州大陸の半ばにくると、海の影響がなくなって霧のないよい天気である。しかし寒気はひしひしと加わってくる。

南に見えるアルプスは、何十哩の遠くまで手に取るように連山の輪廓がコバルト色の空にくっきりと見える。エキゾーストパイプから取り入れたキャビンの中の暖房を全開しても、寒さは何となく冬外套の中にしみ込んでくるように感じられる。

しばらくして、私のコックピット(パイロット席)の下をダニューブ河が流れていた。河には一面に氷が張りつめていて両側の畑と同じ色をしていた。氷の上を他人や車が通っている。ビアナの飛行場に初めて車輪を付けると非常に堅い感じがした。飛行場は一枚の氷にカバーされていたからだ。私はこれ以上東に向って飛ぶことを断念した。なぜならば、私の飛行機は雪の上に降りるための橇を付けていなかったからである。

欧州はちょうど日本、朝鮮、満洲に比べると、地理の関係で風と天候が正反対なのである。冬の日本は大陸から吹く西風が強いから天気がよい。それと正反対に冬の欧州はロシヤ、バルカン方面から吹く東風が強い。そして満洲と同じように寒くて非常に乾燥しているのである。だからパリーやロンドンのようにメキシコ暖流の影響が強いところでは、東風が強いという日はお天気はよいが飛行機のエンジンがかかりにくい。

反対に西風が吹く日にうっかりしていると、視界がきかなくなるから、空で迷子になってしまうおそれがある。珍しくも西風の強い冬の朝、ロンドンで飛行機に乗ると、まるで気候が狂ったかと思われるように連日ちっとも晴れなかった霧が跡形もなくなり、二、三十哩の遠くまで見えることがある。そして一枚の木の葉や細い木の枝の上には、針のように輝いている霜がはっきりと見えることがある。何ともいえない美しさである。

ビアナに無事に着いた私はトルコ行の急行に乗り、ベルグラードで下りてユーゴスラビヤの皇室にも御暇乞いをしたのであった。ベルグラード社交界の断り切れない歓迎会に出席して慌しく日が経っていった。それからブルガリヤに入国した時は、私がボリス陛下に差上げた手紙に、何日伺ってお差支えござりますまいかと書いたその日にちより二十四時間遅れていたのであった。

ソフィヤの駅に着いて見ても出迎えの人がある訳ではないから、私は直ちにタクシーでホテルに室を取り御所に電話をした。すると時を移さずブーレッシュ博士が慌しく私の室へ飛んできた。博士は例によって慇懃な口調ではあるが、いかにも残念なという面持であった。

「実は陛下の御命令に依り昨日私は侯爵をお出迎えに、国境のドラゴマンという停車場へ御召列車をつけて参ったのでした。そして私は侯爵をお連れしてレキシノグラードの離宮に御静養中の陛下のところへ参る命令を受けておったのでございます。けれどもベルグラードから着いた汽車には閣下のお姿が見えませんので、とうとうソフィヤに引き返してきたばかりなのでございます」

と残念そうに述べた。

国王が私如き者にこれほどまでのお心尽しを示して下さったかと知った時、余りに自分が不注意であったことをせめずにはおられなかった。今度拝謁の時私は何と御詫びを申し上げてよいか、その言葉ばかりを思い悩んだ。

博物館のことでブーレッシュ博士の室を訪れると、二重硝子戸の窓近くに小さな金網の籠があり、中にはカメレオンが一匹枝に止まっていた。カメレオンは夏見た時と少しも変らぬ元気さで外の雪景色には一向無頓着な顔で小さな目玉をくるくるとさせていた。両陛下がレキシノグラードの離宮からお帰りになったので直ちにくるようにと通知がきた。私は懼る懼る参内した。私の顔を御覧になると、陛下はいつものようにお口もとに微笑を漾わせながら仰言った。

「お国に帰る前、バルカンまで暇乞いしにくる人は少ない。侯爵の礼儀を嬉しく思います」

と仰せられた。私は陛下の寛大な御心に打たれ、感泣の念が泉のように湧いてくるのを押えることができなかった。

その時ソフィヤにはちょうど絵の展覧会が催されていた。画家はブルガリヤの一流揃いで、中にはパリーやベルリンにまで名の知られている者もあるという。陛下は是非これを見るようにと仰せになって自動車をおさし廻し下さった。その時陛下が附け加えて御注意下さった。――展覧会場は博物館の中にあるが、この建物は何世紀も前にできたお寺であって暖房の設備がないから充分に暖かくして行くように――と。

私の外套はロンドンやパリーを歩くためのもので、毛皮がついていない。だから下着を沢山着てお差し廻しの自動車に乗った。車が博物館の入口に止まると私を待っていた館長は外套を着たまま出迎えてくれた。彼はフランス語がよく分るので、この時ばかりはブーレッシュ博士の同行を必要としなかった。ガランとした古い寺院の中の寒さはまた格別で骨身を刺し、流れる血を凍らすかと思うばかりである。

私が車を下りて館長と一言二言話をしている時、運転手がツと側によってきた。彼は両手に外套を拡げ、それを着るようにと私に勧める。この外套は薄水色で毛皮の総裏と深々とした衿が重ねられてある。だが二

枚も外套を着て歩き廻るのは体裁が悪いので、痩我慢ではあったが、私は運転手の言葉を遮り、左手を軽く挙げてそれは着なくともよろしいと合図をした。彼は慇懃に頭を下げると、外套を右腕に掛け自動車の方へ戻っていった。

絵には仲々面白いものがあった。ブルガリヤの風俗や田園の景色などが沢山あったので、印象に止めて置こうと注意して見た。ギャレリーを一巡し、館長に礼を述べ、暖い車の中に腰を下した時、私はホッとして蘇生の思いがした。

さて車に座をしめると私の横には、先ほど運転手が着るようにと差し出した外套がきちんと畳んで置いてある。長くて柔かで艶の良い衿の毛皮に手を触れると、指が埋れてしまうようであった。

その日のお昼、一旦ホテルに帰って身なりをきちんとしてから、陛下のお召しにより参内した。長い廊下を通ってお居間の方に近づいて行く途中には、三十も四十も帽子掛が行儀よく壁に取り付けられていて、その内の一つだけに外套が下っていた。それは今朝自動車の中に置かれてあった薄水色のそれなのである。咄嗟に思った。またしても陛下に御無礼をしたのではあるまいかと。もしかしたら陛下はブーレッシュ博士から私が毛皮の外套を持っていないことをお聞きになり、御自分の物を私に使わせるようにと御心を使われたのではあるまいか。もし運転手のいったブルガリヤ語が私に通じたならば、あの外套を拒絶するようなことは決してしなかったろうに。どんなにおかしな恰好に見えても構わない。私は外套を二枚着て、そして陛下の御慈愛深いところをブルガリヤ国民に知らせるべきであったのだと後悔した。この私の想像は適中した。薄水色の外套は陛下のものであって、特に私に着せるようにとお差し廻しになったものとのことであった。

宮殿の窓から見えるお庭の景色は、広い芝生も木立もみな銀世界であったが、お部屋の中は例のお書斎にも食堂のテーブルの上にも、温室作りの美しい桜草が今を盛りと咲き誇っていた。高松宮からのお土産とい

う例の五葉の松も、相変らず生き生きとしている。久し振りで奥のお居間に入った時、思いがけなかったのは、先頃陛下のお思召によってロンドンからお送り申し上げた私の写真が、マントルピースの上に飾られてあったことであった。

その当時、陛下はお忙しい政務のかたわら、動物学を御研究になっていたのであったが、私との親交をそれまでにも重んじていて下さったのかと感激の極みである。

その当時マリヤ・ルイザ内親王は御年二歳になられたばかりで、御両親のお慈しみを一身にあつめておいでになった。皇后陛下の御案内で奥の御子様部屋に伺ったとき、暖くて日当りのよいお遊び部屋には可愛らしい玩具が沢山飾られていて、まるでお人形のような金髪の内親王は母君に片手を托し、もう一つの手には四角い包をお下げになって、私の方へにこにこしながらいらっしゃった。そしてハチスカと私の名前をいたいけない声でお呼びになった。皇后陛下には、かねがね私が宮中に伺うことをお話になっていたものと見える。私は愛らしいマリヤ・ルイザ内親王の御手から四角の包みを恭々しく頂戴して、皇后陛下と同じソファーに掛けた膝の上で開いて見た。それはブルガリヤの名産である一種の焼絵細工の美しい箱で、中には皇室の御紋の入ったブルガリヤ煙草がぎっしりとつまっていた。ブルガリヤからは一種のトルコ煙草ができるが、特有の風味があるのである。私がこれを好きなことを皇后陛下はちゃんと覚えておいでになったのである。

その時皇后陛下には、御餞別として小さな箱を下さった。開いて見ると御紋章のついた香水の瓶である。ブルガリヤには美しいバラの花が沢山咲くので、土地の人はよい香水を拵える。ところがその頂戴した香水は香水のもとともいうべきオイルだったので、それを何十倍何百倍にも薄めて普通の香水になるというものであった。瓶の中の琥珀色の液体は半ば凍ってどろどろとしていた。皇后陛下は上等なオイルほど、寒い時に早く固まるものであると説明をして下さった。

その日ボリス三世から戴いた品々は私の身に余るものであった。一つはルビーとダイヤモンドを散りばめた御紋章入りのカフスボタン――それは国王御自身がお使いになるものと同じものである。それからもう一つは勲一等の勲章で、陛下が長い立派な箱をお開けになると、大きな勲章は燦然として輝いていた。

「これはどちらの肩から掛けるのでございますか」

と伺うと陛下は畳んであった赤いリボンをお解きになり、私の頭の上から右肩にお掛けになった。こうすると、結び目が左脇の下にくるようになるのである。このリボンの色は、ザクロのように美しい赤色をしていた。これは平和を象徴するブルガリヤの美しい夕陽の色に因んで、その昔、制定されたものであると陛下はお話になった。日本式に考えると朝日に因んでということは誰しも考えるが、夕陽というと、そんなには珍重しないものである。けれども読者のうち、滿洲を知っている人があったなら、いかに夕陽が美しいかを納得されることであろう。ハルピンのヨットクラブから松花江の彼方に沈んで行く太陽の燃えて融けるかと思える色や、ホロンバイルの洋々たる草原の空に赤々と照り輝く夕陽の色は、日本のような湿気の多い島国では到底見られない大自然の美観である。

先に私は、滿洲とバルカンの動物相が似ていると述べたが、夕陽の光にまでも共通しているところがある。

陛下はそれから小さな紙切れを私にお渡しになった。そしてこれを持って侍従長のところへ行き勲章を受け取るようにと仰言った。この日から、私はブルガリヤの高位高官と肩を並べることのできる宮中席次を授ったのである。

外国で勲章を頂く時には、いつも皇族の方から直接に賜わっているから、下さるお気持が頂く者によく通じるものである。フランスのように大統領のいる共和制の国では、文部大臣が日本にきた時に持ってきて胸につけてくれたことがあった。その時には、大臣の演説、大使の祝辞に続いてシャンペンがぬかれた。勲章はこういうようにして授けるべき性質のものである。頂く時の印象が永久的に深くなければいけない。文化的に世界最高栄誉の象徴であるノーベル・プライズは、スエーデン国王から授かるので、その時に受与者が褒状を受けると一発の祝砲がストックホルムの町中に鳴り響くという。なんと荘重な儀式ではないか。

ブルガリヤ皇室にお暇乞いをすました私は、日本に帰ってから、折にふれてはボリス三世とヨバンナ皇后に手紙を差し上げていた。いつでも必らず御直筆の御返事を頂くか、さもなければ長い電報を下さるのが常であった。日本鳥学会では、名誉会員の規則を新しく設けてボリス三世に会員となって頂いた。シメオン皇太子が御誕生になった時、私は自分のことのように嬉しかった。それから時代は次第々々に変り欧洲にも東洋にも戦争の火の手はひろまって来た。ブルガリヤは日本と違って宿命的な地理的条件にある。表門には虎、裏門には狼とは、バルカンの国家を指してよく当嵌る言葉である。ドイツとロシヤの圧力が加ってきた時、平和を愛するブルガリヤは再びドイツ側に立って戦の坩堝に投げ入れられてしまった。日本とブルガリヤとは国交が親密となり公使を取り交わした。そして昭和十七年の一月三十日国王の誕生日を卜して東京に日勃協会が生れた。私が副会長となって、両国親善のため出来得る限りの努力を尽したことは申すまでもない。翌る昭和十八年(一九四三)が巡ってきたが、この年を迎えたことは、ブルガリヤ国民にとっても私にとっても、例えようもないほどの深い悲しみであった。ごく短い間の御病気から、ボリス三世は、八月二十八日、突然崩御されたのである。戦争中の出来事だったから皇后陛下とどうしても御連絡申上げることができなかった。世界に平和は再び戻って来た。とはいえ、勝った方も負けた方も無い無いずくめで困っている時代とはなった。ヨバンナ皇后は、マリア・ルイザ内親王とシメオン皇太子と共にエジプトのアレキサンドリヤにお住いになっている。

長い長い悩みに包まれた孤独の月日をお過しになったであろう皇后陛下に、何年ぶりかで差し上げる手紙は、なかなか筆が自由に運ばなかった。日本からのニュースも決して明るい材料ばかりではない。ついに待ちに待った御返事のきたのは昭和二十二年の夏で、皇后は静かなその日その日を父君即ち退位されたイタリー皇帝の傍でお過しになっていらっしゃることがわかった。

カイロにはアラビヤ人のアバス・アリ・イスマイルという私の忠僕が住んでいる。彼を見出してから二十五年以上にもなるがまだ恩を忘れずに、私のことを思い浮べては、今一度下僕となって沙漠の旅行をしたいなどといつも書いて寄こす彼ではある。

私が戦争中は怪我もしないで無事であったこと、今は熱海に住んで相変らず鳥の勉強をしていることを知らせた時、アバスは一日に四度もアラーの神に感謝してくれたということである。アバスの息子と娘はもう一本立ちになっているというし、彼が六人の孫に取り囲まれている姿を思い浮べると私は微笑ましくてならない。

「アバスよ！　アレキサンドリヤには今ブルガリヤの皇后様がお住いになっていらっしゃる。一度御供の人を尋ねてもらいたい。そしてもしお前にできる御用を賜った時には、私に対する以上に忠実に働いて貰いたい。お前が四分の一世紀に互り主人に忠実であったことは、皇后様に私からお伝えしてある」

といってやった。

アバスからの飛行郵便の返事がきたのは十月末であった。

人の歴史は変っても、オアシスにはナツメヤシの実が例年の通りフサフサとなり下る時である。それに依ると、アレキサンドリヤにはコレラが発生してカイロからは手紙を出してもとどかない状態である。それで、もうしばらくたって行けるようになったら、直ぐ御殿に伺候致します――といってきた。

この手紙が着いた頃、ニッポン・タイムスにはアラビヤとエジプトにコレラが発生したので、米国の大型爆撃機が何十噸もの予防注射液を積み込んで上海を出発、印度に向ったという記事が出ていた。

私が、ブルガリヤそのほか欧洲の皇室から御寵遇を受けるようになったのは、一重に学問に親しんでいたお蔭であった。ところが日本では、同じく動物学に御造詣の深い天皇陛下との間には未だに十重二十重の垣根があって、民間の動物学者が自由にお話し申し上げることもなければ、陛下が学会にお出になることもいまだにないのである。

もし、話にばかり聞かされている宮城内の博物館図書館において陛下の御研究ぶりを拝見することができたらば、そして陛下が学会に御出席になったとしたならば、我が国の学界は、どんなに生気を得て栄えることであろう。

こういうことがあった。――私は昭和十八年「南の探険」という本を出版した。私の取材はフィリッピンの探険であって、私が大量の採集品と共に再びロンドンの大英博物館に戻って標本の整理及び学術書の出版にとりかかった時の模様を書き、陛下に関するエピソードを入れた。それはこうである。

博物館にリスター嬢という陛下と同一専門の人がいて、ある時、陛下が宮城の中かどこかで採集遊ばした材料を調べたところ新種が沢山あった。そして自分が発表するお許しを得たのでその一つをインペリアリス（天皇の意味のラテン語）と命名した、と大変喜んで私に話をしたことを書いた。もう一つは陛下をリンネ学会の名誉会員に御推薦申し上げることであった。博物をやる人でリンネの名を知らぬ人はないほど有名なリンネはスエーデン人であった。世界中にリンネ学会というのが方々の国にあるが、英国のリンネ学会は、リンネ自身が作った植物のコレクションを持っているので世界一権威のある学会なのである。そしてこの会にはその当時、ジョージ五世がたしか名誉会員だったか、パトロンだったかになっていらっしゃった。それからリンネの生国であるスエーデンのガスタヴ皇帝も、名誉会員である。ガスタヴ皇帝はもう八十何歳の御高齢だから、会員におなりになったのは随分古い昔のことである。

このリンネ学会で、日本の陛下を名誉会員に御推薦申し上げようということになったので、私が色々蔭でお手伝いすることになった。学会には会員名簿があって、それには陛下の御サインが必要なのである。ところがこの名簿は持ち出しができない。それで協議の結果新しい頁を一つ殖すことになった。いったいこの名簿は、ヴェラムという羊の皮でこしらえた紙で、桐に鳳凰などをあしらった模様を極彩色で描かせた。そして日本へ送ったところ、しばらくするとヴェラムの中央に陛下が筆で御署名になったものが学会に送り返された。私の滞英中には、以上のようなことどもがあったので動物学者としてとても肩身が広い思いであった。

このことを、私は「南の探険」の中に書きたいと思って、間違いのないように原稿を宮内省に送り、目を通して貰うことにした。すると宮内省では——第一、戦争中陛下が動物学を遊ばしていらっしゃることなど宣伝して貰いたくない。第二にそれは事実でも、陛下が席順の上で外国皇帝の次位につかれるようなことを国民に知らせて貰いたくない、というのであった。それで私は、以上の文章を「南の探険」の原稿から全部カットしてしまった。

随分世の中は変ったものだ。しかしいつ止まるともなくまだまだ変って行くことであろう。

いくら王様や皇后様だといってもトランプのキングやクイーンのように版で押した型のあるものではない。テニスの好きな王様、随筆の達者な皇后陛下、狩猟に夢中な皇太子、それから山登り、ダンス、ドライブ、ゴルフ、切手のコレクション、骨董道楽、庭いじり等、みなスポーツや趣味好みにたっぷり個性があらわれている。そしてこれらを通じて政治や国籍を超越した友人を持っていられる。それでよいのである。

モロッコへの旅

私は永らく欧羅巴に於いて教育を受けた者で、その間主として大英博物館、私立ロスチャイルド博物館、剣橋大学及び巴里博物館等の依頼を受けて、其等の館員と共同の下に、あるいは欧羅巴に於ける人跡未踏の地方、即ち北は北極圏を越え、南は地中海の諸島に至るまでの各地方に、あるいはまた亜弗利加の沙漠地方に、動物学上の探険旅行を試み、自分としては生涯忘れる事の出来ない深い印象を、是等の旅行した各地方から受けて居る次第である。最後に昨年は北亜弗利加を専用自動車で、三個月間鳥類を主とし、其の他哺乳類、蝶類等の採集を行ったが、未だ夫れに就いては時日も経過して居ないので、何処へも何等の記事を発表して居ないから、茲にその旅行記の一端を掲載するのも、強ち無駄でもあるまい。

それは丁度一九二七年の三月であった。当時大英博物館で研究をして居た私は、帰朝する前に、私の憧れの土地である沙漠の生活を、是非今一度繰り返して見たいという希望で、ロスチャイルド卿の私立トリング博物館(The Rothschild Museum, Tring)と協力して、未だ動物学的探検の不充分な仏領北亜弗利加に旅行することに定め、数個月を費して、漸く準備は滞りなく出来上った。尤もこの旅行の学術的発表は多分本年中にNovitates Zoologicae誌上に於いてするはずである。

政治上、現今仏領北亜弗利加と呼ぶ地方は、チューニシヤ(Tunisia)、アルゼリヤ(Argeria)及びモロッコ(Morocco)

の三つに分かれて居るアラブ人種、及びバーバー人種の国を指すので、その他モロッコの北海岸に沿ったスペイン領モロッコも、亦動物学上では同一境界に入るのである。それで動物学上からいえば、仏領北亜弗利加にスペイン領モロッコを加えた土地は一括して差支なく、之を総称する適切な言葉は現欧洲語にはないが、昔羅馬人は此の地方をAfrica minorと呼んで居たが、此の称呼は此の土地一帯に最も相応わしいものであるから、今後少なくとも科学的用語としては、これを使用しようと思う。

此の旅行は最初チュニスに上陸し、海の東方に見得る地域から、時日を逐うて西へ西へと進行し、遂には大西洋を西に見る様な海岸地域に到達した。そうして探検用特別仕立のシトロエン(Citroen)自動車のメーターが驚くべし、彼是一万粁近くの距離を走って居ることを示した。此の長い長い旅行の次第を残らず誌すことは、限られた紙幅では到底許さない所であるから、その中で最も吾々の努力したモロッコのアトラス山脈(Atlas)を中心として、その高原地方南方の沙漠中に散在するオアシスの奇しき状態を誌すに止めて置こう。

一九二四年、仏蘭西の著名な自動車製造者シトロエン氏は、自ら製造して居る自動車の宣伝を兼ねて、沙漠用の無限軌道自動車の一隊を組織し、サハラ大沙漠横断に成功し、一隊は遂に無事マダガスカルに到着したことは、嘗つて日本に於いても注意を惹いたことである。これは従来仏領北亜弗利加からセネガルへ達するには、非常な日数を要する船舶に依る他に道が無かった代りに、総べての点に於いて便利なサハラ大沙漠を東南へ横断する通路を開拓することを企てて、成功したものである。此の通路たるや、昔数世紀以前に於いて中央亜弗利加から欧羅巴大陸へ向け、無数の奴隷を使役して運搬された象牙の商人キャラバンの通路を再興するに如くはないとの考えを以って、奴隷売買中止以後、頓に寂びれて終った南方サハラの一都市トンブクトゥ(Timbuktu)へ地中海沿岸から一直線に抜けねばならぬという事に着眼し、先ずアルゼリヤの首府アルジャ(Alger)を出発し、最後のオアシスであるコロンベシャー(Colom-Bechar)を最後の北方の出発点とし、一

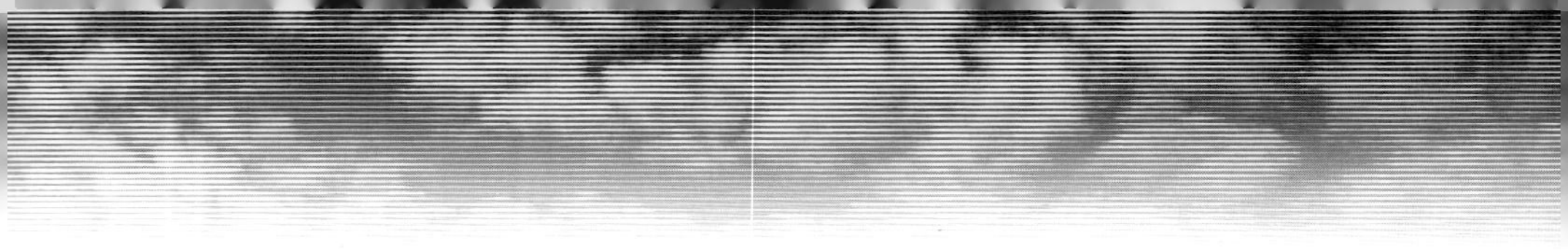

気にサハラ沙漠南端の都市トンブクトゥへ抜けることに成功したのである。此の著るしい計劃が成就して以来、仏国政府の援助に依る仏蘭西本国と中央亜弗利加との通過距離を非常に短縮すべき陸路開通事業に、国民は非常な期待をして居たものであったが、残念なる哉、獰猛なるアラビヤ土人と、沙漠を巣窟とするベドウィン土人(Bedouin)の掠奪が劇しかったため、遂に此の国民期待の計劃は一時中絶の止むなきに至ったのである。

さて話は私達の探険隊のことに立ち帰るが、吾々一行が、アトラス山脈の南方アルゼリヤ、サハラの最南のオアシス――コロンベシャーに到着したのは一九二七年四月上旬であった。オーレヤンビル(Oreansville)、またはマスカラ(Mascara)は未だ北海岸の雨量に富む地方の影響が多く、穀物を初めとして、綿、葡萄等の栽培の盛んな土地であるが、それが僅か三十粁の南方に下ると、今まで青々と繁茂して居た樹木は素より、一株の草も見えなくなり、唯見渡す限り、一面に黄褐色を帯びた沙原であって、遥かに見える峨々たる山脈も、総べて赤裸々で、其処には一木の生うるだになく、真に荒涼を極めた別世界に入ったことを、つくづく感じる。豊饒な土地、即ち人類の安んじて居住し得る土地と、この甚だしい瘠土たる沙漠地方との境界が、斯くまでに判然として居る光景は、実地にその土地を踏んだ者でなければ、決して的確に想像することは出来ないであろう。凡そ自然科学に興味を有するものの、斯かる地形の変化曲折をまのあたり見て、誰か驚異の眼を睜り、感歎の声を発しない者があろうか。斯くて私達の一隊は一粁を行く毎に、その景観の変転する土地を興味多きものに思いながら、その辺を飛翔しつつあったカンムリヒバリ(*Galerida cristata*)を数多採集したことがあったが、一つの畦の耕作のある側に産するものは極めて体色の黒ずんだもので、またその反対側の沙漠に産するものは体色が黄褐色に富んで居る。これはカンムリヒバリの保護色の甚だ顕著なもので、決してこれは一代限りの変色ではないのである。此の黒ずんだ土地に棲むものと、黄色の砂土地に棲むものとは決して交雑することはない。而して若し片側のものを銃声、其の他の方法で脅かした時は、其の鳥は土地の色を異にした方へ飛び去ることは甚だ稀れであって、また鳥の食物に至るまで、その生活に偉大な影響を及ぼすことを痛切に感ずる次第である。本邦で冬期東京辺で見得る鳥類が、夏期になると津軽海峡を越えて北方の地で蕃殖する種類は甚だ多いが、是等の鳥が斯様に広い範囲に渉って棲息するに反し、同じく飛翔力の強いヒバリでも、北部亜弗利加地方に於ては、沙漠地方のものと、耕作地地方のものとの間に於いて、斯くの如く生活上の相違が、僅か我が踏む足の、右と左との一歩の差で、顕著に現われて居るのは、誠に注目に値する事実である。

さてそれから沙塵を浴びつつ、コロンベシャーに辿り着くまでには、アインセフラ(Ain Sefra)、フィグィグ(Figig)という二つのオアシスを通過しなければならぬ。この地方のオアシスには鬱蒼たるナツメヤシの大森林や、ハルファ草(Halfa grass)の生い繁る広漠たる地方が多く、殊にアインセフラの如く、中央アトラス山脈の中腹辺では附近の禿山に二米以上の白皚々たる降雪を見ることもあるので、冬期二個月間は幅二十米近くの、末は軈がて沙漠に消え失せる河流をすら見ることが出来る。また此の辺の部落には森林地帯に棲む豹、及び同じ様な動物ではあるが、沙漠に産し、木登りは出来ないチイタ(Chetah)との両種の猛獣が跋扈して居り、其れにまた十九世紀の中頃までは物凄い北アフリカ特有の獅子の咆哮するのを村落から聞くことが出来たのである。また大きなトカゲの類ではArgama bibroniと云う色彩の毒々しいのが、スダン地方に数多産するのを見る。

斯くして一行は到頭目指すコロンベシャーに到着した。頃は四月の中旬であったが、空に輝く日光の強さは熱帯に近いために、宛も東京の六七月の其れに匹敵して居る。今や西の地平線に没しようとする夕陽は橙黄色に燃え、漫ろに一種の哀感を唆ることもあった。また沙漠の荒野に一度夜の帷の下るや、大空に冴え渡る満月の光が、白く塗ったアラビヤ土人の家々の建ち列ぶ部落の上を照らす光景は、誠に男性的の雄大な感じを惹き起さしめるものである。そうした景色を明け暮れ、眺めつつ私は其の辺に二週間を過ごした。

此の沙漠中には仏蘭西政府のForeign Regionという外国人許りに依って混成された聯隊、アラビヤ土人から成る馬術と射撃法とを以って其の精鋭な事が欧羅巴に聞えるスパヒ(Spahi)軍隊の駐屯する所であって、夫れに附属して最も完備せる二十台近くの飛行機を有する飛行場、及び無線電信局等が附属して居て、周囲の文物と比較し、我が耳目を疑う許りである。併し私達一行の宿泊した所は、唯名許りの旅館であって、白人兵隊の唯一の娯楽場となって居て、此処の宿屋の亭主と郵便局長とが、この土地では一番の有力者となって居る。私達の到着した頃は宛もイースター祭に当り、白人に取っては最も祝福すべき時であった。それで宿に入れば其処の酒場で、器用な兵士の楽に合せて、将校も兵士も一斉に享楽し、その未開地での不自由な生活の中で、之をせめてもの慰藉として居る。何時もながら私はその地訪問の最初の東洋人として、並々ならぬ歓待を受けた。否それよりも、未だ見たことのない人種の到来という意味に於いて、人々に甚だしく珍らしがられたのである。翌日は型の如くハータート博士(Dr. E. Hartert)と共に、司令長官を訪問し、英仏両博物館の紹介状、特に私は駐英大使松井慶四郎男爵の仏政府宛の紹介状及びその返事の写しを持参して面会を求めた。そのため私達には二人の土人を案内者に、またForeign Regionの一人の武装せるオーストリア兵を我々の滞在期間中自由に使う様に附けて呉れた。

一体このコロンベシャーのオアシスは極めて広大なもので、その内には今叙べた白人の軍隊以外に、土人の部落が数個程散在して居るが、彼らは都会に住むアラビヤ人とは異った、沙漠の健児とも言おうか、その慓悍な容貌は、赤銅色の皮膚と共に、そぞろその勇敢な種族である事を思わしめ、また炯々たる眼光は鋭く光り、両脚は細長くして、沙漠を駈ける羚羊にも比べることが出来よう。そうして砂丘だの、岩山だのを跳足の儘で馳駆する様は、到底吾々の企て及ぶ所ではない。この辺のオアシス中のささやかな池は、土人の女の唯一の洗濯場所で、白衣を纏う数人の女が、緩やかにその手を、池の汀で動かす有様は、さながら白鷺の姿にも似て、蛙の啼声や児童の歌声などが、その間に聞えて、他の国には見られないオアシス特種の情緒を現して居る。吾々にとっての第一印象は、このオアシス中の広場を駱駝の広場(Place de chameux)といい、住民の唯一の集合地となって居る所で、その南側に建てられたアラビヤ風の門に、Citroen探険隊の記念として建てられたものである。それが在りし日の壮図をまざまざと思い出させるのであった。此の地方の土人は足一歩ナツメヤシの森を離れると、果てしもない沙漠の原へと踏み出すのであって、実にこの沙漠は永遠のsymbolとは、私の痛切に感じた所で、若し海洋の宏大にして、その有する包擁力を愛するものがあるならば、沙漠は之に対して今一歩の親しみを加えたものと云えよう。一年に唯数回しか降雨を見ない常夏の国を照す太陽の光りは、無帽では僅々数分間もその直射の下には堪え得ないが、これに引き換え、日出前、または日没後は真に世界の他の地方では味う事の出来ない爽快な感じを得るものである。また風の強烈な日などは、朝方の沙丘が早や夕暮には深い渓谷に変ずるのを見るも、亦興多く、彼の飛鳥川の瀬と淵とが夢の間に変るという昔語りも思い合されて、今まのあたり自然界の急激な変化を見る事が出来て、ひとしおの感興を催すのである。斯くて日中はハータート博士と共にあるいは沙漠を渉猟し、あるいはまた土人の庭園内までも、土塀の隅の小さい出入口を開いては、変った鳥を探し求めて歩いたが、一度沙漠から現われた太陽が、一日の天の行路を滑って、また沙漠の彼方に没するや、間もなく闇の帷が、天地を隈なく蔽うと、異境の旅人たる吾々一行は限りなき不安心の境に置かれることになるのである。吾々は土人と交渉するに当り、随分彼等の信仰とかまたは風習には従った積りではあるが、一寸した彼等の信奉する神に対する不敬、または極めて些細な意志の疎隔のため、思わぬ危禍に陥ることもあり、彼等の復讐は主として暗夜に行われるので、それで吾々は万全の策としては、夜の外出を慎しむのである。それ故太陽の没した時を、其の日の仕事の切上時とし、黄昏には必ず沙漠の縁を辿って帰途に就き、なるべく部落に入る事を避けたのである。

それは吾々の到着した丁度二個月前の事であるが、アルジャでの報告に依れば、モロッコのアトラス山中に於いて、仏人地質学者が殺されたそうである。之は土人に取ってはある特殊の土地を発掘すると云う事は、その信奉する神へ対して甚だしい不敬に当るとされて居るが、不幸にしてこの仏人はこの辺の習慣を弁えなかったので、遂に不慮の災禍に遭遇したのであろう。コロンベシャー滞在中、最も吾々の感興を惹いたことはカンムリヒバリ、スナヒバリ、及びセネガル産のハチクイの標本を採取したことで、是等は何れも今回を以って新しく発表される物許りである。帰途は同じ途を辿り、先ずフィグィグに到着して附近の採集を行った。此の辺はアルゼリヤのサハラと言っても、地理上ではアトラス山脈の南端に接近した地方で、山腹には二段三段と層をなして建てられた土人の家屋は、このアトラス山地にのみ見られる、特徴のある様式であって、人種は主としてバーバー人で、アラビヤ人は寧ろ少なく、その提げて居る刀は皆モロッコ式のものであった。旅人は皆村の小さなレストランで食事をするが、また此処には土地の色々な産物の陳列所があって、就中私の眼を惹いたのはアラビヤ珍味クスクスを入れる器で、之は丼型の土器であるが、その内面に現した模様は、非常に精巧美麗な幾何学的の線条から成り、その色彩と相俟って、殊にアラビヤ芸術の精髄を表現して居ると言える。その次ぎは土人女の使用する装飾金属類、耳輪、腕輪、足輪、首飾り等で、皆夫れ夫れの特徴があって、中々に趣きを有して居る。また砂糖塊を破砕するために使用する装飾のある金槌や、駝鳥の皮で作った手箱、その他盛装の際に用いる駱駝用附属品等、珍しい物が可なり多かった。此の陳列所は床の土間で、其処には数多の針鼠が飼ってあった。之は北亜弗利加産のauritusと云う耳の大きい種類で、屋内に侵入して来る色々な厭な虫を捕食するので、飼主の為に甚だ重宝がられて居る。此の様に実用として針鼠を飼って居るのは他の村落でも往々見た事があるが、ある所では食事をして居ると、其の足許に匍い寄って来て落ちた麵麭の破片を拾ったり、または飼犬と睦まじく遊び戯れて居る所を見た事があった。此の針鼠は誠に愛すべき小動物で、瑞典の一友人は、其の庭で猫と一緒に牛乳を与えて居るが、実用として之を飼養して居るのは、此の土地以外に未だ聞いた事がない。尚此の辺の沙漠には、Argama bilroniと云う煉瓦色の毒々しい斑紋を有する中央亜弗利加を原産とするトカゲを発見した。之は僅か一尺足らずの小動物であるが、其の当時約二糎程の大きな卵をその腹中に十一個程も持って居た。先ず此の位の獲物で我々は沙漠を去り、愈々モロッコに入国する事となる。

　斯くて愈々ウジタに到着したが、此処はモロッコに入る国境に当り、当り前ならば非常に面倒な税関を通過しなければならないのであるが、併し幸にして今回の旅行に際しては、親切なモロッコの官憲が、今までに経過して来たチュニシヤとか、またはアルゼリヤ以上に、吾々一行の為めに好意を寄せて、出来るだけの便宜を計って呉れたのである。それに対して、私は当地の仏蘭西総督、ラバットに於ける科学協会、及び当地サルタンの一方ならぬ援助を深く感謝しなければならない。何時も国境を越える時に問題になる銃弾乃至自動車も、此処の税関では何等の手続も要せず無税入関を許してくれたのは、彼等の非常な好意を示した証拠で、感謝に堪えなかった次第である。一体このモロッコは表面上仏領であっても、サルタン王、即ちセリフによって統轄される国であるから、欧洲の大国内で事を行うよりも、万事が甚だ簡単な手続で済ますことが出来て、大きに便利であった。尚当地の施政に就いても総督は十二分にその手腕を振う事が出来るので、現代の発達せる科学は到る処に応用されてある。先ず第一、吾々の入国して以来、注意を惹いたのは、国内に縦横に通じて居る道路であって、此の国の陸上の運輸機関は汽車よりも寧ろ自動車に拠る所多く、其の完全を極めて居る道路には立派な道標(Sign Post)があって、到底それは欧洲内地には見られない程、精巧なもので、百粁内外の速度を以って疾駆する自動車でも直ちに之を読むことが出来る。また十字街は少なくて多くは交叉せる一方の道路は極めて傾斜の緩るやかなトンネルとなって居るから、衝突の憂などは絶対にないのである。この話に於いて吾々は今ウジダ(Oujda)を出発して耕作地の平原を止め度なく西へ西へと進んで居るのである。

爬虫類としては路傍に青色のトカゲ、または淡水中にはドロガメ等を幾疋も見かけた、よく見ると是等は地中海沿岸に産するものと同種類である。

ある日の正午頃であったか、最早や沙漠旅行もコロンベシャー以来、之が名残りかと思って居た処、二十分足らずして再びハルファ草の此方彼方に点々と生い茂った広漠たる沙地に出て終った。此処では気候が急激に熱くなったのと、また空気が甚だしく乾燥して居ることを感じた。そして不用意にも自動車の冷却器に水の欠乏して居たのに気が付かなかったのであるが、ふとそれを発見して、折柄通り合せた土人の所持した羊の皮袋に残って居たのを二ガロン程譲り受けた。途すがら沙漠ヒタキ(Enanth moesta)の一種が蕃殖して居るのを採取した。其の蕃殖時期等は総べて二〇〇哩南方の沙漠地帯と別段異る点を見出せなかった。之は生物分布を考察する上に於いて頗る興味ある現象であって、尚また此の地方の動物に就いての何事かが発表もされて居らぬ。

其の日は約四〇〇粁の道程を馳駆して黄昏にフェズの市街に到着した。此の地は往時サルタンの居住した所で、市街の様子が少しも欧洲風に染って居ない。市街は実に壮観を極めたもので、唯其の一例を挙げようならば、吾々一行の宿泊したホテルの建て方なども、壮麗なモロッコ式建築の好標本であって、其の中の狭い、くねくねした廊下は、吾々をして物語りに聞く迷路は斯くやあらんと、一種不可思議の感じを起させた。

次にメックネスMeknes市に着いた。当地はアトラス山脈に登る口であるから、十日後には再び引き返して来なければならない。其処でハータート博士の友人に会見し、登山準備の下調べをして当地を出発した。さて行先きは我々のモロッコに於ける最後の根拠地で当地の行政首府であるラバット方面である。途すがら従者の一人に北側に聳える山を指して其の歴史を尋ねた処、従者の言うには、あの山はスペイン領モロッコに属し、同国政府がモロッコ征服の為め、此処十数年以来兵隊を送って居る所で、今でも盛んに砲火を交えて居るであろうとの事であった。私の友人ミードウォールドという英国の鳥学者で、嘗つて当地に十四五年前に滞在して居た人の話によると、之から吾々一行が自動車を駈って通過しようとするモロッコ第一の大森林マーモラ(Marmora)は、其頃は兇暴な山賊の巣窟であって、白人の通過は絶対に不可能であったと云う。然るに其の後年月を閲するに従い、蛮地は次第に開拓され、山賊の棲家も一掃され、現今では坦々たる国道が通じて旅人の便利は限りなく与えられ、為めに吾々は護衛兵なくして安閑と車上に睡りつつ通過することが出来た。而して私の此の森林地帯に於ける特別の期待は亜弗利加熱帯地方特産のフランコリン(Francolinus bicalcaratus)という鶏の様な恰好の鳥と、今一つはアラブノガン(Eupodotis arabs)という朝鮮等に多く居る、山七面鳥、または野雁の約二倍程ある大きな鳥に出会おうとする望みであった。またこの地方に鬱蒼として茂って居る樹木は、彼のコルクを生産する樫の一種で、之が此の地方の最も重要な物産である。此の辺は中央亜弗利加と異って、森林中の地面を覆う下草、灌木、または蔦の類が極くまばらであるので、仄暗い繁みの中のくぐり歩きは比較的楽であると同時に、撃止めた獲物を捜索するにも、大して手数を要しなかった。併し目指す二種の鳥は遂に此の場所では見当らず、其の代りに稀れな猛禽類二種を採集した。之れで先ず目的の大半を達したものと見做して差支なかろう。

それからマーモラの大森林を後にして数時間行くと、高き丘の上から西方に当って、遥かに渺茫たる大西洋を望み見た。沙漠やら高原やら、または大森林やら許りを通過して、三個月間は海を見ず、茲に首尾よく北亜弗利加を横断し、大西洋岸に到達して、初めて海を遠望した時は、何とも言えない愉快を感じた。The sea! Atlantic!とは我々が異口同意に叫んだ言葉である。そうして其日の夕方無事にラバットに着き、型の如く翌日は総督を訪れ且つまた生物学会の人々から心づくしの歓待を受けた。

茲に於いて、モロッコ内のアトラス山脈、及び沙漠地方を除いた海岸地帯の動物に就いて、その概略を述べよう。先ずこれに就いて必要なことは、ジブラルタル海峡の南北に於ける生物を講究しなければならない。太古欧羅巴が氷河時代に遭遇した時、地中海は南北に通ずる陸橋に依って、欧亜両大陸は連鎖されて居た。而してその間に、欧羅巴へは東洋、及び亜弗利加の方面から続々と移住して、現今の欧羅巴に見る様な種類が新に加わったのである。其処で此の欧羅巴に入り込んだものはあるいは小亜細亜から、あるいはまたチュニシヤから、サージニヤ、コルシカ等を経由して、仏蘭西、伊太利等へ多く到着したのであるが、其の最も西方の陸橋は即ち、現今のジブラルタル海峡である。斯うした理由に依って、此の海峡は動物分布を論ずる上に於いて極めて価値に乏しい所であって、本邦で言えば、朝鮮に対する対馬海峡程にも重視されて居ないのである。モロッコに産する五六種類の鳥類、即ちホロホロチョウ、ツバメの一種、竹鶏の一種、及び、今回の探険に依って新に発見されたハチクイ、ブルブルの五種は、セネガルと中央亜弗利加が主産地であるが、其の他の鳥類の大部分はスペイン南方にも産するものである。別けても英国鳥学者の注目を惹いて居るスペインのゼビルSevilleに於ける猛禽の蕃殖は、実に盛んなもので未だ斯くの如き区域はモロッコに於いては発見されて居ないのである。但し爬虫類に於いてはモロッコ領土内に産する大形のヘビ、トカゲ等は、スペイン領土内に知られて居ないが、之は主に南の産であってマーモラの大森林にも産しないから、直接ジブラルタル海峡の生物地学上の問題としては良い例とは云えない。

ラバット滞在中、魚類の新種を採集する為めに数回魚市場を漁ったことがあった。けれども今回は別に何も新らしい種類は得られなかったが、亜弗利加海岸に於ける魚類の中には、色彩の美麗なものが多く、また私は七年振りで嘗つて日本で見馴れて居た甲殻類を発見した。即ち例えばウミセミ、マンジュウガイ等は英吉利、仏蘭西等の北大西洋に面した海岸では、ついぞ見掛けないものであった。それから当地の料理店ではマルセーユ特有のヴィアベスとて、種々の魚肉を合せて拵えた料理があるが、そのマルセーユ料理に是等の甲殻類をも附加したものがある。斯くして当地の学界でハータート博士と私とは毎日チューニシヤ以来の標本の整理と、以後の採集の準備に就て数日間を費した。茲で私は同会々長リオビル及びテリー両氏の一方ならぬ斡旋の労を謝して置く。テリー氏は昆虫学者としてBuprestidae科を専門に研究せられて居り、また日本産のものをも蒐集したいと言う希望をも持って居られた。尚この学会にはネメット(Ferdinand Nemet)なる剥製師が居て、吾々の標本を親切に世話して呉れた。元来此の男はブルガリヤ人で、Foreign regionに入隊して以来、同学会に雇われて居るものであるが、其の幼時に於いては鳥学者、昆虫学者及び、現今のソフィヤー在の博物館及び動物園の創立者たる同国のファジナンド王(Ferdinand)の教育を受けたものである。因みに現今ファジナンド王は位を皇太子ボリス王に譲られ、楽隠居の身として欧洲各国をミュラニ伯爵(Murani)なる名の下に悠々旅行される事が多く、私はコペンハーゲンに於いて拝謁の栄を得た事があるのでネメットはハータート博士と私とに、最近の王の消息を尋ねられなどした。

斯くしてラバットに於いて愈々アトラス登山の用意は万事首尾よく調ったのである。暁に吾々は元気よく再びメックネスに引返し、同地のプッシェー氏の斡旋によってアトラス山中の仏人森林監視官の舎宅に泊めて貰う事になった。此の地は土人の三部落があって、其等の部落は真夏と雖も水の涸れない河畔に在って、白人は此辺を巡視する役人の一家族だけであって、附近の山また山の重畳せる間にはアラブ及びバーバ土人等が、山羊の群などを逐うて呑気な生活をして居るだけである。此のあたりでは言葉は土語以外に通じない。

そうして此の地に到るには吾々は自動車を乗り棄てて、馬とミュールとに依って旅行を続けるより外に途はなく、二週間分の衣食住の材料は全部家畜の背に依って運搬された。アトラス山の高峻な地方は真夏の二個月を逸しては登山は絶対に不可能であるが、吾々の目的とした此の地方は、それから比べると低く、約千米内外の高さであって、動植物の種類の非常に豊富な土地を撰択したわけである。其処で吾々の目的とする所は、今日までに斯学界に未だ僅か六七個しか、其の標本の知られて居ない、ハータート博士に依って命名されたホロホロチョウの探索であった。このホロホロチョウと云うのは日本でも誰でも知って居る通り至って有り触れた鳥であるが、同地方に産する物は聊か其の種類を異にし、モロッコ内ですら、其の棲息地は僅かに二個所に限られて居るので、此の鳥に就いての知識を持ち合せる学者は、命名者たるハータート博士の他に、当地に久しく滞在した仏人サビ氏だけである。斯くて監視小屋に逗留して居たハータート博士と私とは、早朝未だ空の仄暗い中から、モロッコ産の白馬に跨り、数名の土人を随伴せしめて、目指すホロホロチョウの隠家を鵜の目、鷹の目で捜索し歩いたのである。

一体吾々はこのホロホロチョウたるや、広漠たる亜弗利加の平野地方に於いて、数百羽が一群をなし、自由気儘に彼方此方へと徘徊するものの様に考えて居たが、当地に来て見て、初めて其の想像の大なる的外れたる事を悟ったのである。其の棲家は甚だしく深い幽谷であって、其処には一面に灌木が繁茂し、彼等は朝まだき、食を求める為に、樹木の比較的疎生して居る山巓方面へ出て行く、其の性質は雉よりも一層森林を好み、此の点は、より鷓雉に近似して居ると思われる。それ故吾々は此の鳥が早朝山頂に現われた時許りに接近し得るのであって、八時頃までは奇なる其の鳴声の響くのが聞える。此の辺、下草の密生した所は山刀を縦横に振っても意の如く通過出来ず、繁茂した草の棘で腰から下の痛みは幾分にも辛抱が出来なかった。さて其の他の鳥類ではパートリッジに、またスネークイーグルとて、ヘビ、トカゲなどの忌むべき動物を嗜好する大形のワシを得ただけで、別に特筆する程の好ましい鳥類も獲られなかった。また此辺獣類としては狐、山犬などの敏捷な者どもが横行し、殊に目を引いたのは野猪が可愛らしい五六頭の仔を率いて、漫歩して居るのに遭遇したが、惜しいかな此方は馬背に跨って居るものであるから、ズドンとやる機を逸して終った。またある朝ハータート博士は僥倖にも珍しい山猫の仔を手捕りにして意気揚々と引き上げて来たが、抑々此の獣は現在では頗る稀れなもので、数ある採集物の中で、最も重要なものの一となった。それから尚羊とか山羊とかの温順な動物の害敵たる豹とかハイエナ等に関しても存外委しく調査が出来て甚だ喜ばしかった。この他私は野兎をも採集したが、兎類は西班牙の学者の手に依って、四種のものがモロッコから報告されて居るから、其の意味に於いても此の山間に於いて得られたことは研究上甚だ喜ばしいことである。斯くして吾々一行の逗留中、遂に不幸にしてハータート博士も私も欲しがって居る所の例のホロホロチョウを手に入れる事は出来なかった。朝な朝なくり返すその高鳴きばかりは聞く事が出来たが、其の姿は一回すらも見ることが出来なかった。其の中に持って来た麵麭も残り少なになり、それがまた乾燥して、かちかちになり、ナイフで断ち切ることすら出来ず、止むなく石で破砕するより他に仕方がなかった。

ある日の事であった。ハータート博士と私とは河流のある附近に住み、最も家畜を沢山飼養して居る富める土人の一人に、昼餐の招待を受けたので、其の好意を無にせまじと、例の森林監視人を通訳として先頭に立て、従者数輩を伴って出掛けて行った。主人の一家は遠来の此の珍客を歓待すべく、特に盛装を凝らし、我々の側でも土人達は揃って新しいバーヌースを一着に及び、赤や青で、けばけばしく飾り立てた麦稈帽子を頂いて行った。(偶然にも此の帽子の形はメキシコ人の物に酷似して居る)。土人は食物を右手で攫んでは食う習慣があるので、食事前には必らず手を洗うのである。御馳走の主要なものは羊肉であって、之を種々に料理し、またその他アラブ料理として独特なものはクスクスと言って米を軟かに程よく煮た、つまり穀類の料理である。其のまた食べ方が奇抜であって、一つの大形な容器に食品を山盛りに、各自手で攫み取り、器用に丸めては頬張るのであって、此の際左手の使用は大禁物となって居る。此の賓客招待の席には首席の家族は子供に至るまで列するのであるが、婦人は決して来賓の面前に顔出ししない事になって居て、唯隣りのテント内で専ら炊事を司るだけである。種々な珍味を饗せられ最後には羊の丸焼を食う事になる。此の際主人公は客の前で、其の内臓を手攫みにして抉り出し、之をハータート博士の前に恭々しく出したが、一見無作法に見える此の行為たるや、彼らとしては一番来客を歓待した意味となって居るそうで、所変れば品変るものである。次いで主人公は研ぎ済ました刀を抜いて、此の丸焼の羊の胴体を刻んでは順次客に分配して呉れるのである。斯様にして異域にさすらう旅人をして十分満腹させた後にアラビヤ特有の御茶を出して呉れたが同時に極東産(多分日本品であろう)の青い茶もふるまわれた。そして之に使う砂糖は大きな塊で、それをこつこつ割っては分けて呉れる。この砂糖を破るには真鍮製の装飾を施した金槌を使うので、砂糖一つ砕くにも中々念の入った事である。此の食事は悠々と約二時間に渉って続けられ、食いさしの骨は皿に残さずに一々テントの外に捨てて終うのである。そうすると、よくしたもので、外には待ち設けて居た犬だの、ワシの類だのが集って来て、一つ残さず攫って行って終う。吾々が茲を辞する時に一家の人々は河の中央まで馬を乗り入れて、名残りを惜しんで呉れたが、人情と云うものは何処でも変らぬものである。

さて愈々当地を引き払わなければならない時が来た。其の出発の前日であったが、数日前銃器を持たして河の上流へやった土人がホロホロチョウを二羽獲て帰った。それに猶数個の卵さえ持って来た。二羽の鳥は直に標本に作られた。因みに此の標本を有する博物館はロスチャイルド博物館(茲にはタイプ標本を蔵する)、巴里博物館、及びラバットの学会だけで、私の標本は恐らく十番目を下らないであろう。尚同地に於いてスネークイーグル、羽黒トンビ等を採集した談もあるが、之は略して置こう。帰途高原地帯の鳥類の採集を試みた

が、未だ其の標本の調査が完了しないので、之も略して置く。此のあたりの石の間には有毒なサソリが甚だ多いには吃驚せざるを得なかった。此の辺に産する昆虫の中、故国に持ち帰ったものの、そのまた中で、最も奇抜なものは白と黒との斑紋を有する、胴長だけでも一寸五分もあるコオロギである。それからメックネスに立ち戻り、ラバットに帰るべき日が来た。此の辺は最も大形な毒蛇Vipera rebetinaの本場であって、国道の傍で蜿蜒たる一間以上もあるものに邂逅したので、もっけの幸いと疾駆する自動車を止めて射撃したが、次ぎの銃弾を自動車のダッシュボードに附いて居る弾丸差しから抽出そうとする間もなく、獲物は電光石火の如く、傍の叢間に消えて終った。熱帯地方に棲息する大蛇の動作の俊敏な事は実に驚くべきもので、斯うした兇猛な爬虫類の蟠居する草間に踏み入るには皮製の頑丈な長靴を穿いて居ても、尚剣呑だと言われて居るので、惜しい哉、敵には一間以内にまで、一旦は追い迫まったものの、身の安全を気遣うて遂に、文字通り長蛇を逸して終った。之からモロッコのサルタンの城府マラケッシ市に行くのである。此の地はラバットから約四百粁南方で、アトラス山麓に位置して居るのである。それには首府カサブランカを通過しなければならないが、此処は白人の手に依って開発された所で、セネガル行きの船舶や飛行機の発着する地である。またモロッコの産物は此の港を経由して欧洲へと積み出されるので、此の地方としては重要な港である。次ぎにマラケッシは平原の一隅に位し、アトラスの山麓にあるから、海岸地方とは大に土地の状況を異にして居る。吾々はカサブランカを後にしてから約百五十粁を辿ったが、すると雨量の至って少ない沙漠的の土地に到ったが其処には放飼してある数百頭を数える駱駝の群れを幾つも見る事が出来た。宛も時季は五月の末に当り、ヒバリ類が大群をなして渡るのを見た。またスナバシリと言って黄褐色の羽色の、沙原では何処でも御馴染の鳥にも出会った。其の日は約八時間程走ったが、幸な事には自動車には何等の故障も起らず、難なくマラケッシに到着した。此あたり気候は東京の真夏に匹敵し、棲息する鳥類は既に繁殖時期に入って居

た。吾々は仏人経営のホテルに宿泊したが、此処では、面倒な事には夜な夜な蚊帳を吊って、蚊や、其の他の害虫を防禦しなければならなかった。当地のサルタンはムーライ・ユセフ(Mulai Yusef)と言い、一九二六年の七及八月巴里に新しくマホメット教徒の為に立てられたモスクの開山に態々出掛けた事のある人で、ムアーサルタンで自国を離れたのが此の時を以て最初とされて居る。数日前からナポレオン家の一族に当るミュラ皇族の当地訪問を接待する為め、アトラス山中へ当地特産の山羊(Ovis lervia sahariensis)狩に出発された後であった。因みに本年始欧羅巴からの通信に依れば、右のサルタンは急死したそうで、位は其の長男が譲り受け、盛大な即位式が執行された由である。此処へ来て見て感じた事は、私は嘗つて未だキンチンジャンガの高峰や、アンデース山脈やの雄大さは見た事はないが、永遠の白雪を頂くこのアトラス連峰はアルプス、またはロッキー等と敢て異ならない山嶽の美観を有する事である。而してその雪線近くに棲息する動物や、土人の生活を親しく調べて見たかったが、今回は遺憾ながら其の機を得なかった。

アラビヤ土人の棲む土地、即ち北亜弗利加は全部遍歴したが、其の中最も文化の発達して居るのは、先ず何と言ってもエジプトであるが、当地はスペインで持て囃されるムワー文明の発祥地だけあって、土人の一般に開化して居る所である。其の中取り別け世界的に著名なのはモロッコの革細工であって、また著るしい特徴を有する建築の優美な事は、未だに欧洲の建築界を風靡して居る。マラケッシに於けるモスク、マラブース、サルタンの住宅等の優美な事は説くまでもなく、就中外来人の驚異の眼を睜るものは、市の中央にある市場である。而して茲には毎日夥しい産物が売買され、土地の野菜を販売する者、筵の上でアラビヤ麵麭を並べる商人、または木蔭に蹲まって無恰好な剃刀を動かす床屋、其の他例のアラビヤンナイトに現われて来る魔法の絨毯を売るものなどあり、此の絨毯はモロッコ革と同様に当地の名産品である。此の賑やかな市場の中央では大人と言わず、子供と言わず大勢の群衆が何れも神妙に蹲まって一人の男の話に耳を傾けて居るが、是またロマンチックなアラビヤンナイトに出て来る一夜に千の話を語るという芸人であって、吾々異邦人には何の事やら一向解らないが、其の身振り手振りは中々堂に入ったもので、大勢の聴衆をして欠伸一つさせずに終日聞かして居るのは感心である。其の語る所として一層の趣きを添える為めに行う所のゼスチュアは各国人に依って非常に異るものであるが、私は此のアラビヤ人ほど巧妙に、且つしなやかに其の手を振り動かす人種は多くその比を見ない所で、其のまた指は細くして華奢に出来て居り、審美上から言えば正に欧洲人の称える理想に近いものであろう。其の指の動し具合は全く語る所の内容を如実に表現し、私は之を傍観しつつも、往々彼のエジプトの太古の壁画に残って居る優美な神体を想起せずには居られなかった。併し此の点に於いては現在のエジプト人は聊か劣って居るかに思われる。尚此の市場には未だ未だ面白い芸人が居る。つまり其は蛇遣いであって、以前に私がメックネスでいとめなかった種とは異る二種類の蛇を袋の中に押し込んで居て、両種とも油断のならない毒蛇であって、恐るべき毒牙は抜かずに其の儘にしてあるので一層物騒である。蛇遣いは私の面前で、蛇の口を引き明け、其の最強の武器たる五分程の牙のある事を見せて呉れた。二種の中の一種は名高いコブラであって、墨の様に真黒な蛇である。此の冒険家たる蛇遣いの背後には、三人の音楽師が晏然として控え、きてれつな楽を奏して居る。よく世間では蛇が音楽に対して一種の精神的反応を呈する様に言うけれども、決して蛇は音楽を理解する程に、其の精神は発達せず、全然無理解な事は勿論で、唯飼い主の動作にだけは絶えず注意を払って居て、ある其の手真似に依って、忽ち後頭部を膨らまし、宛も眼鏡状の斑紋を示すに至るのである。土人の見物人は此の蛇遣い師が、其の駆使する蛇に対しては絶対的の権威を保つものと信じて居て、寧ろコブラの芸当を見ると言うよりも、此の曲芸師の禱りに依って、自身が有ゆる毒蛇の咬噬から、完全に免疫にして貰おうと云うのであって、毒蛇の多産地の住民としては尤も至極な希望である。さて其の禁厭というのが、また頗る手軽なもので、蛇遣いのターバンを被術者の頭上に載せ、蛇を操りながら、何やら訳の解らない呪文を唱えるのである。祈禱師は斯うした免疫を得させる好意からであろう。私の足の上に、突如として毒蛇を据えた時は、遉がに吃驚した。私の知って居る範囲内では、此の蛇遣いの技術は当地よりも印度の方が上手であって、印度婦人が其の身の丈けよりも長い錦蛇を手玉に取って観衆に見せびらかす方が遥かに興味が多かった。尚当地の見物は踊り子であって、之は総べて十五六歳位の女の子供許りで、三四人宛一団となって、各自真鍮製のカスタネットを提げ、一人の指導者たる男の合図と、また奏楽とに和して、奇妙な踊りをするのであって、恐らく欧羅巴に於けるジプシーの夫れに似て居るであろう。斯様にして踊り子たちは観衆が興に乗って投与する些細の金銭を貯蓄して、数年の後には各自の村に戻って、其の夫を求めるのであると云う。私がアルゼリヤ沙原のオアシスを通過する時に見たウェッドナイル(Ouled Nails)の踊り子の方が、其の衣裳及び扮装術に於いては優れて居た。アラビヤ土人の部落では此のマラケシ程盛んなものを私は他に知らないのである。一般建築の優美、殊に上流社会の人々の邸宅、土塀に椰子の葉を葺いた住民の小屋、橄欖樹の下に建てられた白い墓石など一つとして、風雅ならぬものはない。また各安息日(Sabbath)、各金曜日毎には、白衣姿のマホメット教徒の婦人の詣でる円天井のマラブー(Marabout)水を販ぐ男のいとも重たげに背負うた皮嚢や、またその鈴の音はアラー(Allah)神の教えを奉ずる国ならでは見られぬ風情である。

此の辺の土地の科学的探険は今回が初めてではないから、其の動植物類は可なり詳しく研究済みとなって居る。其の南方Great AtlasとLittle Atlasの両山脈間のSous地方も、余の友人なる英国海軍大将Lynesに依って最近詳細に研究された。此の西方は、大西洋沿岸から南はアラビヤを経てアフガニスタンに至るサハラの大沙漠中、未だ曾つて白人の足跡を印しないのはLittle Atlas南方の沙漠地方で、此処が一番吾々一行の探険の目標であって、此の旅行で最も其の近くまで寄った土地は、アルゼリヤ、サハラのコロンベシャーであった。

目指すLittle Atlas南方は未だ仏蘭西勢力の十分行き届かない関係上、遂に其の旅行は実現されなかったが、若し茲数年にして白色人種の勢力圏となれば、一九三一年の冬期に再びロスチャイルド卿と協力して生物学的実地調査を行いたいと思って居る。終りに今回の探険はマラケッシからラバットに帰来したのを終局とし、其処で私は一行と袂を別って陸路スペイン領モロッコを経由し、タンジャからジブラルタルに到り、それからは水路に依り恙なくマルセーユに上陸したのは五月二十六日であった。

サハラ砂漠

戦争が終って一ケ年程たった頃私は不思議な手紙を受取った。西洋封筒の上には蜂須賀侯爵閣下、東京・ジャパンと英語で書かれてあるが私の名前のスペルは滅茶苦茶でその通りに読むとハッチャスウカとなる。そこへ親切にも「宮内省問合せ」と赤インクで認められてあるのはきっと中央郵便局の計いであろう。封筒の上には附箋が附いていてそれには熱海市(町名不明)在住　元侯爵　蜂須賀正氏なるべし(宮内府)と書いてある。私は急いで封を切って見ると筆蹟には全然覚えがないが差出人の名前を見て始めて此の手紙がアバスから来た事が分った。

アバスとは本名をアバス・アリ・イスマイルと云う今は年取ったアラビヤ人で私の砂漠旅行にはラクダやテントの世話、食糧集めから砂漠の遊牧の民ベドウィンとの交渉等重大な役目を担わせる事の出来た忠実な従者で、エジプトのカイロ市の田舎に住んでいる。彼に始めて逢ったのは廿五年も前になる。私のケンブリッジ留学当時同じくエジプトから留学していたのがモハメッド・リヤッド氏であったがサハラ砂漠の探検をかねがね考えていた私は此の糸口を得る為には此の親友に頼らなければならない所が極めて多かったのであった。始めてリヤッド氏を故郷に訪ねたのはクリスマスの時であった。霧の深いロンドンを旅立って一週間目にナツメヤシの地平線に立ち並ぶアレキサンドリヤに入港するとすぐ汽車でカイロに行きそれから電車に乗って郊外の住宅街であるヘリオポリス（「太陽の都」の意味）の彼の家を訪ねた。その時は短い冬の日が暮れかかった頃で色の浅黒くて大兵肥満のモハメッドは玄関に現れた私を見た時嬉びの余り小さな私の体を抱き上げんばかりにしてキッスをした。応接間の長い椅子に掛けた我々二人の話は何時までも尽る事がなかったが主人役を自認している彼は窓越に暮れかかる空を眺めながらいきなり砂漠を見たくないかと言った。そして私は彼の案内する儘に外へ出た。玄関の階段の下にはひげの長い玄関番が杖を肩にあてがって踞んでいたが立ち上ると両手を差しのべ拝む様にして主人と客に挨拶をした。それから話に熱中して歩いている中に間もなく家のない所へ来た。するともう目の前に展開されたのが涯しもない砂漠の偉観である。こんな美しい砂漠が然もこんなモダンな町はずれにあるのを知ると私は意外に思われてならなかった。

黄色くてサラサラとした綺麗な砂を踏みしめながら二人は歩きつづけた。少しも塵気のない美しい大空は赤いオレンジ色に燃え上っている。そして剃刀で切った様に、はっきりとした地平線の彼方には半ばかくれ様とする太陽が燃えるが如く輝いているではないか。私はまるで吸いつけられる様な気持で太陽の方へと歩き続けた。大自然の迫力がひしひしと体中にしみ透って行く。

砂漠とは青いものが育たないから生きものの住める所ではない恐ろしい所とばかり想像していた私は此の神々しさ美しさから忘れる事の出来ない印象を刻みつけられた。そして生あるものは総べて色々な形で現れる自然の恵に抱かれて育んで行くものだと言う事が分った。太古エジプトやメソポタミヤの文明の如きは砂漠に培われた文化ではなかったろうか！　私は新しく発見した大自然の偉観にすっかり魅せられてしまったのであった。日本ではよく言う「知者は海を愛し仁者は山を愛す」と然しどんな人が砂漠を愛するのであろうか。砂漠とは海の様に鷹揚寛大であると同時に近づき易いから深い深い親しみがある。海の様に危険な感じ

がない。そしてまた山と同様に云うに言われぬ冒し難い存在なのであるのだ。そして日本の様な地形の国では想像も及ばない空間《スペース》の魅力はどんな天才の策によっても書き現す事が出来ないであろう。

しばらく砂の上を歩いたモハメッドと私は元来た方へ帰る事とした。二人の影は長く長く清らかな無限の敷物の上に写っている。そしてヘリオポリスの町の家々が白く輝きモスク（アラビヤ寺院）の塔が玩具の様に見える。傍にはナツメヤシの林も見える。

それから数日の後モハメッド・リヤッド氏の紹介によって私の忠僕アバスを得たのであった。

幾年かが経つとリヤッド氏はエジプトと英国との国際会議の随員として渡欧し結婚したばかりの夫人を紹介してくれた。彼女は美人の産地として有名なコーカサスのジョージャの人で大きい黒眼の持主である。次に私がヘリオポリスを訪ねた時は彼女は素顔のまま玄関に出て来た。アラビヤの上流夫人は自国で何時でもヴェールをかけていて決して夫以外の男には素顔を見せない習慣である。リヤッド夫人は私が彼女の夫の親しい外国人の友人である事を良く知っていてそして欧洲で私にヴェールなしで逢っていたから破格の待遇を示してくれたのであった。

その次にリヤッド夫妻を訪ねた時には男の子が出来ていた。モハメッドは膝に乗せた赤ちゃんを私に見せながら此の子の名前はフワッドと云って王様と同じなのであると説明した。そして王様の顔のついた小さな金貨で腕輪を拵えてやるのだと云った。

此所でアバスから来た手紙を読んで見よう。彼の手紙が筆蹟でどうしても分らなかったのは彼は字が書けないので何時も代筆してもらっているのだが其の書く人が何時も変っているからなのであった。

一九四七年三月三十日

閣下よりの御手紙は四年前に無事落手致しました。私は直ちに御返事を差し上げたのですが戦争の為御落手になったかどうかと思って居ります。再び平和が戻りましたので此の手紙は必ず御手許に届く事と思います。何卒そちらの様子を御知らせ下さい。貴下は結婚をされたと伺いましたが奥様と御子様に御目にかかり度いものです。エジプトは実に平和で本当に安全な所で御座います。私共が再び御目にかかれて楽しい日の来る事をアラーの神に祈って居ります。私共一家の者はエジプト中どちらへでも御旅行になる時には御世話をさせて頂き度いと念じて居ります。

甚だ残念ながら悲しいニュースをお伝えしなければなりません。貴下の御友人の最高裁判所判事モハメッド・リヤッド氏は亡くなられました。私は御葬式に参列させて頂きました。

貴下の御健康を念じつつ御家庭永久の御幸福を神に祈って居ります。

忠実なる僕

アバス・アリ・イスマイル

私は何時までも変らぬアバスの気持を嬉しく思うと同時に男盛りを最後に此の世を去った親友、美しいモハメッド教徒の後家さん、立派な青年になったであろう小さかったフワッドの事等次から次に考えられるのであった。私の魂は肉体を抜け出してアフリカ大陸の一角へと戻って行った。そしてモハメッドと私の長い長い影を引いた美しいヘリオポリスの砂漠を思い起した。

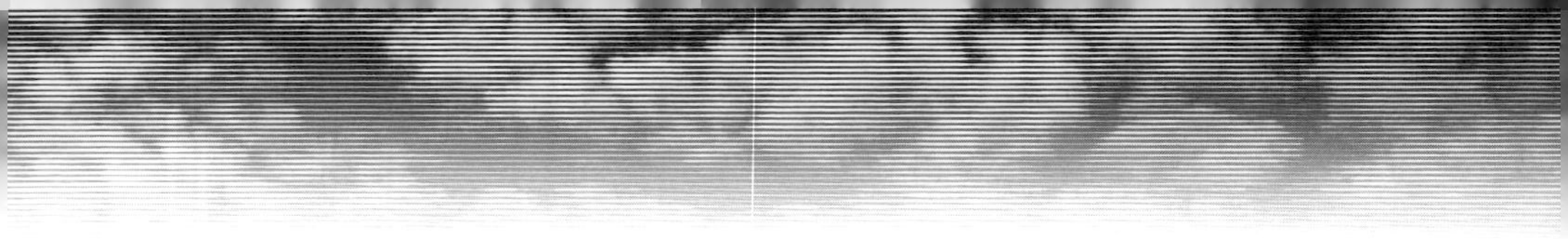

私は振り返って流浪の足跡をみる時どの位砂漠に魅せられて了っていたかが分る。東はシリヤとパレスタインから西はモロッコの大西洋沿岸にまたがり南はナイル河を遡ってスダンやソマリランドまでサハラ砂漠の至る所へ鳥を訪ねて探検をした。それはまるで水に浮ぶ鴨の様に砂漠の中に自分を見出した時には喜々として楽しいのである。中でもエジプトで始めての印象は何時でも私の脳裏に生々しく残っている。

海も時によっては荒れる。山も荒れる、それと同じに砂漠も荒れる事がある。荒波や風雪の中を行くのと同じ様に熱砂の嵐にほんろうされながら無事目的地に達した時の私の気持を分け合う事の出来る読者があったらそれは実に嬉しい限りである。

沢山あるピラミットの中で一番大きいギザの三つのピラミットの辺りに私はヘルメットを冠り長靴を穿いたいでたちでアバスに案内された。「彼処に！」と彼の指差す方を見ると二頭のラクダと同じくロバが二匹いて傍らには大きな荷物の間を歩き廻っているアラビヤ人が見えた。之が憩っている姿の私のキャラバン（ラクダ隊）である。それから私は地平線の一点を目指して出発した。私とアバスはロバに乗ってあちらこちら獲物を探して歩いたのであるが、ラクダは荷物を乗せていて遅いから他の従者と一緒に真直に其の日の目的地に行くのである。第一日の夕方はサッカラと云う小さなピラミットの六つある所でテントを張る事とした。此の旅行の目的地はファイユームと云う大きなオアシスで余り長い日数を要しないからラクダの数が少なくて済む。

日没の一時間位前にラクダを座らせて荷物を下した。二つのテント、一つは私ので内側は美しいアラビヤ模様で張りめぐらされている。打畳みのベッド、椅子、テーブルそれから割合に小形で重い箱が銃弾、大きくて重いのが命の親ともいうべき水のタンク等で用意は中々大袈裟である。日の暮れない中にピラミットに登って見た。大きなワシミミズクが棲んでいる形跡がある。食後テントの外に椅子を出してエジプト煙草を燻らしていると一人の従者が来て砂の上に蹲った。彼は少年のラクダ追である。裾の地面につきそうな長い着物を着て手で触っていたが糸の縫目の間から長い笛を取り出して口に当てた。彼の奏でるアラビヤの曲は低く高く哀調を帯びて死んだ様に静かな砂漠の彼方へと消え去って行く。何の反響もない。それはまるで心臓の鼓動が煩く聞えはしないかと思える程静かなのである。笛の音のと切れと切れにワシミミズクの不気味な鳴声がピラミットの方から聞えた。その夜の月の美しさ、丸い地平線に覆い被さっている空には宝石の様に輝やく星が手を差し延ばせば届きそうに思われる程くっきりとまばたいている。此の清らかな夜に寝るのは勿体ないと思いながらもベッドに体を横たえた。ミミズクの声が夜の更けるのを知らせている様であった。

翌る日の朝は一点の雲もなく風もなく見えるものは黄色い砂と高い紺碧の空ばかりである。砂漠の一夜を過した私はまるで生れ変った人間の様に生々とした。それは湿度も黴菌も埃もない空気の御蔭でまるでシャンペンを飲んだ時の様に体が爽やかになるものである。

外で朝食を取っている中にテントやベッドは手際よく畳まれて行った。一頭のラクダは六歳で強健でなかったから余り荷物を積むと立上る事が出来なくなった。それで半ば積むと立たせてから残りをまた積み重ねる。それでも終日の旅行に堪えるのだからいじらしい動物ではないか。キャラバンをファイユームの方角に立たせると私はアバスを連れてロバを歩ませて行った。

此の辺の砂漠は一面細かい砂で石ころ等は見当らない。それが極く緩かな砂丘sand-duneとなっている。一つの低地から高い所に行くのに約二、三十分もかかるとまた変った視界となって幾つもの低地や丘が現れるものなのである。そして振返れば何哩も離れた所にキャラバンが緩々と進んで行くのが見える。

砂漠の動物は皆砂色の保護色をしている。大型はアンテロープ、狼等から鳥類は申すに及ばず小型の蜥蜴や家守の様なものは眼の色まで周辺の色と調和している。私は三寸位の弱々しい蜥蜴を捕えて手の平にのせて見たがその皮膚の表に現れたデリケートな模様は細かい砂粒そのものなのである。同じ色の眼はまた極めて大きい。何一つとして隠れ場所のない所に棲む小動物に自然は之程にも恵みをたれるものであろうか!!!砂丘のなだらかな所にはよく砂狐と云って砂漠の色をして猫位しかない愛らしい狐がいる。私は此の珍しい動物を探し廻ってあちらこちらへ彷徨って行った。すると行手にコバシチドリと云う千鳥には違いないが砂色をしていて驚く程走る事の早い鳥の群を見つけた。ロバを下り四つ這いとなって忍んで行くと向うは非常なスピードで遠くへ行って終う。漸く一羽を射止めると残った四五羽は左程驚きもしないで少し飛んではまた降りる。私はまた頸を縮め背を丸くして忍んで行った。その時であった。気がついて見ると這っている私の膝と肘のあたりの砂が非常な勢で舞い上って行くではないか、立ち上って見ると風がますます強く感じられる。目は開いていられない位であるから鳥を探すどころではなくなりまるで霧にでも包まれた様に左右前後上下は薄明るい黄色で包まれてしまった。狼でさえも視界がきかないから、つい眼の前に表れてはびっくりして逃去って行く、これは面白い狼と正面衝突をする位近よれたら一発の下に倒して見せ様ものをと私は益々好奇心にかられて行った。此の頃後からついて来たアバスは別の事を考えていた。そして遂にラクダを見失って終ったと報告した。

砂漠の船とも云われるラクダと離れて涯しもない砂原にさまよい出た事に気のついた私は溺れ様とするものと同じ運命である。どうにかしてキャラバンを見付け出さなければならない。砂丘に上ってあちらこちら目の届く限りラクダを探したが黄色い帷に閉されてしまっている。嵐さえなければ地平線の涯まで見通しのつく此の同じ丘の上に立って今更の様にコバシチドリが恨めしい。キャラバンが見えなければせめてその足

跡を探し出そうとあちらこちらとロバに鞭を当てたがそれは無駄骨であった。足跡は見る見る中に消え去って行くものである。それどころか自分の足元の砂が吹き飛ばされて行くから体は今にも砂中にめり込んで行く気がする。力尽きて体を横たえたならば忽ち生理の運命が待ち構えているのである。ロバでさえ真直に進む事が出来ない。耳の中へ吹き込む砂を嫌って頭を神経質に振っている。真直に歩くには余り嵐の抵抗が強いのでジクザクに行かねばならなかった。私は不覚にも砂除けの眼鏡を持っていなかった。そして顔に当る砂はまるで針の様に痛かった。然しアバスはと見るとターバンの上から頭巾をかけ顔も白い布で覆っている、そして上に着ているアラビヤ式の着物(バーヌース)はすっぽりと頭から被るのであるから砂はさらさら地に落ちてしまう。所が私の洋服はどのポケットにも砂が溜って重くなって行った。最早キャラバンと遭遇する事は不可能であると諦めたが立止って休む事も出来ない。唯自分の位置を失わない様に風に押されながら風下へとロバを行けて行く事とした。さらさらっと片方へ飛んで行く砂を眺めていると今迄の平地は忽ちに低地と変って行って終った。それと反対に片方では砂丘が築かれて行くではないか。一寸積った砂は一尺となりなだらかに下って行く所には波の様なうねりの模様が浮出されている。また細かい縮緬の様な模様を書き出した所さえある。それが見る見る中に出来上って行くのだから、砂丘は大海原の波そのものに等しい。

此の時私の脳裡には頼りの綱が未だ一本あった。それはフラワー大佐の言葉である。カイロー動物園長の英国人フラワー大佐は動物学者ではあるが筋骨逞しい武人であって第一次欧洲大戦の折にはエジプトラクダ隊の隊長をしていた人である。出発前大佐の話によるとサッカラにはエジプト国王直属のラクダ隊が駐屯しているそうである。此の隊のラクダは特別の品種で独特の訓練をされているから若し私のラクダがサッカラからファイユームまで二日で行きつく所をラクダ隊のラクダであれば一日で行って帰って来る事が出来る駿足なのであるそうだ。同じラクダの中にも駄馬と競馬馬位の違いが裕にある訳である。そして此のラクダ隊員であるスダン人の兵士によると何を目当とも出来ぬ広漠たる砂漠の中に十位別の道がちゃんとついているのだという。若し此処に家畜泥棒がいて牛を一匹盗んだとする。そして別のオアシスに逃げて行ったとしてもスダン兵に頼むと必ず見つけ出してくれるが万一見付からなかった時には砂漠で死んで終ったと考えても間違いないまでに正確なのだそうである。

風に流されながら次第次第に元気を失って行った私は何時も空の方を向いていた。それは何とかして太陽の影を見つけ出したかったからである。

焼え盛る火の炎に長い短かいがある様に若し砂がそれ程高く舞い上っていなければ時には合間があるらしくも考えたからである。私の予想は見事に的中した。私の目に止ったのは太陽ではなかったが砂のカーテンをすかして一瞬ピラミットの頂きが目に止った。之に力を得て私とアバスはなおも進んで行くと黄色い彼方に一頭のラクダがぼんやりと現れた。

それはクリーム色の美しい色で足は長く高い一つの瘤の上にはカーキ色の軍服を着た黒人が足を緩やかに前の方に組合せて乗っている。そして吹き盛るサンドストームの中を何事もないかの様に歩いている。之が有名なエジプト王のラクダ隊員なのである。遂に救いの手は差しのべられ私とアバスは此の日の出発点であるピラミットへ戻りつく事が出来た。

キャンプを張った所から程遠くない所には小さな番屋があって一人のベトウィンが住んでいた。彼は砂漠の流浪の民であって鼻は鷲の様に尖り眼は豹の様に鋭く光っている。

私が小屋に辿りついたのは最早午後の二時であった。何か食物を貰い度いとアバスが話しかけた時彼は大きな羽箒で机の上の砂を払い落していた。そして一寸奥の部屋に姿を消してから持って来たものはロバの食べる少しばかりの豆であった。アバスはしばらく彼と大声で話をしていたが私の所へ来て云うに彼はベトウィンであるから砂漠の状況にはとても詳しい。それで今朝どの道を私のキャラバンが通って行ったかをちゃんと見て知っているので相当な報酬さえ出してくれれば今日中に必ず呼び戻して見せると言うのである。彼の言う事は自信たっぷりであったので早速そうして貰うように頼んだ所彼はまた云うのには一つの願いがあると申し出た。それは嵐の中で他のベトウィンに会った時等危険が多いから鉄砲を一挺貸して欲しいと言うのである。然しこれだけはどんなに困っても応じられない理由が幾つもある。第一に彼は全く打ち方を知らない。それで彼の言った今出発すれば四時から四時半までの間には必ずキャラバンに追いつけると言う言葉を固く信じながら遂に私とアバスはベトウィンを道案内に再びサンドストームの中へと消えて行った。

黄色い嵐に逆らいながらつき進んで行く私は顔にハンケチをおし広げそれをすかして前方を見なければならなかった。ロバは耳に入る砂を嫌がって始終頭を振り続けたりしていたが遂に立止って動かなくなった。私は下りて手綱を引張る事とした。

不思議な事に風は相も変らず吹きまくってはいるが砂の舞い上るのは次第次第に治まり視界は自然に開けて行った。一月の日の光は如何に強くても強風は冷たく冬外套を通して肌をさしロバの手綱を引く手は感じがなくなる程に凍えてしまっていた。

四時頃であったかベトウィンはアバスを通じて何か行く手に見える様だから望遠鏡で見てくれないかと言った。眼鏡で見ると地平線の彼方に黒い岩の様なものが二つあるきりであったが鷲の様な彼の目には之が二頭のラクダである事がはっきりと分るのである。しばらく進んで砂丘の上に出た時またレンズを通して見ると二つの岩は消えてなくなっていた。之はラクダの方が低地へと下って行ったからなのである。それからまた大分歩いてからの事である。始め岩の様に見えたのは荷物を満載したラクダで歩いている人の数、その中の一人は子供である事から察して私のキャラバンをはっきりつきとめる事が出来た。ベトウィンの視力は八倍の望遠鏡よりもまだ鋭いのである。そしてしばらくしてラクダに追付いた時に私の腕時計は四時十五分を差していた。

アラビヤ人とは口数が多くて最も表情を大袈裟に表わし盛んにジェスチュアーをする人種であるにもかかわらず彼のベトウィンは私の驚異と感嘆に答え様とせず何事もなかった様な面持であった。

何よりも先に食べ物である。それで低地の風当りの比較的少ない所を探して漸くテントを一つだけ張る事が出来た。鞄を開いて見ると折畳んだシャツの中からザラザラと砂が出て来た。写真機の中の中まで砂がたまっている。きちんと蓋をして置いたはずのバタの罐を開けて見ると此所にも砂が入っている様なわけで口に運ぶもので砂のまじっていない食物は一つもなかった。その夜二頭のラクダは長い頸を真直に地面につけて寝た。従者共もラクダに寄添って一夜を明した。

翌日の朝風は依然として強かったが砂は少しも立っていない。テント附近の地上を見廻すと錆鉄色の石ころが一面に散らばっている。その中を良く注意をして見ると二、三寸位の火打石(フリント)で造ったナイフが砂の上に散張っていてそれには手の切れそうに長くて鋭い刃がついている。岩の様に見えて長いものがあちらにもこちらにもころがっている。之は石化した大木なので私は片足をかけた。するとこれはまるで薄いガラスの板でもあるかの様に粉微塵にかけてしまった。私の考えは無量であった。此のフリントのナイフと大木の化石は何を物語っているか？　その昔サハラの大砂漠はアフリカ大陸の森林地帯であったのだ、そして象やライオンと共に太古の狩猟人の住居でもあったのだがサハラは気候の変化に伴なって世界最大の砂漠とは化してしまったのである。人類の歴史の始め今のチューニシヤにあるカルタゴの戦争やハンニバルの遠征を読む時象や今では熱帯アフリカに特産するアンテロープの類が沢山に出て来る事を知ってもうなずかれ

るではないか、であるからこれから目ざすファイユームのオアシスには必ずサハラ大森林時代の片影が色々の形となって保存されているであろう事をつきとめるのが探険のゴールなのである。

私は砂の細かい丘の方へと歩いて行った。そこには新しい動物の足跡が点々としてついている。丸い狼のもの二ケ所深く喰込んでいるアンテロープのもの、それに鳥の足跡は砂鶏のものである。之等はたった数十分前にテントの附近を通過した事が分る。その時私は足元へ注意を配っていたからよかったが危く一匹の蛇を踏みつけそうになった。半ば砂中にもぐっている二尺位の小さい蛇は砂と同色であって余程注意をしなければ見落して終う所であった。頭は三角形で見るからに猛毒の持主である事が分るのでそれに加えて眼の上には一対の尖った角まで生えている。

此の様にして私の採集箱には変った種類のものが加えられて行った。そしてキャラバンは日に日にサハラの奥深くへと進んで行く。

私が始めてアバス・アリ・イスマイルと砂漠の探険をしたのは二十一の頃であったからもう二昔を越している。再び老僕の手紙を読み直し我に戻ると空気の湿っぽい相模灘の海岸に住んでいる自分の姿を発見するのであった。

早速返事を書こうとして紙をタイプライターに入れるとローラーが湿けているので紙がくっついて旨くアジャストが出来にくい。長い手紙の一節は次の様である。

今アレクサンドリヤにはブルガリヤの皇后陛下が御住いになっていらっしゃる。戦争中御亡くなりになったボリス三世国王は動物学の御趣味深く自分がソフィヤに伺った時には何時でも大変な御もてなしを蒙った。若し時勢が許されるならば自分はアレキサンドリヤに行ってヨハンナ皇后に拝謁し色々御慰め申し上げたい事が沢山ある。御前は此の手紙を受取ったならばすぐアレキサンドリヤに行け、そして御殿に伺候して貰い度い。そしてもし御前に出来る御用命を承った時には自分に尽してくれた以上の忠誠を表わさなければいけない。御前の名は此方から直接皇后陛下に申上げておく。

鳥の好きな者にブルガリヤ皇帝の御名前は親しまれている。ボリス三世は日本鳥学会の最初の名誉会員であった。

アバスから此の手紙の返事はすぐに来た。彼がどれ位喜んだ事かは説明するまでもない。それでアレキサンドリヤにすぐ出発しようとした所、此の頃カイローにはコレラが発生しているのでアレキサンドリヤとは交通遮断となって終っている事が分った。困ったものだと書いてあった。

丁度此の頃である。アメリカのコレラ予防注射液を満載したB二九の何台かは上海を出発してカイローに向ったとニッポンタイムスは報じていた。

【第二部】

小品

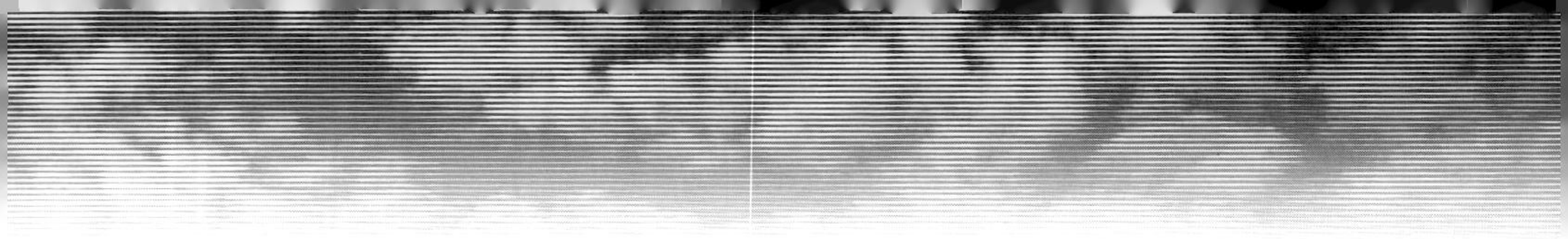

シーボルドから黒田まで

ナポレオンがセントヘレナに流され、彼の征服慾に終止符が打たれると、ほっと安堵の胸を撫でおろした国家が欧洲に沢山ありました。けれどもそれは長く続く事なく、オランダはフランスに併合され、蘭印は英国に占領されてしまったのです。此の時マレーに現れたラフルスは、政治家として、博物学者として、末代に名を残した人物で、太平洋戦争の時代にラフルスの名は日本の新聞や本等に随分書かれましたけれども、我々鳥好きの者たちはタイワンミゾゴイが彼によって発表された事を思い起そうではありませんか。

ラフルスは東洋の貿易を全部英国の手に握ろうと考え、オランダ国旗のもとに二隻の商船を長崎に向けて出帆させました。その時長崎の出島にあるオランダ商館の人々はどんな模様であったでしょうか。規則正しく入港する本国の船がピタリと来なくなってから幾年もの月日が経過しています。洋服は着古してしまい、古靴はまたと履く事が出来ない迄になったので、そばについていた日本人は無格好な、まるでアヒルの足の様な形をした布の履物を拵えてやったりなどしてその日を送っていました。まもなく彼等には不便な生活に加えて屈辱の日が到来しました。自分の国の国旗を掲げた美しい二隻の商船は、入港して見ると、これは英国船であって、初めて本国のつぶれた事を知らされたのでありました。けれども館長ドーフはあくまで本国の滅亡を認めず頑然として商館の引渡しを拒んだのでした。此の船には確か大きな象がデッキにのっていて、陸からもよく見えたそうですが、とうとう上陸させなかったと言う記録があった様に思われます。そして遂にオランダの為め商館を守り通し、出島の空には同国の三色旗が何時も潮風にはためいていたのであります。ドーフこそ男の中の男と言われる人物です。

それからまた幾年かの月日が過ぎて行ったけれども、その間、土地の日本人達の温かい心やりはどれ程商館の人々の魂にふれた事でしょうか。うかばれる日が再び巡って来た時、オランダ政府がどれ程我が国に親しみを持っていたか、貿易の利益以外にどれ程温かい感情を日本人に寄せていたかがうなずかれます。此の国際友誼と貿易の目的を果す役目をになって、一八二三年、新たに本国から長崎に着任したのが、シーボルドでありました。

シーボルドが長年日本滞在中に採集した動植物の標本をオランダに持帰った時政府は彼の為にファウナ・ジャポニカ、その他の日本研究の出版物を刊行し、日本文化紹介に貢献している彼の邸宅と、日本の植物を移し得た庭園は国家で経営するところとなりました。そして彼は貴族に列せられたのであります。

シーボルドの偉大な業績は決して偶然の出来事ではないので、オランダ政府は二十八才の彼に始めから充分の期待をかけていたのでした。すなわちシーボルドの一家は祖父代々多勢の医者やその他科学者を出した家柄であって、彼は出発前に独、仏の東洋学者から指導を受けていたのでした。彼が出島に着くと間もなく、日本人の間には、『蘭館に今迄になき名医来れり』と言う評判がまたたくうちに拡がって行きました。そして近傍の病人共は何とか口実を拵らえては蘭館に入り、シーボルドの治療を受ける様な有様でした。遂に長崎奉行は幕府の許しを受け、彼が病人治療の為めオランダ屋敷から出てもよい許可を取り、長崎の鳴滝に邸宅を造って与えました。そこは白塗りの二階家を中心とし三棟四棟が附属しており、生垣をめぐらした気持の良い環境の土地です。鳴滝の本当の目的は病人治療のためでありますが、もっと大きな収穫は日本の医学会に一大革新をもたらした事でした。シーボルドが動物の採集に出かける時には、行く先々に布令が廻って、護衛や何人かの通訳がついて行くと言う具合でしたが、彼が野鳥を見たり草花を採集する時、何時も附近の人々は医者に見放された病人を連れだし、道端に土下座をして彼の診察を願ったのでした。シーボルドはその様な時少しも嫌な顔をせず、病人を診察し、通訳を通して細々《こまごま》と養生法を教えてやるのが常でした。中でも最も得意としたのが外科でありますから、メスをふるって癌やデリケートな眼の手術をほどこした時など、見た人は元より話を聞いた人々はシーボルドを生仏様の様に尊いものと思ったのです。奉行は彼の希望通り出島の中に薬用植物園を作り種々な動物を飼う事を許しました。そして恩になった人々がスペシメンの採集等に協力をした事は想像に難くありません。一八三〇年頃、出島の花畠には一四〇〇種の種類が集っていたそうで、その中の八〇〇種類を彼が本国に持帰っていましたから、島の標本の採集も最も好条件のもとに進んで行ったのです。

当時の日本は蘭学の全盛時代で、シーボルドの名を慕い、鳴滝の皆が親しみを持って呼んだ別荘へ教えを乞いに行った者は、日本全国から集りました。そして彼の門弟共によって明治以後の外科進歩の基礎を作ったのであります。中にも静岡県掛川の戸塚静海はシーボルドの手を離れると幕府に召出されて静春院と言う称号を賜った程有名で、江戸随一の外科医となりました。多勢の大名中にも礼を厚くしてシーボルドを訪問したものが多く、薩摩の島津重豪は学者として有名であって、サイエンスについてシーボルドの弟子となり、難病の治療書出版について彼を煩したりなどしています。ある年の四月十五日の晩、島津老公は一羽の鳥をたずさえてシーボルドを訪問したところ、彼はその場でこれを剝製にして見せたので老公は大変に喜び、将軍より拝領したと言う扇子を手ずから与えたと彼は記しています。此の席上には夫人を始め徳川将軍の母君も居られましたが、此の最も身分の高い婦人は胸に硬いものがあるので、診察をして欲しいと申出でました。それで彼は附添の侍医に恥をかかせない様、欧洲風の診察の仕方を説明し、じかに肌にふれる許可を得たのでした。シーボルドは此の訪問の印象を次の様に記しています。『白髪の島津公及び御家族の子女達は、礼儀正しく威厳があり、親切であり、また淡白で、少しも自分を誇る様子のない教養は、欧洲人の尊敬すべき同じ性格を備えている』と述べています。

島津重豪の御子さんの一人である長溥は黒田家の養子となったのでありますが同公は幼少の頃父君に伴われ、長崎でシーボルドに会見をしておられるのです。長溥公とは黒田長礼さんの三代前に当る福岡藩主であります。長溥の養父齊清が博物学に詳しかった事は是また有名で、筑前の蘭学者安部龍によると、暇な時には草木、小鳥を愛し、本草学を学び、珍らしい発見がある度にノートに記していたそうであって、金石虫魚のことはシーボルドの方が詳しいけれども飛禽の事は彼でさえ及ばなかったそうであります。齊清公は中年の頃から盲目となったにもかかわらず、研究慾は旺盛であって珍らしい草木の寄贈を受けた場合、枝や葉を手でさわって見たり、匂いを嗅ぐなどして種類を見分けたそうで、その正確な事は栽培業者でもびっくりする程であったとの事であります。

時は下って明治八年、オランダではシーボルドの紀念塔を設立する案が持上った時、日本でも会が組織されて、寄附金を募集する事となりましたが、その時の総裁が黒田長溥公で、鳥学会員には懐かしい赤坂区福吉町の御本邸で発会式が行われました。列席した人々の中には大蔵卿(大臣)大隈重信その他の大官に交って、例の戸塚静海の顔もありました。

以来黒田家には博物に趣味の深い当主が続きました。特筆にあたいする事は、山階宮家との縁組であります。芳麿さんの事はここに申すまでもありませんが、御先代の宮殿下は中年で薨去になりましたけれども、御存命中は鳥や天文学に非常に明るい方でありました。また長礼博士の御令息の長久さんが学会の幹事で、オースチン博士の所で仕事を手伝っておられたのを知ると、尚更黒田家は類のないサイエンチストの血統を引い

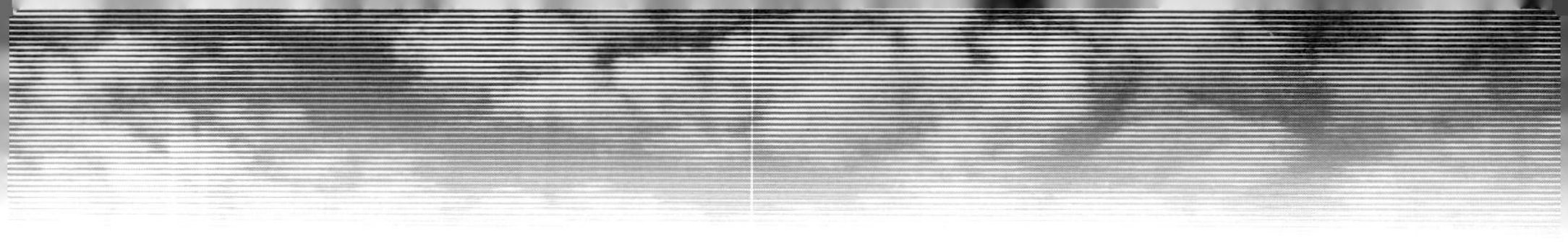

ている事が分ります。博物学者としての長礼さんを私流に説明する事は新鮮味がありません。鳥学会は本年同君の紀念号を出版いたしましたから、之を読んで頂き度いと思います。此の号に寄せたデラクールとオースチンの御祝いの言葉には、我々の誇として良い数々が並べられています。『黒田侯はアジアの最近に於ける最高の鳥学者であって、彼の仕事は西洋のどの学者とも肩を並べる事が出来る』とデラクールは書いています。またオースチンは『四年の間、黒田さんに接近する度に科学者として、また人間として、より以上尊敬する様になった……彼の何時も動揺せぬ友情は、私が日本から受けた至上の送りものの一つである事を彼に知って頂き度い』と述べています。そして両者共々に日本鳥学の殿堂であった福吉町の黒田邸が戦災を蒙られた事に対し感傷深く綴っています。

シーボルドを知り黒田を友に持つ我々は、日本三百年の鎖国がどれ程我々に取って不幸なものであったかが今更の様にはっきり分る事でしょう。

分類学の泰斗リンネが名をなした時代は今から二百年前の事でした。そして本当の動物学は、シーボルドよりも以後の時代に発達したと見ても差支えありません。アメリカが立派に開け出したのは百五十年前位からの事であります。それでももし鎖国がなかったとしたならば、少なくとも百年位以前にとけていたとしたならば黒田齊清の如きは世界的名声を残したことで、それは必ずシーボルド以上であったろうと思います。シーボルドの滞日は二回を通じて九カ年でありました。長い様でも日本に生れて日本で死んだ人に比べると一生の中の一部分にしか過ぎません。我が国が過去、どれ程科学にたちおくれたかを知る時、長礼さんの真価がますますはっきりと分るのであります。

昨年十一月二十四日長礼さんは還暦を祝われました。中西会長の御望みに答え此所に紀念のペンを取る事は後輩である私にとって限りない光栄であります。

探検家の目に映った東亜共栄圏

今から二三百年前に出来た世界の地図を見ると南半球の端《はず》れの所に大きな陸地があって之をテラオーストレリスと名づけてある。之は全然空想を元とした土地であって、色々のパイオニヤーが船に乗って世界中に探検に出かけた頃世界の丸いのは明かとなったが、まだ引力が発見されなかったので、此のテラオーストレリスと云う大きな重たいものが南になければ地球は真直に立って居られないと思って画いたものであった。此の当時の探検家は、一口に云えばアドベンチャラーであって、地図の無い海をさまよって陸地を見つけて、本国の国旗を立てて帰れば皇帝や皇后から凱旋将軍の待遇を受けたものであった、之等は、過ぎ去った歴史であって、今日の如く、科学の発達した時代の探検家は、事あれかしのアドベンチャラーでは成功しない。私は飛行機を操縦してアフリカの奥地にしばしば動物の採集に出かけた。時としては猛獣狩をした事もあった。或時はライオンの突撃を受けた事もあった。処で之等の話を聞き知った飛行機関係の団体やポピュラーな雑誌社等の訪問をずい分受けたものであったが、彼等は皆私をアドベンチャラーに祭り上げてしまったのであった。それ故、此処に記す探検は興味本位でなくもっと実質的のものとして考えたい。

今、東亜共栄圏を一瞥すると、私は探検家として深い印象を各地に受けるのであるが、皆動物採集の立場を主として考えるのである。此の共栄圏なるものの中には色々の気候が含まれて居る、然し私の頭の中に一

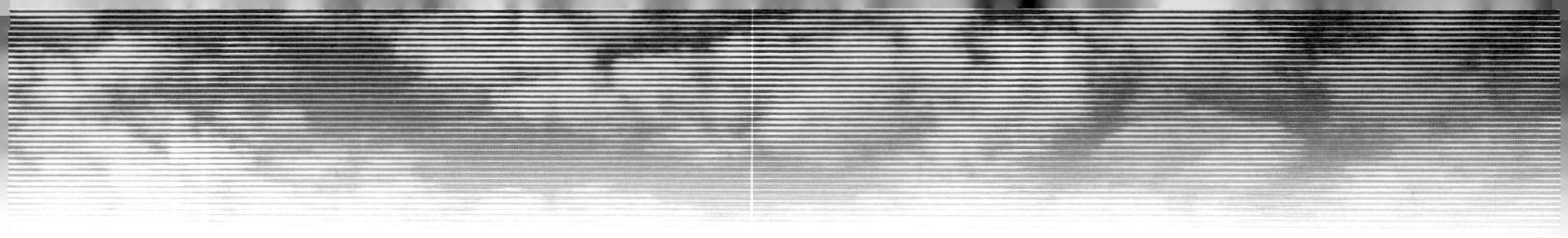

番印象の深いのは、何と云っても障害の最も多い熱帯地方である。

それで、此の地に使命を以て旅行する人は一、二の点をいつも注意しなければならない。即ち依る人もない未開の地に文化の低い土人を相手にと云うより土人の手助を得てある調査を――採集物を無事に持ち帰らねばならぬし、同時に自分の次に来る人々の為に便宜を図って置いてやる態度が必要である。一例を挙げると米国に某と云う探検家が居た、彼はずい分良い収穫をもって帰る男であって博物館の方では歓迎されたものである。それが、次に南太平洋の仏領マーケーザ島へ行った所が、彼の遣方は一匹の鼠でも虫でも土人の生活程度としては莫大な金を出して買い入れた、すると、次に行く人の為に非常な迷惑を残す事になる、そして彼は、ほとんど絶滅に近い鳩を何十羽も撃ち取りその中でよいものだけを標本とし、残は捨ててしまったり等した、それで、米国のある博物館が我が南洋に採集をした事があったが政府との折衝を私に依頼して来た時、私は特に例の不評判な探検家の来るのを断った事があった。

それであるからよくシンガポール等に永住して居る人が鰐狩に行くと、ただ弾の有るにまかせ鰐を惨殺してスリルを楽しむと云う様な話を聞かされるが、スポーツの精神に適って居ない仕業である。少し古い話であるが北太平洋のオットセイにしても、レイサン島の信天翁にしても非合法的に採集された事があった様だから東亜共栄圏は何時も、共存共栄の精神で行きたいものと思うのである。そして、アドベンチャーを買って出る様な探検は、他人に迷惑を掛けるもので歓迎出来ないが、探検の為に難関を乗り切る決心と用意は必要である。

此の共栄圏なるものの中に含まれた資源は、実に莫大なものであるが現今知られて居るものは、全体の何分の一にしか過ぎないのであるから、之等の未開の土地に手を着けるには、先ず第一、自然科学の基本調査が急務なのである、自然の世界は未知数であるから一鳥一石一本の草木も採集調査の必要があるのである。

次に我が共栄熱帯圏には自然の難関が幾つも横たわって居るから、その一、二を述べて見よう、私のよく知って居るアフリカや中南米諸国に比べると、東洋の熱帯は非常に湿度が高く雨が多いから、旅行が極めて困難である。従って、南支、仏印、泰《たい》等の大陸は、土地は豊沃だが人車の道路がなかなか出来ないので、奥地の探検は比較的短いドライシーズンを待たねばならない、健康に良くない事は無論である、之が太平洋の島になると一段と酷くなるのである。

マニラの港から船で数時間南に行くと、ミンドーロと云う島がある。私は此の島特有の野生の猛牛や、陽の目を見ない森林の中に住む皮膚の白い土人等の事を考えながら、船のデッキに凭《よ》りかかって眺めると、東京一のビルよりもまだ高い大木が、海岸まで生繁って、白い線を引いた波打際はごく幅が狭い。面を上げると、墨絵の様に霞んだ頂は、ハルコンと云う比島第三の高山であった。

マニラから数時間の地点にあるハルコン山を跋渉した人は、何人あったろうか、僅か二人しか無いのである。その第一は、英国人ホワイトヘッドの鳥類採集であった。

比島のドライシーズンである冬期壮挙を決行されたが、彼の四ケ月滞在中十一月十一日から一月六日まで、大降の雨が止んだ日は一度もなかった。彼は富士で云えば四合目位の四千五百尺の地点にテントを張ったが、洪水や雨の為採集が出来ず、土人は脚気になり、毛の様に細い山蛭は鼻と云わず耳と云わず、人体のどこにでも吸い着いて親指の様に脹れ上る、自分は赤痢にかかって、歩行も一時は出来なくなった。ホワイトヘッドの日記を読んで見ると此の四ケ月間、自分の取って食べたものは鳩四羽、鸚鵡二羽、鶫数羽きりで、新鮮な食物は生卵の外何もない、気温は夜になると摂氏十一度にまで下る事があったと云う、私は比島探検の時は雨具と真冬の外套を忘れなかった、そしてノアの洪水の様に、標本となった動物を乗せた小舟が海まで無事に押流されて行く方法を何時も頭に描いて居ったのである。

之が南太平洋へ行くと、一段と酷くなるので、メラネシヤ辺のある島を題材としたモーパッサンの「雨」と云う小説がある、此の話によると、孤島に難船をした白人共が、晴間なき雨に悩まされた挙句、如何にしても、自然に打ち勝つ事が出来ず、神の教を説く者までが遂に命を縮めねばならん様になってしまうと云う筋書なのである。内地にも颱風の期節もあり、長雨の降りしきる事もあるが、熱帯の雨が如何に人間の肉体と共に、精神上にまで影響するかを強調したい、此の雨は共栄圏共通の最大ハンディキャップである。

次に探検家の大障害は未開の土人である、南支の例をとって見ても一口に云う支那人の居る地方は開墾され、森林は乱伐され、荒された地方と化して居る。然し、一度交通不便な奥地に行くと、手の附けて居ない礦山《こうざん》や大森林があるが此の山嶽地方には未開人種が跋扈し、支那人と言葉が通ぜぬばかりか、其の性質は慓悍で、附近に住む虎の様に血に飢えた種族である。福建省では光澤と云う地方が有名である。広西省では猺山と云う所があって、支那の探検隊が一ケ年調査した事があるだけで、日本人、白人の足を踏み入れた事のない場所である。之等の未開人は安南、泰の北方等にも蔓《はびこ》って居る。太平洋の島々を見ると、キリスト教徒の土人は、比較的文化が高いが、その他は十本の指を数える事も出来ない野蛮人であって、首狩の風を尊ぶのである。

スマトラの西には、沢山の小さい島々がある。私の友人の話によると、上陸がほとんど不可能であると云って居た。

ミンダナオ島の麻山で働いて居る同胞は多いが、処女林を切り開いて行く程マノボとかバゴボ等と云う首狩土人と交渉が多くなる。五、六尺高い床下から、丸竹の床を通して、土人の槍に血を染めた日本人は数多いのである、私がミンダナオ探検の時は、護衛兵を六人連れて居た、友人の米国士官が云うに、「小川に下りて水を飲んだり、顔を洗う時は必ず兵隊を後に立てて置き給え。なぜかと云うと君の水の上に伸びた頸を見

た土人は、良く誘惑に打克てない事があるから」と。ザンボアンカの港はミンダナオで一番古い町であるが、未だにマーケットは鉄柵でめぐらされて入口には兵隊が二、三人居る。此の地は、モロ族の巣窟で、彼等の考えによると、自分が罪を犯して死を決した場合、他人を大勢殺した者程次の世が楽になると云う事を信じて居る。之を、スペイン語でホロメンタドと云うのであるから、死を決した者はマーケットに切り込むのが近道である。私が入口の兵士にホロメンタドと怒鳴った所が、いきなり扉を閉め様としたので可笑しかった事があった。探検の思い出は何時までもつきない、銃を肩にした自分を、ジャングルの中に思い浮べると、東亜共栄圏の熱帯旅行が一番難関が多かった。然しそれだけ収穫も沢山あったのである。

鳳凰とは何か（鸞《らん》其他について）

本誌（校訂者註――雑誌『鳥』）第五号一一三頁に鳳凰鸞の質問に対し「鳳凰は架空的のものなりされど鳳凰なる名を附する鳥類尠なからず例えば鳳凰雀。姫鳳凰（天人鳥の異名）瑠璃鳳凰（大瑠璃の異名）」の如し云々との答ありしが余はたまたま馬来半島に於ける猛獣狩の第一人者吉井信照氏が彼の地方にはホーオーと鳴く鳥が居ると云う事を談られたるを耳にしまた其の後同氏の著書に掲げられた此の鳥の写真なるものを見たるが右は実にArgusianusの雄であるのを発見した。爾来余は所謂架空的と称せられる鳥について古い絵や記録等を調べて見た処色々の空想は加味して居ても何か根柢となる鳥がある様に思わるるに至ったので雉類の権威ビーブ氏は定めて此の問題を研究して居ることと思い同氏に問い合せた。次の様な返事があった。

自分が渡支の節は鳳凰の問題に関して非常に興味を持ちそれがどの鳥に相当するか調べて見たが問題に深く触れる程事柄は望み少なになったのであった。古い絵の中には時折間違いもなき支那の雉類、野鶏及び孔雀の特長を見出す事が出来た。それで地方毎に最も普通の鳥を美術的に想像して作り上げた物の様に思われるのである。　云々同氏はほとんど絵画ばかりに立脚して記述の方面には目を通されなかったのであったろう、然し不明確ながらも著書中にRheinardius nigrescensの形態は鳳凰に似て居る事を記してあるが此の記述は余をして最も心強く感ぜしめた。

先ず発音及文学の方面に立入って研究をして見る必要がある。古い時代には朋と鳳とは全く同意味であった。『説文』には「朋」古文鳳象形鳳飛群鳥従以万数故以為朋党字「鵬」亦古文鳳　とある一方右説文の記述あり他方「鵬」なる文字が発見され、以来「朋」なる文字は朋党と云う意味に主として使わるる様になったものと思われる、次で『荘子』の有名な北冥有魚其名鯤化而為鳥其名為鵬なる記述のあって以来さらに此の字には大鳥という意味が加わって来た。荘子に所謂鵬なる鳥は実は鵾である、その魚を鯤と云ったから鳥に同じ字の作を辺としたに過ぎず、鵾は瑞鳥では無く超自然の空想物に過ぎない、此の話は荘子の外には見えない様である。日本読で鳳を大鳥と読む場合には鵾と同一と思われて居る。荘子以来鵾と同一視されて居る鵬は先にも述べた通り最初の意味は実は朋即ち鳳の事なのであった。

古い字引から蟲(あるいは虫)の字を引いて見様、辞源によると動物総名。禽為羽蟲獣為毛蟲　亀為甲蟲　魚為鱗蟲　人為倮蟲とある。蟲とは広い意味の動物であってその虫の字の外側に羽を附けた「風」は即ち鳥である、漢以前には鳥を意味する風の字が未だ発明されないで「鳳」なる文字を用いて居たそうであるから鳳とは広義に鳥を意味したものと考えられる。

極楽鳥の事を風鳥とも云うが之は新しい用法であって鳳凰等とは何等の関係が無いのである、鳳とは即ち鳳凰の事で第一世紀以前の本を見ると鳳は単に皇と記されて居る、その頃から鳥に関係のある故外側に羽を加えて鳳と書く様になった。他に二字で此の鳥を意味する字がある鶠がそれでその雄を鳳、雌を凰と云ったもので、「羽虫之精」即ち他の鳥類の最上に位するものであるに依て偃伏鳥とも呼ばれる。

次にこの鳥そのものに対して当時どの位智識があったろうか調べて見よう。

建隆三年七月南唐李景献鳳卵

仁皇帝幸天章閣召両府以下観瑞十三種有鳳卵色白而大（聞見後録）

鳳有十子同巣共母（易林）

臣過万林之野獲五色鳳雛（洞冥記）

古者太平之世鳳凰常居其国而生乳至夏后始食卵而鳳去之此則鳳種矣（抱朴子）

軒轅之国鳳皇卵民食之甘露民飲之（山海経、海外西経）

楚人担山雉者路人問何鳥也曰鳳凰也路人弗惜千金販之欲献楚王経宿而死

為鳳凰作鶉籠今雖翕翅而不容（楚辞）

以上は鳳凰に就てであるが鸞に就ては左の記述がある。

昔罽賓国王結罝峻卯之山獲一鸞鳥王甚愛之欲其鳴而不得也其夫人曰嘗聞鳥見其類則鳴何不懸鏡以映之王従其言鸞覩影悲鳴一奮而絶（范泰鸞鳥詩序）

之等を考えて見ると此の鳥は架空的のものではなく実在したものたることは一点の疑を挿む事が出来ない。

次に鳳凰と鸞とはどう異うか。

揺山有五彩鳥三名　一曰皇鳥　一曰鸞鳥　一曰鳳鳥（山海経、大荒西経）

此の中皇と鳳とは同じであって鸞は総ての点に於て鳳凰に似たものらしい。現に

鸞乃鳳之族（李白登黄山凌歊台詩）

鸞鳥鳳皇之佐（瑞応画）

と見えて居る。他の本には佐を亜とするものもあるも同じことである。

以上の二鳥の外瑞鳥の部類に入る鳥はまだまだあるが支那に於ても人口に上ぼせられぬのみならず詩に歌われた事もなく唯記録に残って居るに止まる。

鸑鷟鳳鶵也鵷雛周本記曰鳳類也（劉達注）

鳳一名瑞鶠一名鵷雛一名鸑鷟一名長離或曰其雛為鸑鷟（禽経）

鳳之小者曰鸑鷟（張華禽経注）

其の他色々の記録を綜合するに鸑鷟とは鳳凰の幼鳥で三年の後に完全なる羽毛を生ずる事が判る。

J.J. van Waesbergeによる鳳凰図（Fum Hoam〈Chinese Phoenix〉、1664年）

鵷雛は劉達注に於て鳳類としてある、雛と云い色彩は黄色であるから鳳凰の雛かとも思われるがそうでは無く成鳥を指す様である、之と云って記載の無い所を見ると鳳凰の別名と見た方が当って居るかと思われる。鷫鸘(鷞)鷖または鷖鳥等は同じく鳳凰の別名であるが現今では鷃＝鴳＝鶴とは秧鶏の如き鳥を。鷫鸘とは一種の水禽をまた鷖とは鷗を意味する様になった。鸞にも多数の異名がつけられてある。

鸞鳥(山海経)　瑞鳥(禽経)　雞趣(禽経)　丹鳳(禽経)　羽翔(禽経)　化翼(禽経)　陰翥(禽経)　土符(禽経)　朱雀(古今注)　朱鳥(古今注)　青鳳(埤雅)等之れである。

鳳凰と鸞とは先に述べた如く似よった鳥であって以上の記述を綜合すると第一、陸鳥である事、第二卵は大にして白色なる事、第三多産の鳥である事、第四幼鳥は生殖羽を生ずるに三年を費す事、第五雌雄は外観を異にする事を知る事が出来る。以上の諸点は鳥学上に価値がある事項であるまた、梁書范縝伝には、

珉似玉而非玉　鶏類鳳而非鳳　とある。これに依れば鳳凰は兎に角鶏に似た鳥である事が分りまた山海経、中の西山経には、　女牀之山有鳥其状如翟名曰鸞鳥とあり之れに依れば鳳凰も鸞も雉科の鳥類に属す事が分明する。

此等の記述に依り余の判断する処では鳳凰はRheinardiusのことでありまた鸞とはArgusianusの事であると思うのである。鳳凰の体の外観に就ては左の如き記載がある。右は鸞の体に就てもほぼ同様であると見て支しつかえない。

この記載は有名で我が言海にも載ってある。

瑞応鳥　鶏頭蛇頸燕頷亀背魚尾五彩色其高六尺許

鶏頭とは申すまでもない此の科の鳥類の特有として嘴、目等が鶏に似て居るに基くとの事で要を得て居ると思う。

蛇頸とは此の鳥の頸部が比較的細長くてその動作が一見蛇の鎌首の様であるのに基くかあるいはArgusianusの頸部は幾んど裸出して居るからその点を指して居るのであろう。燕頷は色々考えて見たが適当な説明が無い。亀背とは羽色及斑紋のあることに基くものであろう。R. nigrescensの方は説文に麐後とある通り細かい鹿の子縞であるがR. ocellatusの脊は帯黄の汚白色で不規則な点と線とがあって肩殊に雨覆羽の脊に近い方は点がほぼ六角形の角と思われる位置にある、風切羽の内弁を見ると点と点との間が繋がって明かに亀甲形の模様を形成して居る、またある書に虎脊とあるは虎斑を意味するのであるが此の形容は偶然にも東西一致して居る。ダーウィン(Descent of Man, Vol. 2, p. 141)がA. argusの雨覆羽に対し、"The feathers are also elegantly marked with oblique dark stripes and rows of spots, like those on the skin of tiger and leopard combined."と述べて居るのは面白い。

魚尾とは一般の鳥は横に平たき尾を有するにかかわらずArgusianusよりもことにRheinardiusに於ては縦に平たいので恰も魚の如しと云ったのではあるまいか。五彩色とは今云う五色ではなく、鸞の別名たる朱雀、青鳳等は色から判断しては同一の鳥とは思えない様に、今の青や赤や昔時意味した色と別なものかもしれない、故に鳳凰と鸞の色彩は全然不明である、其高六尺許とあるも今の長さよりは短かいものである。

日本人中には無い様であるが英国人の漢学者中には鳳凰は孔雀であると云う人が少なくないから茲に数行を費やして反駁を試みて見様。

一、冠羽は孔雀の如くならず

二、尾に目形状を有するも孔雀に於るが如く表面全部を覆う事無し

三、尾羽中央の一対は他より優勢である長くして先端扭れるか。

目形状の時は大なるかまたは色彩を異にす。

以上の三件はどの絵に現われて居る鳳凰にもほぼ適合する処であると思われる。また絵に依りては胸に附加物のある場合を見ることがあるが、右附加物は着色の絵に於ては皆赤で現われて居るから火焔を現わしたもので麒麟、龍等の場合の如く此の鳥を荘厳に見せんが為に附加したものに過ぎないものと思われる。

孔雀なる名称は尾に穴の様な紋があるに依り生れた名であるが鳳凰は五尺以上も伸長した幅の広い尾羽を特長とするのである。蘇鉄を支那では一名鳳尾蕉と云う。其の外鳳尾蘭、鳳尾金魚及びビロウドキンクロを鳳頭鴨子と云う等皆鳳凰の要点を捕えた名称であると思う。以上の通り鳳凰と孔雀とは種々なる点に於て差異があって共に非常に古くから知られて居るが両者は決して混同された事が無いのである。

吉井氏の暗示に基いてRheinardius及びArgusianusの声の研究をして見た生鳥については或種の地鳴きの外聞く事が出来なかったが*The Game Birds of India, Burmah & Ceylon* by Hume & Marshall, Vol. 1, p. 101に十分満足の出来る記載があった、訳して見ると次の通りである。

(A. argusに就いて)雄の鳴き声はhow-howと聞こえ之を十度十二度程繰返す。雄が自分の領分である空地(clearing)内に居る時短かい間隔を置いて鳴く、一羽が鳴き出すと附近の鳥が之に答える、若し銃声を発するならば音の達する範囲内の雄鳥は皆鳴き出す、例えば猿群が梢を渡る様なごく僅の驚きでもまた非常な刺戟を与えた時にも鳴く。雌の声は非常に明瞭なhow-owoo, how-owooとひびいて終の音節を長く引き十数度繰返す中次第に早く最後にはowooとばかりに続けて鳴く雌雄の鳴声は長距離で聞く事が出

鳳凰のモデルとされるセイラン。ヨーロッパ人がイメージ化した図

来る。ことに雄に至っては一哩以上の地でも聞こえる。

Rheinardiusの声も同様と見て差支え無い、鳳凰とは其の声から附けた名だ。鳳とは雌である理由が此処に於て初めて明かになるのである。

何千年に一度しか現われないと云われる程此の鳥が珍であるに拘わらず何故神秘の鳥として世間に知れ渡っているかについて考えるにArgusianusを鉄砲で打ち止めるは幾んど不可能とされて居る、Rheinardiusに至っては本誌第十五号に述べた通り世界に十数個しか標本が無いと云う程の珍鳥である。ビーブ氏雉類画説第四巻中に「総ての雉類中最も不可思議なのは此類の鳥である、自分は鳥の附近に住んで居た、そして鳴き声を聞いた、また舞踏場も見つけたけれども数週間の捜索中遂ぞ鳥の影さえも見る事が出来なかった、毎夜鳴声は数百ヤード離れた地点から聞こえて来る音律はArgusianusに似て居るが含声(muffled resonance)で決して間違える事はない、その形は支那の鳳凰を回想させる様である」と書してある。

本邦には稀にしか渡来しないガランチョウが古くから確実に知れて居たと同様、特長のある外形と不思議な習性とが支那人の記憶に残ってかくは伝説等を産んだのであろう。屢々白鳳の絵を見かける、元嘉二十四年五月辛未、宣武景明三年六月には白鸞に関した記事がある、雉科鳥類の白変は珍しからぬ事で欧米の学界には未だRheinardius及びArgusianusの白色変種は報告されていないが不思議ならぬ現象である。

A. argusには帝室博物館によってすでにセイラン(青鸞)なる和名が附せられてあるが理由は不明だそうであると黒田理学士から通知があった、古い記録に鸞の色彩は青としてあるから余は此の名を相応しいものと思う。

Rheinardiusの方はホウオウ(鳳凰)と呼ぶべきで分布上馬来産のR. migrescensよりも安南産のR. ocellatusに

対して附すべきであろう。

女状山及び丹穴山は前者は鸞後者は鳳凰の有名な産地であるが何れの土地とも明かには分らないが支那の南方であった事だけは確実の様である、また両鳥は弱水の廻る土地に棲むと云う事がある、此の弱水とは西王母の地で神話学者の説によると馬来半島の様であるから益々以上の考えは確かまる訳である。

鳳凰の両種は現今の分布上独立をして居るが嘗ては相交わった時代がある様に想像される如くその昔R. ocellatusはもっと北方まで分布して居たかも知れないと思われる程両挿画（第十四図及び第十五図）は余の捜し得た中で最もRheinardius及Argusianusに近い画工の想像圏をほとんど脱しているからその鳥が何であるか一目にして認識することが出来ると思う。

[Argusianus]（学名＝Argusianus argus）セイランのこと。キジ目キジ科に分類。マレー半島、スマトラ島、ボルネオ島の森林地帯に生息。

[Rheinardius nigrescens]（学名＝Rheinardia ocellata）カンムリセイランのこと。キジ目キジ科に分類。棲息地は、マレーシア、ベトナム中部、ラオス。標高一九〇〇メートルの森林に生息。

編纂を終えて

幼いころからの絶滅鳥類好きという、ニッチな趣味をこじらせ、華族にして、鳥類学者、絶滅鳥ドードー鳥の研究者として著名な、蜂須賀正氏の数少ない一般書『世界の涯』からエッセイ三本をまとめ、別名義で、自費出版したのが二〇一五年。いま、こうして、単行本未収録の文章を中心にセレクトし、一冊にまとめようとしていることが、にわかには信じがたい。

蜂須賀正氏の文章をまとめてみて思うのは、奇才、蜂須賀正氏！　ということだ。

探検家としての功績は、各種雑誌に発表された文章からも窺えるが、まず、読者の目をひくのは、血湧き肉踊る冒険活劇の要素がとても強いことではないだろうか。

蜂須賀正氏の文章を読んでいると、私は、それとはなしに、子供の頃に読んだ、ハワード「英雄コナンシリーズ」、メリット『イシュタルの船』『黄金郷の蛇母神』などの秘境探検もの、ヒロイックファンタジーの世界に近いものを感じる。かつて、蜂須賀正氏の先駆的な紹介者のひとり、荒俣宏さんが、ハワードやメリットが執筆したヒロイックファンタジーを精力的に翻訳し、紹介していたことを思い出す。のちに、博物学者となった荒俣

宏さんも、たぶん、蜂須賀正氏のこうした在りかたに魅了されたのだろう。

遺された蜂須賀正氏の文章からは、鳥類学者としての鋭い観察眼をうかがわせる精密な描写力、ナチュラリストとしての失われゆく自然への哀惜の感情などが、時代的な制約、限界がありながらも、いまの私たちにも伝わるふるびないものとしてたちあがってくる。

簡単にまとめるならば、蜂須賀正氏は、タブー、制約をもたなかった人、なのだ。他人からみれば、破天荒にみえる言動も、鳥類学者としての軸にぶれがあるわけではない。そう、蜂須賀正氏は、鳥類学にはきわめて真面目でありつづけた。

今回の単行本化にあたり、全体を三部にわけた。

第一部は、鳥類学者としての蜂須賀正氏の息遣いが伝わってくるような鳥や動物をめぐるエッセイを中心にまとめた。

「ドド」は、博士論文を一般向けに書き直したもの。この一編を読むだけで、マスカリン諸島の失われた生態系について、ひととおり理解することができる。

「モア(恐鳥)の話」は、ニュージーランドの絶滅鳥類、モアの眷族について学ぶことができる。本書に解説文をお寄せくださった、川端裕人さんに自身のニュージーランド体験を踏まえた児童もの「12月の夏休み」シリーズがある。このなかでも、ニュージーランド特有の自然が好意的に紹介されている。そもそも、ニュージーランドの生態系は鳥類優位の世界である。蜂須賀正氏も、鳥類優位の独特な自然に強い興味をもったのだろう。

第二部は、旅行記、紀行文を中心に収録した。探検家、冒険家、蜂須賀正氏の面目躍如の感がある。

「アフリカ猛獣狩奇談」を代表とした、娯楽性の高い読みものをはじめとして、「モロッコへの旅」「サハラ砂漠」など、そんじょそこらでは読めないようなエピソードにあふれた記事が多い。このパートについては多くを語る必要がないと思う。まずは読んでほしい。

第三部は、小品を中心にした。

「シーボルドから黒田まで」は、蜂須賀正氏の江戸博物学への理解と自身の見解が述べられており、驚かされた。蜂須賀正氏の鳥類学者としての営みは、江戸後期に全盛を迎えた、大名たちの博物学趣味の延長線上にあることを証明するものだ。蜂須賀正氏の活動の前には、シーボルドがあり、小野蘭山があり、木村蒹葭堂がいる。

「鳳凰とは何か」は、蜂須賀正氏の卒業論文の内容を講話としてまとめたものだ。架空の鳥の正体に迫ろうとする、好エッセイである。

思うに、蜂須賀正氏は、「ここではないどこか、遠くのもの」を、追い続けた学者、探検家なのだろう。蜂須賀正氏のエッセイは、古典ＳＦの世界とも呼応するように私には感じられる。ジュール・ヴェルヌが紡いだ驚異

の旅、押川春浪の作品たちの親戚のように、蜂須賀正氏のエッセイ群は評価できるように思うのだ。とりわけ、読みものとして書かれたものはそうだ。

読者には、こころゆくまで、この日本人離れした、コスモポリタンの語る、驚きに満ちたエピソードを堪能いただければと思う。

良い狩猟《ハンティング》を。

なお、本書編纂にあたり、遺族である、蜂須賀正子氏、蜂須賀昭隆氏の協力を得た。厚くお礼を申し上げます。川端裕人氏にはお忙しい中、解説文をご執筆いただいた。冒頭のこの文章で本書の見通しが明快になったとともに、蜂須賀正氏の現代における位置づけや意義が整理されている。ありがとうございました。『世界大博物学図鑑』をはじめ、数々の貴重な博物図譜を惜しげもなく一般書として刊行し、日本における博物学復活の端緒をなした荒俣宏氏からは、ありがたい推薦文をお寄せいただいた。感謝申し上げます。また、編纂実務には、片倉直弥氏、篠原亮氏、そして、善渡爾宗衛氏に協力いただいた。本当にありがとうございました。

杉山淳

本書について

本書には、今日の観点から見て、穏当を欠く表現・用語が見受けられますが、作家はすでに白玉楼中の人である。故に作品は次代へ残されるべきものであるとの観点から、テキストは、敢えて原文の通りとした。

本文の校訂について、本文の固有名詞・人名などについては、極力現在わかりやすいものに拠るように努めたが、原文のママとしたものもある。人名・鳥類名・動物名などについては、出来うる範囲で、原文にあるものにくわえ、資料などにあたれるよう、英文・仏文・独文・ラテン語などの原綴を表記するように努めた。鳥類名などの漢字ルビについては、現在生息していない幻の鳥類などに与えた新しい表記などもあることから、現行の学術的表記として通用しないものもいくつかある。それらについては、英文・ラテン語などの表記をもとに各自再確認を要する事を書きおく。これは学術書ではない、あくまで通俗読物であると位置づけ、半ばトラディショナルを読むつもりでいていただいたほうがよいだろう。註については、様々な文献・情報を参考にした。ここにその原著者の方々については、心より謝辞を述べおくこととする。

主要参考文献

- 荒俣宏著『世界大博物図鑑　別巻1　絶滅・希少鳥類』(一九九三年五月、平凡社)
- ロバート・シルヴァーバーグ著、佐藤高子訳『地上から消えた動物』(一九八三年四月、早川書房)
- ジャン＝ジャック・バルロワ著、ベカエール直美訳『幻の動物たち』上下(一九八七年一一月、早川書房)

初出一覧

【第一部】世界の涯――幻の鳥たちを求めて

「ドド」――『世界の涯』(昭和二十五年、酣燈社)
「モア(恐鳥)の話」――『世界の涯』(昭和二十五年、酣燈社)
「世界一の剝製屋」――『世界の涯』(昭和二十五年、酣燈社)

【第二部】旅行記

「カリフォルニアで見た鳥の話」――『野鳥』第六巻第一号/昭和十四年一月
「南支の鳥を訪ねて」――『野鳥』第十巻第七号/昭和十八年七月、第十巻第八号/昭和十八年八月、第十巻第九号/昭和十八年十月
「世界一の珍らしい鳥」――『野鳥』第十四巻第五号/昭和二十四年五月
「絶滅鳥類の話」――『野鳥』第十六巻第一号/昭和二十六年一月
「砂漠の鴉」――『野鳥』第十巻第十号/昭和十八年十二月
「アフリカ猛獣狩奇談」――『相談』第二巻第二号/昭和九年二月
「ブルガリヤ国王」――『世界の涯』(昭和二十五年、酣燈社)
「モロッコへの旅」――『自然科学』第三巻第二号/昭和三年五月
「サハラ砂漠」――『動物文学』百十二輯/昭和二十六年六月、百十三輯/昭和二十六年十二月

【第三部】小品

「シーボルドから黒田まで」――『野鳥』第十五巻第七号/昭和二十五年十二月
「探検家の目に映った東亜共栄圏」――『旅』第十八巻第九号/昭和十六年九月
「鳳凰とは何か」――『鳥』第四巻第十六号・第十七号/大正十三年六月

協力――蜂須賀正子＋蜂須賀昭隆
入力・校正――片倉直弥＋篠原亮
編集協力――善渡爾宗衛
編纂・校訂――杉山淳

編者——杉山淳◉すぎやま・あつし
日本古典SF研究会会員、日本キリスト教文学会会員。絶滅動物や国文学関係を研究。近代文学の復刻企画・編集などを行っている。二〇一五年、私刊本として、蜂須賀正氏『世界の涯』を部分復刻。

解説——川端裕人◉かわばた・ひろと
一九六四年兵庫県明石市生まれ。千葉県千葉市育ち。東京大学教養学部卒業。日本テレビ入社後、科学技術庁、気象庁などの担当記者を経て、一九九七年退社。一九九八年『夏のロケット』で小説家デビュー。主な小説に、『青い海の宇宙港——春夏篇』、『青い海の宇宙港——秋冬篇』。ほか、絵本やノンフィクションなど多数の著書がある。

著者

蜂須賀正氏◉はちすか・まさうじ

一九〇三(明治三六)年生まれ。阿波・徳島藩二十五万七千石の十六代当主であり侯爵。徳島藩の領主の末裔、蜂須賀正韶と筆子の長男。母は、将軍徳川慶喜の娘で、正氏は慶喜の孫にあたる。

学習院中等科から、父の母校ケンブリッジ大学モードリン・カレッジに入学。鳥類の研究に没頭し、大英博物館や剥製店や古書店に通い詰める。この頃『絶滅鳥大図説』の著者である第二代ロスチャイルド男爵ウォルター・ロスチャイルドと親交を結ぶ。華族にして鳥類学者、日本生物地理学会の創設者のひとり。貴族院議員、探検家、飛行家でもある。

十七世紀に絶滅した巨大なハト、絶滅鳥ドードー研究の権威として知られたほか、沖縄本島と宮古島との間に引かれた生物地理学上の線である蜂須賀線にその名をとどめている。

一九五三年五月十四日、狭心症によって急逝した。享年五十。

世界一《せかいいち》の珍《めずら》しい鳥《とり》——破格《はかく》の人《ひと》〈ハチスカ・マサウジ〉博物随想集《はくぶつずいそうしゅう》

二〇一七年七月三〇日　初版第一刷発行

著者——蜂須賀正氏《はちすかまさうじ》

編者——杉山淳《すぎやまあつし》

発行者——成瀬雅人

発行所——株式会社原書房
〒一六〇−〇〇二二　東京都新宿区新宿一−二五−一三
電話・代表　〇三(三三五四)〇六八五
http://www.harashobo.co.jp
振替・00150-6-151594

ブックデザイン——小沼宏之

印刷——新灯印刷株式会社

製本——東京美術紙工協業組合

ISBN978-4-562-05420-6
Printed in Japan